KLAUS-JÜRGEN KÜHNE/JAN REINERS

FAHRT FREI!

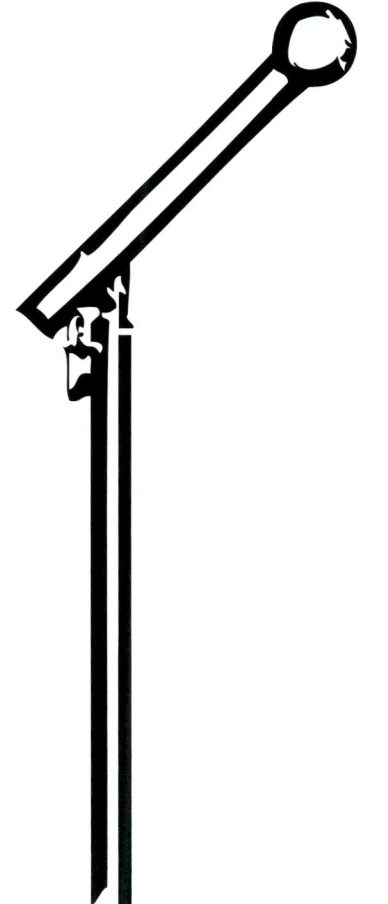

KLAUS-JÜRGEN KÜHNE/JAN REINERS

FAHRT FREI!

100 Ereignisse aus 175 Jahren deutscher Eisenbahngeschichte

trans press

Einbandgestaltung: Dos Luis Santos

Titelbilder:
Oben: Ein zeitgenössischer Stich zeigt die Eröffnungsfahrt des »Adler« 1835. Abbildung: Archiv transpress
Unten: Zwei ICE 3 bei einer Parallelfahrt auf der Neubaustrecke Köln-Rhein/Main anlässlich der Eröffnung am 25.07.2002.
Foto: DB AG/Thomas Herter
Frontispiz (Seite 2):
»Fahrt frei« zeigt das Signal auf der Signalbrücke im Bahnhof Wiesenburg (Sachsen) an der Strecke Zwickau–Aue für 50 3628 des Bw Karl-Marx-Stadt mit dem Durchgangsgüterzug 54309 am 15. August 1987. Lok und Signalbrücke blieben erhalten: Während die 50 3628 im Sächsischen Eisenbahnmuseum Chemnitz-Hilbersdorf bewundert werden kann, steht die Signalbrücke heute bei einer Firma in Kirchweyhe als Denkmal. Foto: Ralf Kutschke
Vor- und Nachsatz: Foto: Dirk Endisch

Bildnachweis:
Die zur Illustration dieses Buches verwendeten Aufnahmen stammen – wenn nichts anderes vermerkt ist – vom Verfasser.

Eine Haftung des Autors oder des Verlages und seiner Beauftragten für Personen-, Sach- und Vermögensschäden ist ausgeschlossen.

ISBN 978-3-613-71393-2

1. Auflage 2010

Sie finden uns im Internet unter www.transpress.de

Lektor: Hartmut Lange
Innengestaltung: Jürgen Knopf
Repro: Medien und Printprodukte, 74321 Bietigheim
Druck und Bindung: Bechtel Druck GmbH & Co.KG, 73061 Ebersbach
Printed in Germany

Im Jahr 2010 feiert die Eisenbahn in Deutschland ihren 175. Geburtstag. Wohl kein anderes Verkehrsmittel ist mit den Höhen und Tiefen der deutschen Geschichte so eng verbunden wie die Eisenbahn. So leistete der Bau der Eisenbahnstrecken nicht nur einen wesentlichen Beitrag zum rasanten wirtschaftlichen Aufstieg Deutschlands im 19. Jahrhundert, sondern unterstützte auch die Gründung eines Nationalstaates. Beides wäre ohne den beschleunigten Transport von Menschen und Gütern nicht so schnell vorangegangen.

Auch das Militär erkannte schnell die Bedeutung der Eisenbahn für seine Belange. Deshalb überrascht es nicht, dass der Truppentransport auf der Schiene bald zu einem wichtigen Faktor bei den strategischen Planungen der Generalstäbe wurde. Besonders in den Kriegen von 1866 und 1870/71 erwies sich der Einsatz der Eisenbahn als kriegsentscheidend. Somit war es nur folgerichtig, dass sie im 20. Jahrhundert das wichtigste Transportmittel während zweier Weltkriege und in den Jahren danach war.

Doch die Eisenbahn war auch über fast zwei Jahrhunderte immer ein Garant des technischen Fortschritts. Ihr gelangen immer wieder technische Glanzleistungen, wie z.B. die Entwicklung des Schnelltriebwagens »Fliegender Hamburger« (siehe Seite 82) oder die Rekordfahrt einer Dampflok im Jahr 1936 (siehe Seite 92). Am Beginn des 21. Jahrhunderts kündet schließlich der Hochgeschwindigkeitsverkehr mit dem ICE von der Leistungsfähigkeit der Eisenbahn.

Fast zwei Jahrhunderte Geschichte bieten genügend Stoff für umfangreiche Chroniken über den Schienenverkehr in Deutschland. Aber solche Chroniken über die Geschichte der Eisenbahn in Deutschland gibt es genug. Deshalb wollten wir keine weitere hinzufügen. Doch bei der Lektüre zahlreicher Veröffentlichungen fällt auf, dass bestimmte populäre Ereignisse in den verschiedenen Publikationen immer wieder auftauchen, während andere Geschehnisse von gleicher Tragweite selten oder gar nicht erwähnt werden.

Das gilt beispielsweise für neue technische Erfindungen: Nur wenigen Experten ist bekannt, dass die Zahnstange des Systems Abt, die man vor allem mit den Bergbahnen der Alpen verbindet, erstmals in Deutschland – genauer gesagt im Harz (siehe Seite 38) – zum Einsatz kam. Auch die große Bedeutung bestimmter Gesetze wird häufig ignoriert: Dass dem Erlass des Preußischen Kleinbahngesetzes im Jahr 1892 beim Bau von Kleinbahnstrecken ein regelrechter Boom folgte (siehe Seite 42), ist heute fast in Vergessenheit geraten.

Die Gründung der Deutschen Bahn AG gilt vielen maßgeblichen Politikern noch immer als Premiere in Sachen privatrechtlich organisierter Staatsbahn. Ein Irrtum, denn zwischen 1924 und 1937 gab es mit der Deutschen Reichsbahn-Gesellschaft in Deutschland schon einmal eine privatrechtlich organisierte Staatsbahn (siehe Seite 68).

Diese und zahlreiche weitere Ereignisse fanden in chronologischer Reihenfolge Aufnahme in dieses Buch. Dabei liegt es in der Natur der Sache, dass in einigen Jahren mehr passierte als in anderen. Außerdem gibt es natürlich wichtige Ereignisse, die erwähnt werden müssen, wie z.B. die Eröffnung der ersten deutschen Eisenbahn von Nürnberg nach Fürth (siehe Seite 8). Und weil menschliches und technisches Versagen ebenfalls zur Geschichte der Eisenbahn gehört, berichtet dieses Buch auch über einige schwere Eisenbahnunglücke. Auf diese Weise entsteht Kaleidoskop, dass die facettenreiche Geschichte der Eisenbahn in Deutschland in ihrer großen Vielfalt zeigt.

Viel Spaß beim Lesen und Schauen wünschen Ihnen

Klaus-Jürgen Kühne
Jan Reiners
Halle (Saale) und Bremen, im August 2010

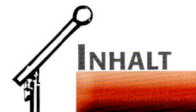

INHALT

1835 – Erste deutsche Eisenbahn 8

1838 – Eröffnung der ersten deutschen Staatseisenbahn in Braunschweig 10

1839 – Eröffnung der ersten deutschen Fernbahn Leipzig–Dresden 12

1844 – Eröffnung der Christian VIII. Østersø Jernbane 14

1847 – Gründung des »Vereins Deutscher Eisenbahnverwaltungen« 15

1848 – Inbetriebnahme der »Schiefen Ebene« 16

1849 – Entwicklung der Heusinger Steuerung 18

1850 – Eröffnung der Geislinger Steige 20

1851 – Eröffnung der Göltzschtal-Brücke 22

1851 – Erster Schnellzug in Deutschland 23

1855 – Eröffnung der ersten deutschen Schmalspurbahn 24

1875 – Einführung einer einheitlichen Signalordnung in Deutschland 25

1877 – Einführung der Normalien bei der Preußischen Staatsbahn 26

1878 – Inkrafttreten der »Bahnordnung für Eisenbahnen untergeordneter Bedeutung«.....28

1879 – Gründung der »Centralverwaltung für Secundairbahnen« 30

1880 – Eröffnung der ersten meterspurigen Schmalspurbahn 32

1881 – Eröffnung der ersten sächsischen Schmalspurbahn 34

1883 – Gründung der Firma Lenz & Co. 36

1885 – Einführung der kombinierten Adhäsions-Zahnradbahn des Systems Abt............38

1890 – Ende der Verstaatlichungen der Privatbahnen in Preußen 40

1892 – Inkrafttreten des preußischen Kleinbahngesetzes 42

1901 – Lieferung des ersten Rollwagens für Schmalspurbahnen 44

1902 – Indienststellung der ersten Heißdampflok 46

1905 – Inkrafttreten der Eisenbahn-Bau- und Betriebsordnung (EBO) 48

1907 – Weltrekordfahrt der bayerischen S 2/6 49

1907 – Indienststellung der ersten Pacific in Deutschland 50

1911 – Beginn der elektrischen Zugförderung in Deutschland 52

1914 – Eröffnung des Ausbesserungswerkes Meiningen 54

1915 – Eröffnung des Leipziger Hauptbahnhofs 56

1916 – Gründung der Mitropa 58

1918 – Gründung des Allgemeinen Lokomotiv-Normen-Ausschusses 60

1920 – Gründung der Reichseisenbahnen 62

1920 – Ablösung des Systems Abt durch die TIERKLASSE 64

1922 – Der große Eisenbahnerstreik 66

1922 – Gründung der Deutschen Lokomotivbauvereinigung....................................67

1924 – Gründung der Deutschen Reichsbahn-Gesellschaft (DRG) 68

1924 – Aufnahme des elektrischen Betriebes bei der Berliner S-Bahn 70

1925 – Inkrafttreten des endgültigen Umzeichnungsplanes der DRG 72

1925 – Indienststellung der ersten Einheitsdampflok 74

1926 – Das erste Reichskursbuch erscheint 76

1926 – Einführung der Kunze-Knorr-Bremse bei Güterzügen 77

1927 – Eröffnung des Hindenburgdamms 78

1928 – Erster Einsatz des »Rheingold« 79

1928 – Abschaffung der 4. Klasse 80

1932 – Indienststellung des »Fliegenden Hamburgers« 82

1933 – Beginn der Serienfertigung der Kleinloks 84

1933 – Beginn der Serienfertigung der Baureihe E 44 86

1935 – Indienststellung des Henschel-Wegmann-Zuges 88

1935 – 100-Jahr-Feier der deutschen Eisenbahn..90

1936 – Weltrekordfahrt der 05 002 92

1936 – Eröffnung des Rügendamms 93

1936 – Aufnahme des Wendezugbetriebes Hamburg–Travemünde bei der LBE...............94
1937– Rückführung der DRG in die Verfügungsgewalt des Deutschen Reiches...............95
1937 – Einführung der Indusi...............96
1938 – Gründung des LVA-Grunewald 98
1939 – Unfall von Genthin 100
1942 – Indienststellung der ersten Kriegsdampflok...............101
1945 – Bildung der Lokomotiv-Kolonnen 102
1949 – Gründung der Deutschen Bundesbahn 104
1949 – Aufnahme des Interzonenverkehrs 106
1949 – Beginn des Umbaus von Kohlenstaub-Dampfloks...............108
1950 – Gründung des BZA Minden...............110
1951 – Eröffnung der ersten Teilstrecke des Berliner Außenrings...............112
1953 – Vorstellung der Baureihe V 200 der DB 113
1953 – Einführung des Dispatcher-Dienstes bei der DR...............114
1955 – Wiederaufnahme der elektrischen Zugförderung bei der DR...............115
1955 – Umstellung der Hamburger S-Bahn auf Gleichstrom 116
1956 – Die 3. Wagenklasse wird abgeschafft 117
1957 – Einführung des TEE...............118
1957 – Beginn des Reko-Programms für Wagen bei der DR 119
1957 – Beginn des Reko-Programms für Dampfloks bei der DR...............120
1959 – Indienststellung der letzten Neubau-Dampflok der DB 122
1960 – Gründung der VES-M Halle (Saale) 124
1960 – Indienststellung der letzten Neubau-Dampflok der DR 126
1961 – Indienststellung der Schnellfahrlok 18 201 128
1962 – Bau der größten deutschen Diesellok V 320 001 129
1965 – Vorstellung der Baureihe E 03 der DB 130
1966 – Verdieselungsbeschluss bei der DR 131
1966 – Eröffnung der ersten Museumsbahn...............132
1967 – Unfall von Langenweddingen...............133
1969 – Der Personenzug wird zum Nahverkehrszug 134
1971 – Einführung des IC-Systems bei der DB 135
1971 – Unfall von Radevormwald 136
1973 – Einweihung der größten Hubbrücke der Welt in Hamburg 137
1974 – Einführung des neuen Farbkonzepts bei der DB...............138
1976 – Erster Einsatz der Städte-Expresszüge 139
1977 – Ende der Dampftraktion bei der DB 140
1977 – Die OHE stellt den Personenverkehr ein 142
1983 – Einstellung der letzten DB-Schmalspurbahn 143
1988 – Ende der Dampftraktion bei der DR...............144
1988 – Einführung des InterRegio...............146
1991 – Aufnahme des ICE-Planbetriebes...............147
1992 – Erster Einsatz von Neigetechnik-Zügen 148
1993 – Privatisierung der Schmalspurbahnen im Harz 149
1994 – Gründung der Deutschen Bahn AG...............150
1996 – Regionalisierung des Schienenpersonennahverkehrs 151
1996 – Einführung des neuen Farb-Konzepts der DB AG 152
1998 – Unfall von Eschede 153
2002 – Eröffnung der Schnellfahrstrecke Köln–Rhein/Main 154
2006 – Eröffnung des Berliner Hauptbahnhofs...............155
2007 – Mit dem TGV nach München und dem ICE nach Paris 156
2010 – Baubeginn Stuttgart 21 157

Erste deutsche Eisenbahn

Mit der Eröffnung der Strecke Nürnberg–Fürth am 7. Dezember 1835 begann in Deutschland das Zeitalter der Eisenbahn. Die Idee für die erste deutsche Eisenbahn stammte vom bayerischen Oberbergrat Josef von Baader (1763–1835). Dieser schlug bereits 1814 erstmals den Bau einer Eisenbahn zwischen Nürnberg und Fürth vor. Fünf Jahre später beschäftigte sich die Regierung des Königreichs Bayern abermals mit diesem Vorhaben, das jedoch kaum Unterstützung fand. König Ludwig I. (1786–1868) ließ einige Jahre später einen Kostenvoranschlag aufstellen, der 1827 der Ständeversammlung vorgelegt wurde. Doch diese schenkte dem Projekt kaum Interesse, da der geplante Main-Donau-Kanal für die Ständevertreter

wichtiger war. Erst der Nürnberger Kaufmann Johannes Scharrer (1875–1844), der seit 1834 zweiter Bürgermeister in Nürnberg war, brachte Bewegung in die Angelegenheit. Dank seines unermüdlichen Engagements konnte am 18. November 1833 die Aktiengesellschaft der Ludwigseisenbahn gegründet werden, zu deren stellvertretendem Direktor er drei Tage später berufen wurde. Am 19. Februar 1834 genehmigte die bayerische Regierung die Statuten der Gesellschaft und stellte ihr die »allerhöchste Conzession mit dem ausschließlichen Privilegium zur Errichtung einer Eisenbahn zwischen Nürnberg und Fürth für die nächstfolgenden 30 Jahre« aus. Kurze Zeit später begannen die Bauarbeiten.

◆ *Großer Jubel herrschte, als der »Adler« am 7. Dezember 1835 erstmals von Nürnberg nach Fürth dampfte. Abbildung: Archiv transpress*

Die Beschaffung der benötigten Fahrzeuge war jedoch mit einigen Problemen verbunden. Zunächst beabsichtige die Ludwigsbahn, die Lokomotiven und Wagen von deutschen Herstellern zu beziehen. Dazu verhandelte das Unternehmen mit der Firma Holmes & Rolandsen aus Unterkochen bei Aalen. Allerdings konnten sich beide Seiten nicht über den Preis einigen. Da es seitens der Ludwigsbahn außerdem Zweifel an der Qualität gab, musste ein anderer Lieferant gesucht werden. Im Mai 1835 trafen sich Vertreter der Ludwigsbahn in Brüssel mit George Stephenson (1803–1859), doch erst im Sommer 1835 erhielt die Firma Stephenson & Co. in Newcastle upon Tyne den Auftrag zum Bau der ersten Lokomotive für die

Ludwigseisenbahn. Am 3. September 1835 wurde die Maschine in 19 Einzelteile zerlegt in Newcastle verschifft. Zehn Tage später traf die wertvolle Fracht in Rotterdam ein. Dort wurde die Ladung auf ein Binnenschiff verladen und nach Köln gebracht. Von dort ging es auf Pferdefuhrwerken weiter über Offenbach und Kitzingen nach Nürnberg, das am 26. Oktober 1835 erreicht wurde. Die Montage des »Adler« erfolgte im November 1835 in der Maschinenfabrik Späth. Am 16. November 1835 absolvierte der »Adler« schließlich seine erste Probefahrt auf der Ludwigseisenbahn. Nachdem diese ohne Komplikationen verliefen, lud das Direktorium zur offiziellen Eröffnung der Strecke Nürnberg–Fürth für den 7. Dezember 1835 ein.

Mit einer Ansprache des Nürnberger Bürgermeisters begannen um 8.30 Uhr die Feierlichkeiten. Mit Musik und Salutschüssen setzte sich der »Adler« mit dem aus neun Wagen bestehenden Eröffnungszug in Bewegung. Am Regler der Dampflok stand ein Engländer – William Wilson (1809–1862) war der erste Lokführer in Deutschland.

Die Ludwigseisenbahn erwies sich für ihre Aktionäre als ein glänzendes Geschäft. Bereits 1836 konnte das Unternehmen seinen Teilhabern eine Dividende in Höhe von 20 % auszahlen. Einen Teil der Gewinne investierte die Gesellschaft auch in neue Fahrzeuge, so stand ab 1836 mit der Lok »Pfeil« eine zweite Maschine zur Verfügung. In den ersten Betriebsjahren setzte die Ludwigseisenbahn auch noch Pferde in der Zugförderung ein. Der Pferdebetrieb wurde jedoch immer weiter eingeschränkt. Aufgrund des hohen Verkehrsaufkommens baute die Ludwigseisenbahn die Strecke Nürnberg–Fürth alsbald zweigleisig aus. In den Jahren 1870/71 mussten die Bahnhofsanlagen in Nürnberg umgebaut und erweitert werden.

Ende des 19. Jahrhunderts verlor die Ludwigseisenbahn aber zusehends an Bedeutung. Die Städte Nürnberg und Fürth wurden immer größer und mit ihnen die Ansprüche im öffentlichen Nahverkehr. Diese konnte die Ludwigseisenbahn, die nur zwei Zwischenstationen hatte, immer weniger erfüllen. Mit der Eröffnung der Pferdestraßenbahn im Jahr 1891 ging der Personenverkehr auf der Ludwigseisenbahn zunehmend zurück. Der noch immer beachtliche Güterverkehr sicherte aber weiterhin das Fortbestehen der Gesellschaft. Dies änderte sich 1904, als die Ludwigseisenbahn mit dem Städtischen Gaswerk den wichtigsten Kunden verlor. Während des Ersten Weltkrieges spitzte sich die finanzielle Situation des Unternehmens immer weiter zu. Am 31. Oktober 1922 wurde schließlich der Betrieb auf der ersten deutschen Eisenbahn eingestellt. Die noch vorhandenen Fahrzeuge sowie die Immobilien in Nürnberg und Fürth wurden verkauft, die Trasse hingegen an die Städtische Straßenbahn verpachtet. Fortan existierte die Ludwigseisenbahn nur noch als Vermögensverwaltung. Erst 1970 wurde das Unternehmen aus dem Handelsregister gestrichen.

Eröffnung der ersten deutschen Staatseisenbahn in Braunschweig

Die erste deutsche Staatsbahn erbaute das Herzogtum Braunschweig. Maßgeblichen Anteil daran hatte der Kammersekretär Philipp von Amsberg (1788–1871). Er erkannte schon sehr früh in der Eisenbahn das Verkehrsmittel der Zukunft. Nach der Eröffnung der ersten Eisenbahn in England beschäftigte sich Philipp von Amsberg ausführlich mit der neuen Technik. Bereits 1824 plädierte er für den Bau einer Pferdebahn zwischen Braunschweig und Hannover. Doch diese Idee fand bei der herzoglichen Regierung keine Zustimmung.

Erst 1832 setzte Philipp von Amsberg das Thema »Eisenbahn« wieder auf die Tagesordnung der herzoglichen Regierung. Diesmal sollte eine Verbindung zwischen Braunschweig und den Häfen an der Nord- und Ostseeküste gebaut werden. 1834 schlug er außerdem eine Strecke von Braunschweig über Wolfenbüttel nach Bad Harzburg und 1835 eine Verbindung zwischen Braunschweig und Magdeburg vor. Doch die Regierung und die Ständeversammlung schenkten den Vorschlägen Philipp von Amsbergs nur wenig Beachtung. Dies änderte sich erst, als das Königreiche Hannover mit den Vorarbeiten für eine Strecke von Lehrte nach Magdeburg begann. Diese Bahnlinie hätte für Braunschweig schwerwiegende wirtschaftliche Folgen gehabt, denn sie hätte am Territorium des Herzogtums vorbeigeführt. Dies führte in der Ständeversammlung zu einem radikalen Kurswechsel. Bereits am 4. Mai 1835 stimmte sie einem Enteignungsgesetz zu, das den Grunderwerb für Bahnbauten im Herzogtum Braunschweig erheblich vereinfachte. Am 15. März 1837 bewilligte die Ständeversammlung schließlich die für den Bau der Strecke Braunschweig–Bad Harzburg notwendigen 400.000 Taler. Wenig später, am 1. Mai 1837, wurde die »Herzogliche Eisenbahn-Commission« gegründet, die Planung, Bau und Betriebsführung der Strecken in Braunschweig leiten sollte. Vorsitzender dieser Behörde wurde Philipp von Amsberg. Am 1. August 1837 erfolgte der symbolische erste Spatenstich vor den Toren Braunschweigs. Bereits am 6. November 1838 fanden die ersten Probefahrten zwischen Braunschweig und Wolfenbüttel statt. Herzog Wilhelm weihte schließlich am 1. Dezember 1838 die 11,75 km lange Strecke Braunschweig–Wolfenbüttel der Braunschweigischen Staatseisenbahn (BSE) ein.

In der Zwischenzeit trieb die BSE die Bauarbeiten in Richtung Bad Harzburg mit Hochdruck voran. Zwar konnte sie den Abschnitt

◆ *Der ehemalige Braunschweiger Hauptbahnhof hatte 1960 ausgedient. Heute ist das repräsentative Gebäude Sitz der Nord-LB. Foto: Slg. K.-J. Kühne*

Wolfenbüttel–Bad Harzburg am 22. August 1840 seiner Bestimmung übergeben, zwischen Schladen und Vienenburg durfte aber noch keine Züge verkehren, da das Königreich Hannover die dazu notwendige Konzession verweigerte. Erst am 31. Oktober 1841 erreichte der erste Zug der BSE Vienenburg. Auf dem Abschnitt Vienenburg–Bad Harzburg musste die BSE bis 1843 Pferde einsetzen, da die vorhandenen Lokomotiven für die Steigungen im Harzvorland zu schwach waren.

Trotz dieser Probleme trieb Philipp von Amsberg den Ausbau des Streckennetzes der BSE weiter voran. Mit der Eröffnung der 53,9 km langen Strecke Wolfenbüttel–Oschersleben am 10. Juli 1843 bestand auch eine Schienenverbindung zwischen Braunschweig und Magdeburg. Doch die weitere Expansion der BSE war für das

Höhen-Panorama von Bad Harzburg m. Bahnhof

◆ *Der Kopfbahnhof von Bad Harzburg – hier eine historische Postkarte um 1920 – wird hingegen bis heute genutzt. Foto: Slg. K.-J. Kühne*

Herzogtum Braunschweig mit erheblichen Risiken verbunden. Durch die enormen Investitionen der BSE stiegen die Verbindlichkeiten des staatseigenen Unternehmens bis 1866 auf 13 Millionen Taler an. Der Buchwert der Fahrzeuge und Anlagen belief sich auf 19 Millionen Taler. Das Defizit der Landeskasse betrug hingegen lediglich 3 Millionen Taler. Die herzogliche Regierung war nun zum Handeln gezwungen und entschied sich letztlich für den Verkauf der BSE. Gleichwohl achtete sie darauf, dass der neue Eigentümer die Interessen des Herzogtums wahrte. Am 8. März 1870 übernahm die »Darmstädter Bank für Industrie und Handel« für 11 Millionen Taler die BSE mit ihren 100 Lokomotiven, 122 Personen-, 688 offenen und 850 gedeckten Güterwagen. Der auf den 1. Januar 1869 zurückdatierte Kaufvertrag verpflichtete die Bank außerdem für die nächsten 64 Jahre zur Zahlung einer jährlichen Entschädigung in Höhe von 875.000 Talern und zur Gründung eines eigenständigen Eisenbahn-Unternehmens. Dies erfolgte 1871, als die Bank gemeinsam mit der

Berlin-Potsdam-Magdeburger Eisenbahn-Eisenbahn-Gesellschaft (BPME) und der Bergisch-Märkischen Eisenbahn-Gesellschaft (BME) die Braunschweigische Eisenbahn-Gesellschaft (BEG) gründete. Ab 1873 verschlechterte sich die finanzielle Situation der BEG aufgrund des immer schärferen Wettbewerbs. Die BPME und die BME übernahmen daher die Anteile der »Darmstädter Bank für Industrie und Handel«. Ende der 1870er-Jahre zeichnete sich immer mehr die Übernahme der juristisch eigenständigen BEG durch den preußischen Staat ab. Ab 1. April 1880 unterstand die BPME der Preußischen Staatsbahn. Zwei Jahre später, am 28. März 1882, wurden sich das Königreich Preußen und die Aktionäre der BME handelseinig. Damit besaß Preußen nun auch alle Anteile der BEG. Doch die BEG konnte nur mit Zustimmung des Herzogtums aufgelöst werden. Erst nach langwierigen Verhandlungen stimmte die braunschweigische Regierung am 3. Januar 1885 der Eingliederung der BEG in die Preußische Staatsbahn zu.

Eröffnung der ersten deutschen Fernbahn Leipzig-Dresden

Die Strecke Leipzig–Dresden ging als erste deutsche Ferneisenbahn in die Technikgeschichte ein. Bereits 1830 schlug der Kramermeister Carl Gottlieb Tenner den Bau einer Eisenbahn von Leipzig zum Elbehafen in Strehla vor. Diese Idee fand jedoch zunächst nur wenig Unterstützung. Dies änderte sich, als der Nationalökonom Friedrich List (1789–1846) 1833 in Leipzig seine Schrift »Ueber ein sächsisches Eisenbahnsystem als Grundlage eines allgemeinen deutschen Eisenbahnsystems und insbesondere über die Anlegung einer Eisenbahn von Leipzig nach Dresden« vorlegte. List räumte dabei Leipzig die Rolle eines zentralen Eisenbahnknotens in Deutschland ein. Außerdem erläuterte er die Vorteile des neuen Verkehrsmittels. Die Eisenbahn ermöglichte einen billigen, schnellen und kontinuierlichen Transport. Sie förderte die Arbeitsteilung der Industrie und verbesserte die Absatzmöglichkeiten für die erzeugten Produkte. Diese Argumente überzeugten das Leipziger Bürgertum. Nur wenige Wochen später konstituierte sich ein »Eisenbahn-Comité«, das in einer Petition an den sächsischen Landtag am 20. November 1833 den Bau einer Strecke von Leipzig nach Dresden forderte. Doch das Königreich Sachsen engagierte sich zunächst nicht im Eisenbahnwesen. Zwölf Leipziger Bürger gründeten schließlich Anfang 1835 die Leipzig-Dresdner Eisenbahn-Compagnie (LDE), an der sich unter anderem Albert Dufour-Féronce (1798–1861), Gustav Harkort (1795–1865), Carl Lampe (1804–1889) und Wilhelm Theodor Seyffarth (1807–1881) beteiligten. Am 14. Mai 1835 begann die Ausgabe der Aktien im Nennwert von 100 Talern, die nach nur 36 Stunden gezeichnet waren. Nachdem der LDE nun 1 Million Taler zur Verfügung standen, genehmigte die sächsische Staatsregierung am 6. Mai 1835 den Bau und Betrieb der Strecke Leipzig–Dresden sowie die Ausgaben so genannter Kassenscheine im Wert von 500.000 Taler.

Bereits im Oktober 1835 hatten die englischen Ingenieure Walker und Hawkshaw die Entwürfe für die Trassenführung geprüft. Aufgrund der geringeren Kosten plädierten sie für die Strecke über Strehla. Dies scheiterte jedoch am Widerstand des Stadtrates, so dass die LDE schließlich in Riesa die Elbe überqueren musste. Mit

◆ *Der heutige Dresdner Hauptbahnhof wurde 1898 nach mehrjähriger Bauzeit in Betrieb genommen. Foto: Slg. K.-J. Kühne*

dem Kauf der ersten Grundstücke zwischen Leipzig und Wurzen am 16. November 1835 begann die LDE mit dem Grunderwerb. Mit dem symbolischen ersten Spatenstich bei Machern begannen am 1. März 1836 offiziell die Bauarbeiten, die vom sächsischen Oberwasserbaudirektor Karl Theodor Kunz geleitet wurden.

Nur ein gutes Jahr später, am 24. April 1837, konnte die LDE mit dem 10,6 km langen Teilstück Leipzig–Althen den ersten Abschnitt in Betrieb nehmen. Am 12. November 1837 folgte das Streckenstück Althen–Gerichshein. 1838 machten die Bauarbeiten an der LDE erhebliche Fortschritte. Nach der Eröffnung der Teilstrecke Oschatz–Riesa am 21. November 1838 fehlte nur noch der 28,45 km lange Abschnitt Riesa–Oberau. Mit der Fertigstellung der Elbe-Brücke bei Riesa konnte die LDE schließlich am 7. April 1839 den durchgehenden Verkehr auf der rund 115 km langen der Strecke Leipzig–Dresden aufnehmen.

Die LDE entwickelte sich ganz im Sinne ihrer Aktionäre. Aufgrund des stetig wachsenden Verkehrsaufkommens musste bereits kurze Zeit später die Strecke zweigleisig ausgebaut werden. Bis 1884 herrschte auf der LDE Linksbetrieb.

Aufgrund ihrer ausgezeichneten wirtschaftlichen Lage konnte

die LDE in den folgenden Jahren ihr Streckennetz systematisch erweitern. Dazu gehörte die am 1. Dezember 1860 eröffnete Zweigstrecke Coswig–Meißen. Am 14. Mai 1866 nahm die LDE den Abschnitt Borsdorf–Grimma in Betrieb. Die Strecke wurde über Leisnig (28.10.1867), Döbeln (02.06.1868), Nossen (25.10.1868) bis nach Meißen (22.12.1868) verlängert. Von Nossen aus baute die LDE eine Verbindung in Richtung Böhmen, deren erste Teilstrecke nach Freiberg am 15. Juli 1873 in Betrieb genommen wurde. Erst am 15. August 1876 hatte die Strecke die böhmische Grenze bei Moldau erreicht. Darüber hinaus gehörten der LDE die am 15. Oktober 1875 eröffnete Strecke Riesa–Elsterwerda, die Verbindungsbahn zum Bayerischen Bahnhof in Leipzig (1851–1878) und die Großenhainer Zweigbahn, die aber erst am 1. Juli 1869 in das Eigentum der LDE übergegangen war.

Schwerwiegende wirtschaftliche Folgen für die LDE hatte der Einsturz der Riesaer Elbe-Brücke am Abend des 19. Februar 1876. Von Beginn an war die Holzbrücke das Sorgenkind der LDE, da sie erhebliche Instandhaltungskosten verursachte. Schon in den Jahren 1872 bis 1875 mussten die Pfeiler verstärkt werden. Die hölzernen Bögen wurden 1874/75 durch eiserne Halbparabelträger ausgetauscht. Ein unterspülter Mittelpfeiler führte schließlich zum Einsturz der Brücke. Angesichts des nun notwendigen Neubaus beschlossen die Aktionäre der LDE am 29. März 1876 das Angebot des Königreichs Sachsen anzunehmen und die Gesellschaft an den Staat zu veräußern. Bereits ab 1. Juli 1876 waren die Königlich Sächsischen Staatseisenbahnen (K.Sächs. Sts.E.B.) für die Verwaltung und den Betrieb der Strecken der LDE verantwortlich.

◆ *Erst nach der Fertigstellung der Elbe-Brücke bei Riesa konnte 1839 der Verkehr auf der LDE aufgenommen werden. Foto: Slg. K.-J. Kühne*

Eröffnung der Christian VIII. Østersø Jernbane

Die erste Eisenbahn des Königreiches Dänemark fuhr in Schleswig-Holstein, das damals unter dänischer Verwaltung stand. Die neue Bahnlinie führte von Altona über Neumünster nach Kiel. Gleich drei Sonderzüge – der erste für Ehrengäste, die beiden folgenden für Angestellte der Bahngesellschaft und Mitarbeiter am Bahnbau – starteten am Morgen des 18. September 1844, dem Geburtstag des dänischen Königs Christian VIII., gegen acht Uhr in Altona zur offiziellen Einweihungsfeier in Kiel. Nach einem Zwischenhalt in Neumünster erreichte der erste Eröffnungszug um elf Uhr den Endbahnhof. Beim offiziellen Festakt vertrat Prinz Friedrich von Augustenburg, Statthalter der Herzogtümer Schleswig und Holstein, den dänischen König. Der ersten Bahnlinie Dänemarks gab man folgerichtig den Namen »Christian VIII. Østersø Jernbane – König Christian VIII. Ostseebahn«. Dabei hatte es lange nicht so ausgesehen, als ob es jemals zu einem Bahnbau in Schleswig-Holstein kommen würde. Bereits 1831 hatte ein Lübecker Kaufmann angeregt, die Hansestädte Hamburg und Lübeck mit einer Bahnlinie zu verbinden. Doch der dänische König verweigerte die Genehmigung und beauftragte eine staatliche Kommission, die Wirtschaftlichkeit einer Eisenbahn in Schleswig-Holstein zu prüfen. Sie kam zu dem Ergebnis, dass eine Eisenbahn in Holstein weder militärisch noch wirtschaftlich notwendig sei. 1837 entschied der König schließlich, eine Eisenbahn in Schleswig-Holstein dürfe nur Hamburg oder Altona mit den Ostseestädten Kiel oder Neustadt verbinden und müsse privat finanziert sein. Weil die Kieler um die wirtschaftliche Entwicklung ihrer Stadt fürchteten, wenn die neue Bahnlinie von Neustadt über Segeberg nach Altona führte, gründeten sie am 30. August 1839 ein Komitee, das sich schließlich mit dem Eisenbahn-Komitee in Altona zusammenschloss. Für den Bahnbau gründete das vereinigte Komitee eine Aktiengesellschaft, an der sich neben den Städten Kiel, Neumünster und Altona auch der dänische Staat beteiligte. Am 16. Juni 1842 wurde die Altona-Kieler Eisenbahn-Gesellschaft gegründet. Im März 1843 begannen die Bauarbeiten, die kaum Probleme bereiteten. Entlang der Strecke entstanden 333 Brücken und Durchlässe. Bereits am 9. September 1844 begann der reguläre Zugverkehr, die offizielle Einweihungsfeier fand erst am Geburtstag des Königs statt. Die »Christian VIII. Østersø Jernbane« war nicht nur die erste Eisenbahnstrecke Dänemarks und die fünfte in Deutschland, sondern mit rund 105 km Länge die bis dahin längste deutsche Bahnlinie.

◆ *Den Bau der neuen Bahnlinie finanzierte die Altona-Kieler Eisenbahngesellschaft mit dem Verkauf von über 15.000 Aktien. Abbildung: Archiv transpress*

Gründung des »Vereins Deutscher Eisenbahnverwaltungen«

Zehn preußische Bahngesellschaften gründeten am 10. November 1846 den »Verband der preußischen Eisenbahnverwaltungen«, der sich ab 1847 »Verein Deutscher Eisenbahnverwaltungen« (VDEV) nannte. Im Lauf der Jahre traten nicht nur Eisenbahngesellschaften aus Deutschland diesem Verband bei. Auch Unternehmen aus benachbarten Staaten und Österreich-Ungarn wurden Mitglied dieser Vereinigung. 1884 hatte das Streckennetz der im VDEV organisierten Unternehmen eine Länge von über 60.000 km. Ziel des VDEV war es, »die Bestrebungen der Eisenbahnverwaltungen durch Einmütigkeit zu fördern und dadurch ebenso sehr den eigenen Interessen als denen des Publikums zu dienen«. In den ersten Jahren seines Bestehens konnten die alljährlich abgehaltenen Generalversammlungen jedoch keine bindenden Beschlüsse fassen. Dies änderte sich erst 1874 auf der Generalversammlung in Pest. Fortan galt: Stimmten nun 90 % der Mitglieder einem Vorschlag zu, war dieser für alle Mitgliedbahnen bindend.

Der VDEV engagierte sich in allen Bereichen des Eisenbahnwesens. Zunächst galt es, gemeinsame Tarifreglungen und einheitliche technische Richtlinien zu erlassen. Das erste Vereins-Güterreglement, das auch die Rechte und Pflichten der Kunden definierte, lag 1848 vor. Es musste jedoch bald überarbeitet werden und trat in seiner neuen Fassung am 1. Juli 1850 in Kraft. Im Februar 1850 legte der VDEV nach langen Beratungen seiner Experten die 329 Paragrafen umfassenden »Grundzüge für die Gestaltung der Eisenbahnen« und die »Einheitlichen Vorschriften für den durchgehenden Verkehr auf den bestehenden Vereinsbahnen« vor. Mit diesen beiden Vorschriften wurde u.a. die mitteleuropäische Regelspur auf 1.435 mm festgelegt und die Verwendung der bereits seit 1840 üblichen Schraubenkupplung verbindlich geregelt.

Ein weiterer Schwerpunkt des Vereins waren seine Publikationen. Bereits ab 1851 veröffentlichte der VDEV jährlich eine Eisenbahnstatistik. 1853 wurde die Herausgabe einheitlicher Stationsaushängetafeln und Fahrpläne beschlossen. Ein Jahr später einigte man sich auf eine einheitliche Unterscheidung der Tag- und Nachtzeiten. Ab 1861 lagen auf allen Stationen der Mitgliedsbahnen die Fahrpläne aus. Ein gemeinsames Kursbuch wurde erstmals 1863 verlegt. Dies erschien jedoch nur kurze Zeit, da auch Postverwaltungen und andere Verlage Kursbücher veröffentlichten (siehe S. 76). Als Fachzeitschrift für die Techniker diente das von Edmund Heusinger gegründete »Organ für die Fortschritte des Eisenbahnwesens«, das zunächst alle zwei Monate erschien. Außerdem gab der VDEV ab 1861 die

»Zeitung des Vereins deutscher Eisenbahnverwaltungen« heraus, die zweimal in der Woche den Mitgliedern zugestellt wurde. Später gab der Verein auch Fachbücher heraus. Eines der ersten war das »Handbuch für den Eisenbahn-Güterverkehr«, das 1885 erschien. Ab 1932 firmierte der VEDV als »Verein Mitteleuropäischer Eisenbahnverwaltungen« (VMEV).

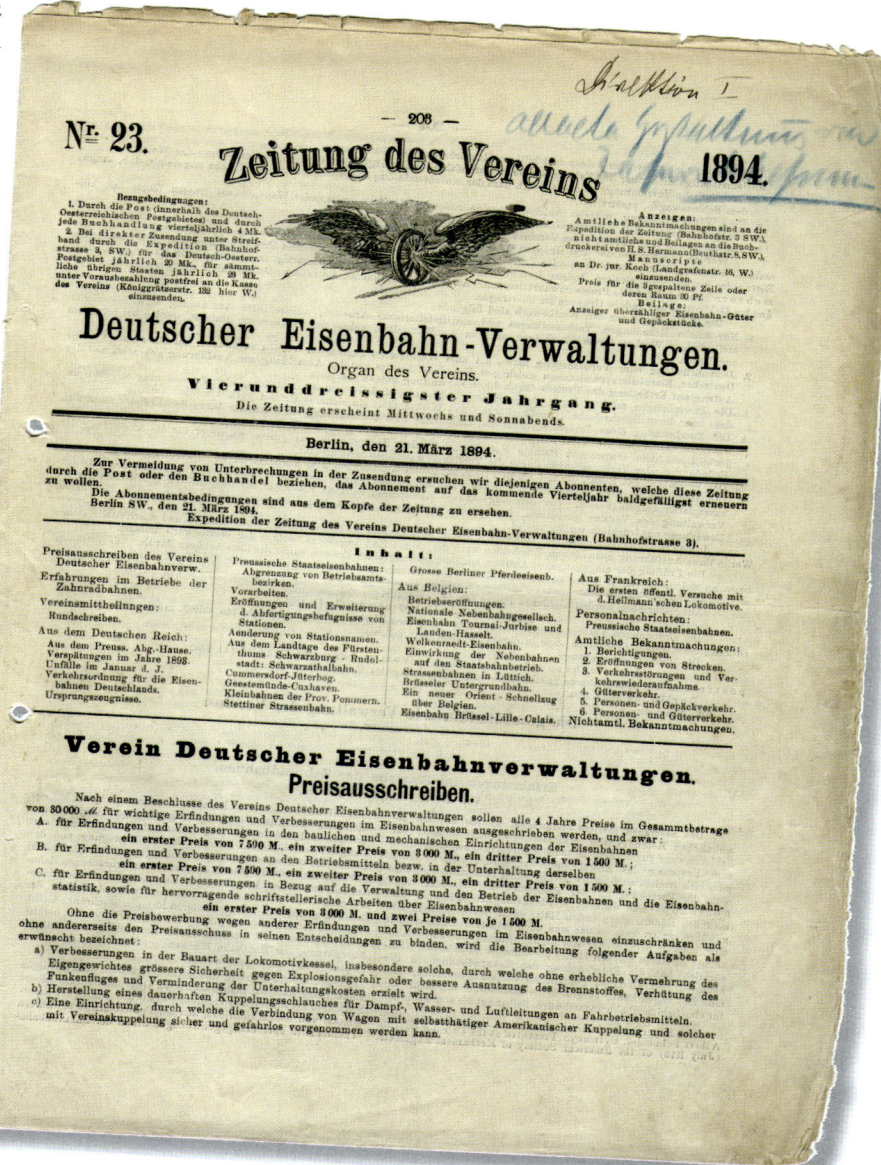

◆ Die »Zeitung des Vereins deutscher Eisenbahnverwaltungen« erschien zweimal in der Woche. Abbildung: Slg. K.-J. Kühne

Inbetriebnahme der »Schiefen Ebene«

Als »Schiefe Ebene« wird die Steilstrecke zwischen Neuenmarkt-Wirsberg und Marktschorgast im Verlauf der Hauptbahn Bamberg–Hof (Saale) bezeichnet. Auf rund 6,8 km Streckenlänge wird ein Höhenunterschied von 157,7 m überwunden. Mit einer Steigung von 23 Promille war die »Schiefe Ebene« bei ihrer Eröffnung die steilste Eisenbahnstrecke in Europa, die von lokbespannten Zügen befahren wurde.

Bereits nach der Eröffnung der Strecke Nürnberg–Fürth (siehe S. 12 f.) gab es erste Überlegungen für den Bau einer Eisenbahn zwischen Nürnberg und Hof (Saale). Doch bei der Planung des Trassenverlaufs gab es ein Problem: Die Strecke musste aufgrund der zur Verfügung stehenden Lokomotiven nach dem so genannten Englischen System projektiert werden. Dies bedeutete große Radien und möglichst geringe Steigungen. Doch damit konnte der Höhenunterschied zwischen dem Maintal und der Hochebene bei Hof (Saale) nicht auf direktem Wege überwunden werden. Die daher alternativ vorgeschlagene Streckenführung über Coburg lehnte der bayerische König Ludwig I. (1786–1868) jedoch ab. Stattdessen ordnete er den Bau der insgesamt 566 km langen »Ludwig-Nord-Süd-Bahn« von Lindau über Augsburg und Nürnberg nach Hof (Saale) auf Kosten des bayerischen Staates an. Bereits am 1. Oktober 1844 hatte die »Ludwig-Nord-Süd-Bahn« Bamberg erreicht.

Der Abschnitt Bamberg–Hof (Saale) stellte die Ingenieure vor bisher noch nicht gekannte Herausforderungen. Nach Abwägung der Vor- und Nachteile verschiedener Streckenführungen fiel die Entscheidung zu Gunsten der relativ kurzen aber steilen Variante

◆ *Im Mai 1973 dampfte es noch auf der »Schiefen Ebene«: 052 475-1 arbeitet sich mit einem Nahverkehrszug die Steigung hinauf. Foto: J. Krantz*

über Neuenmarkt und Markschorgast. Die zunächst erwogenen Hilfsmittel, wie z.B. einen Pferde- oder Seilzugbetrieb für die bergwärts fahrenden Züge, konnten 1842 verworfen werden, nachdem endlich Dampflokomotiven zur Verfügung standen, die auch enge Radien und stärkere Steigungen überwinden konnten. Gleichwohl erforderte die »Schiefe Ebene« einige bis dahin kaum vorstellbare Kunstbauten. Dazu gehörten u.a. zwei rund 1.400 m lange und bis zu 32 m hohe Steindämme. Außerdem waren 13 Brücken sowie mehrere Durchlässe und Wasserkaskaden notwendig. Entsprechend lange dauerten auch die Bauarbeiten. Erst am 1. November 1848 konnte das letzte Teilstück der »Ludwig-Nord-Süd-Bahn« seiner Bestimmung übergeben werden. Die Baukosten betrugen 917.318 Gulden.

Auch nach ihrer Eröffnung sorgte die »Schiefe Ebene« immer wieder für Aufsehen. Die Steigungen erforderten stets zugstarke Lokomotiven im Fichtelgebirge. Die meisten Züge mussten bei ihrer Fahrt von Neuenmarkt-Wirsberg hinauf nach Marktschorgast nachgeschoben werden. Der Bedarf an leistungsstarken Triebfahrzeugen veranlasste die Bayerische Staatsbahn u.a. zur Beschaffung der schweren Tenderlokomotiven der Gattung Gt 2 x 4/4 (ab 1925: Baureihe 96.0), die hier ab 1915 zu sehen waren. Bei der Indienststellung der ersten Exemplare der Gt 2 x 4/4 im Jahr 1914 waren die Mallet-Maschinen die größten Tenderloks Europas.

Ab Mitte der 1960er-Jahre besuchten zahllose Eisenbahnfreunde aus aller Welt die »Schiefe Ebene«, da das Bahnbetriebswerk (Bw) Hof (Saale) hier die letzten Schnellzug-Dampflokomotiven der Baureihe 01 der Deutschen Bundesbahn (DB) einsetzte. Erst am 2. Juni 1973 hatte die letzte Maschine ausgedient. Danach kamen auf der »Schiefe Ebene« noch planmäßig Dampfloks der Baureihe 50 des Bw Hof (Saale) zum Einsatz. Letztmalig brachte am 11. Januar 1975 eine Dampflok einen Reisezug über die Steilstrecke. Heute erinnert das Eisenbahn-Museum in Neuenmarkt-Wirsberg an die Dampflokzeit und die Geschichte der »Schiefe Ebene«.

◆ *1973 absolvierte die Baureihe 01 ihre letzten Einsätze auf der »Schiefen Ebene«. Am 4. Mai 1973 zieht 001 173-4 ihren Eilzug bergauf. Foto: J. Krantz*

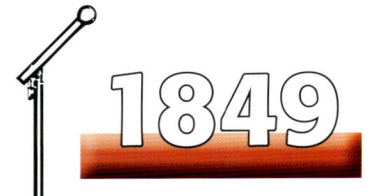

Entwicklung der Heusinger Steuerung

Edmund Heusinger von Waldegg entwickelte 1849 die nach ihm benannte Steuerung für Dampflokomotiven. Heusinger wurde am 12. Mai 1817 in Langenschwalbach geboren. Nach einer Lehre als Buchhändler arbeitete er zeitweise als Schriftsetzer. Dabei stellte er sein technisches Können unter Beweis – er entwickelte den Vorläufer der späteren Rotationsdruckmaschine. Außerdem besaß er ein Patent für eine neue Tintenfassfeder, aus der später der Füllfederhalter hervorging. Anschließend studierte Edmund Heusinger an den Universitäten in Göttingen und Leipzig Mathematik, Mechanik und Physik. In Leipzig erlebte er 1839 die Eröffnung der ersten deutschen Fernbahn nach Dresden (siehe S. 12 f.). Dieses Ereignis

hinterließ einen bleibenden Eindruck bei Heusinger, der sich fortan für die Eisenbahn begeisterte und das Schlosserhandwerk erlernte. Bereits 1840 arbeitete er auf der Gutehoffnungshütte in Sterkrade an der Montage einer englischen Dampflokomotive mit, die er als Maschinist zur Taunus-Bahn überführte. Das Unternehmen stellte Edmund Heusinger als Werkführer ein. In dieser Funktion warnte er vor den schlechten Laufeigenschaften und den daraus resultierenden Gefahren für den Betrieb der damals eingesetzten so genannten Long-Boiler-Maschinen englischer Konstruktion. Nur wenig später präsentierte der Werkführer seine erste eisenbahntechnische Entwicklung – eiserne Räder mit Metallfüllungen, die nicht mehr

◆ *Die von Edmund Heusinger von Waldegg entwickelte Steuerung konnte sich ab der zweiten Hälfte der 1880er-Jahre durchsetzen. Foto: D. Endisch*

◆ *Die meisten deutschen Dampflokomotiven wurden mit einer Heusinger-Steuerung ausgerüstet. Foto: Slg. K.-J. Kühne*

aus den Gleisen sprangen. 1846 übernahm Heusinger die Leitung der Hauptwerkstatt der Taunus-Bahn. Er konstruierte wenig später einen ersten Rauchgas- bzw. Abgasüberhitzer, der sich jedoch nicht bewährte. Anders seine Steuerung, die 1850 an einer 2 A-Tenderlokomotive der Taunus-Bahn erprobt wurde. Die Heusinger-Steuerung überzeugte zwar durch ihre einfache und übersichtliche Bauweise, doch die Ingenieure und Hersteller bevorzugten noch bis Ende des 19. Jahrhunderts die Allan-Trick-Steuerung. Diese so genannte Kulissensteuerung wurde unabhängig voneinander 1854 vom englischen Eisenbahn-Ingenieur Alexander Allan (1809–1891) und dem deutschen Konstrukteur Josef Trick (1812–1865) entwickelt. Ähnlich erging es auch Edmund Heusinger. Eine vergleichbare Steuerung hatte bereits 1848 Egide Walschaert (1820–1901) ersonnen, der Werkmeister der Belgischen Staatseisenbahnen in Brüssel-Midi war. Erst später erfuhr Edmund Heusinger von dieser Konstruktion. Erst in der zweiten Hälfte der 1880er-Jahre konnte sich die Heusinger-Steuerung in Deutschland durchsetzen. Maßgeblichen Anteil daran hatte August von Borries (1852–1906), der ab 1875 Vorstand der maschinentechnischen Abteilung der Königlichen Eisenbahn-Direktion (KED) Hannover war und sich in dieser Funktion u.a. mit der Entwicklung neuer Schnellzug-Dampfloks und der Verbesserung der Steuerungen beschäftigte. Er erkannte die Vorteile der Heusinger-Steuerung,

die im Gegensatz zur Allan-Trick-Steuerung nur eine Gegenkurbel besaß, da die Schwinge als zweiarmiger Hebel ausgebildet war. Dadurch konnte die bei der Allan-Trick-Steuerung notwendige zweite Gegenkurbel entfallen. Damit war auch bei hohen Drehzahlen eine genaue Dampfverteilung sichergestellt. In der Folgezeit verdrängte die Heusinger-Steuerung alle anderen Steuerungsbauarten.

Diesen Erfolg erlebte Edmund Heusinger aber nicht mehr. 1854 verließ er die Taunus-Bahn und übernahm die Vorarbeiten für die Frankfurt-Homburger Eisenbahn. Anschließend leitete er als Oberingenieur den Bau der Deisterbahn Weetzen–Haste und der Strecke Nordhausen–Nordheim. Ab 1863 führte er das von ihm gegründete »Organ für die Fortschritte des Eisenbahnwesens«, das vom »Verein deutscher Eisenbahn-Verwaltungen« (siehe S. 15) herausgegeben wurde und sich zu einer der bedeutendsten Fachzeitschriften entwickelte. Parallel dazu betrieb Heusinger in Hannover ein eigenes Konstruktionsbüro, mit dessen Hilfe er seine weiteren Erfindungen und Patente kommerziell nutzte. Heusinger entwickelte u.a. eine Feldeisenbahn für das Militär, ein Oberbausystem für Straßenbahnen und einen Sitzwagen mit Abteilen und Seitengang, wie er heute noch üblich ist. Ein Baumuster dieses »Interkommunikationswagens« wurde 1873 auf der Weltausstellung in Wien gezeigt. Heusinger verstarb am 2. Februar 1886 in Hannover.

1850

Eröffnung der Geislinger Steige

Als am 28. Juni 1850 der erste offizielle Zug die Geislinger Steige auf die Schwäbische Alb erklomm, war damit eine Strecke eröffnet, die in der Zukunft für den Bau von Gebirgsbahnen beispielgebend war. Die Arbeiten an diesem wichtigen Streckenabschnitt hatten rund vier Jahre zuvor im August 1846 begonnen. Er gehörte zur so genannten Ostbahn Stuttgart–Ulm. Ihr Bau ging auf das Gesetz betreffend den Bau von Eisenbahnen zurück, mit dem 1843 der Bau einer Bahnverbindung zwischen Heilbronn – damals Endpunkt der Neckarschifffahrt – und Friedrichshafen am Bodensee beschlossen worden war. Das größte Hindernis beim Bau war die ungünstige Topographie im Streckenverlauf, denn zwischen Geislingen und Ulm musste die Schwäbische Alb überquert werden. Nachdem die Verantwortlichen verschiedene Alternativen geprüft hatten, entschied man sich schließlich für eine kurze und steile Rampe zwischen Geislingen und Amstetten

Den Bahnbau zwischen Esslingen und Ulm leitete der württembergische Oberbaurat Michael Knoll (1805–1852).

Die Topographie im Neckar- und im unteren Filstal bereiteten den Ingenieuren und den Bauarbeitern keine außergewöhnlichen Probleme. Die größten Steigungen lagen dort zwischen 1:188 und maximal 1:100. Bereits am 14. Juni 1846 eröffnete man den Bahnverkehr zwischen Süßen und Geislingen, wo der anspruchsvolle Albaufstieg begann. Die Ereignisse während des Revolutionsjahres 1848 verzögerten den Weiterbau. Nichtsdestoweniger konnte man 1849 die ersten Gleise auf der Geislinger Steige verlegen, deren Bau alle Beteiligten vor besondere Herausforderungen stellte: Bis zum Bahnhof Amstetten (580 m über NN) musste auf einer Länge von rund sechs Kilometern ein Höhenunterschied von 135 m überwunden werden. Die Bahnlinie verläuft eng entlang des so genannten Albtraufs: vom Bahnhof Geislingen vorbei an der Blockstation Knoll (Km 64,24) und der Blockstation Posten 82 (Km 65,69). Sie besitzt bis zum Brechpunkt, kurz vor Amstetten, fast durchgehend eine Steigung von 22,5 Promille. Die größte Neigung ist in kurzen Abschnitten mit 1:44,5 sogar noch etwas höher.

Obwohl die Geislinger Steige nicht die steilste Bergstrecke deutscher Eisenbahnen ist, ist sie dank der Hauptbahn Stuttgart–Ulm (–Augsburg–München) der Rampenabschnitt mit dem höchsten Verkehrsaufkommen in Deutschland. Auch das Paradepferd der Deutschen Bahn AG, der ICE, müht sich täglich die 22,5-Promille-Steigung hinauf. Auf keinem anderen Streckenabschnitt fährt der Hochgeschwindigkeitszug mit maximal 70 km/h planmäßig langsamer als auf der Geislinger Steige!

Hinter dem Bahnhof Amstetten geht es wieder abwärts: Im weiteren Verlauf der Strecke geht es in Neigungen bis zu 1:70 wieder auf 479 m bei Ulm hinab. Den durchgehenden Zugverkehr von Heilbronn über Stuttgart nach Ulm und weiter nach Friedrichshafen eröffnete man am 29. Juni 1850.

Obwohl die Geislinger Steige relativ kurz ist, gilt sie als die erste wirklich bedeutende Gebirgsstrecke Europas. Sie diente deshalb als Modell für den Bau vieler bedeutender und weitaus anspruchsvollerer Projekte, wie die Bahnlinien über den Semmering, den Brenner oder die Tauern. An ihren Erbauer Michael Knoll, der nur zwei Jahre nach der Streckeneröffnung am 29. Juni 1852 im Alter von nur 47 Jahren an den Folgen mehrerer Schlaganfälle starb, erinnert ein Gedenkstein mit Büste, der in einer Brunnenanlage direkt an den Gleisen etwa auf halber Strecke zwischen Geislingen und Amstetten steht (in Fahrtrichtung links).

◆ Ein ICE fährt in Richtung Stuttgart am 1. Mai 2007 durch den Bahnhof Geislingen. Rechts wartet eine Lok der Baureihe 151 auf ihren nächsten Einsatz. Foto: M. Dahlbeck

◆ *Parallelfahrt zweier historischer Triebwagen auf der Steige: Die beiden ET 65 fuhren anlässlich des Jubiläums »75 Jahre Baureihe ET 65« am 15. März 2008 zusammen in Richtung Amstetten bergauf. Foto: M. Dahlbeck*

Eröffnung der Göltzschtal-Brücke

Die 574 m lange und 78 m hohe Göltzschtal-Brücke im Vogtland ist die größte Ziegelstein-Brücke der Welt. Sie liegt rund 4 km westlich von Reichenbach und überspannt das Tal der Göltzsch zwischen Mylau und Netzkau.

Der Bau der Strecke Leipzig–Plauen–Hof stellte die Sächsisch-Bayerische Eisenbahn-Compagnie vor enorme Herausforderungen. Da es für die Überquerung des Göltzsch-Tals auf Anhieb keine geeignete Lösung gab, schrieb das Unternehmen am 27. Januar 1845 einen entsprechenden Wettbewerb aus. Als Preisgeld wurden 1.000 Taler ausgelobt. Zwar gingen bei der Sächsisch-Bayerische Eisenbahn-Compagnie insgesamt 81 Vorschläge ein, doch keinem Entwurf lagen die notwendigen statischen Berechnungen bei. Daher wurde das Preisgeld schließlich unter den vier besten Entwürfen aufgeteilt.

Professor Johann Andreas Schubert (1808–1870), der die Prüfungskommission leitete und am Polytechnikum in Dresden lehrte, entwarf daraufhin einen eigenen Lösungsvorschlag, bei dem er aber teilweise auf Ideen aus dem Wettbewerb zurückgriff. Für seinen Entwurf der Göltzschtal-Brücke sah Schubert in erster Linie Ziegelsteine als Baustoff vor, da es in der näheren Umgebung ausreichende Lehmvorkommen gab und so die Steine preisgünstig hergestellt werden konnten. Nur für einige hochbeanspruchte Teile war die Verwendung von Granit vorgesehen. Auf der Grundlage der von ihm entwickelten »Theorie der Konstruktion steinerner Bogenbrücken« erstellte er die notwendigen statischen Berechnungen. Mit der Grundsteinlegung am 31. Mai 1846 begannen die Arbeiten an der Göltzschtal-Brücke. Die Planung musste aber während des Baus in einigen Details geändert werden. Zum einen wies der Baugrund eine deutlich geringere Tragfähigkeit auf, zum anderen mussten die in der Mitte des Bauwerks vorgesehenen gleichgroßen Bögen durch einen Mittelbogen ersetzt werden. Gleichwohl gingen die Arbeiten zügig voran. Auf der Baustelle waren zeitweise über 1.700 Mann beschäftigt. Rund 50.000 Ziegelsteine wurden täglich benötigt. Diese besaßen die ungewöhnlichen Abmessungen 28 x 14 x 6,5 cm. Sie wurden in etwa 20 Ziegeleien hergestellt. Für die notwendigen Baugerüste wurden rund 230.000 Baumstämme benötigt. Nach gut fünfjähriger Bauzeit wurde die Göltzschtal-Brücke mit ihren 98 Gewölben am 15. Juli 1851 für den Verkehr freigegeben. Die Kosten für das imposante Bauwerk beliefen sich auf rund 2,2 Millionen Taler. Bis heute hat die Göltzschtal-Brücke nichts von ihrer Faszination verloren. Die Bundesingenieurkammer erklärte das Bauwerk im Sommer 2009 zu einem Wahrzeichen der Ingenieurbaukunst.

◆ *Ein Dieseltriebwagen der Vogtlandbahn überquert die 78 Meter hohe Göltzschtal-Brücke bei Netzschkau. Foto: DB AG/Stefan Klarner*

Erster Schnellzug in Deutschland

Nach der Fertigstellung des letzten Abschnitts der Cöln-Mindener Eisenbahn-Gesellschaft (CME) am 19. April 1848 bestand eine durchgehende Schienenverbindung zwischen Köln und Berlin. Zunächst setzten die Eisenbahngesellschaften nur Personenzüge ein, die auf allen Bahnhöfen hielten. Erst am 1. Mai 1851 verkehrte der erste Schnellzug zwischen Berlin und Köln. Dieser hielt nur noch auf ausgewählten Unterwegsbahnhöfen und benötigte 22 Stunden für die Fahrt von der Spree an den Rhein. Das Angebot war ein voller Erfolg. Bereits 1852 verkehrten zwei Schnellzugpaare, deren Fahrzeit nur noch 16 Stunden betrug. 1853 sank die Fahrzeit auf 15 Stunden. Die Züge bestanden lediglich aus Wagen der 1. und 2. Klasse.

Etwa zeitgleich setzte auch die Königliche Ostbahn ihren ersten Schnellzug ein. Dieser verkehrte ab 1. August 1851 zwischen Berlin und Bromberg. Das Königreich Preußen forderte nun alle Bahngesellschaften in seinem Bereich auf, ein Netz schnellfahrender Züge aufzubauen. Bereits 1854 war Berlin durch Courier- oder Schnellzüge mit Breslau, Bromberg, Frankfurt (Main), Hamburg und Köln verbunden. Für die nachts verkehrenden Courierzüge mussten die Reisenden einen höheren Fahrpreis entrichten, mit denen die Unternehmen die höheren Personalkosten ausglichen. Die Courier- und Schnellzüge wurden zunächst mit den Kürzeln »C« und »S«

bezeichnet. Erst 1889 setzte sich für beide Zugarten die Abkürzung »S« durch.

Ab 1892 löste eine neue Zuggattung den bisherigen Schnellzug schrittweise ab – der D-Zug. Das »D« stand für »Durchgangszug« und wies die Reisenden auf die in diesen Zügen ausschließlich verwendeten Durchgangswagen hin. Bisher bestanden die Courier- und Schnellzüge, wie alle anderen Reisezüge auch, aus Abteilwagen. Zwar hatte Edmund Heusinger (siehe S. 18 f.) bereits in den 1870er-Jahren einen Durchgangswagen mit Seitengang, Abteilen und Übergängen an den Wagenenden entwickelt, doch diese Bauform konnte sich erst ab 1892 in hochwertigen Reisezugdienst durchsetzen. Am 1. Mai 1892 verkehrten die ersten D-Züge auf den Strecken Berlin–Köln und Berlin–Frankfurt (Main). Die D-Züge bestanden aus Wagen der 1. und 2. Klasse sowie Speisewagen. Nachtzügen wurden Schlafwagen beigestellt. Für die Benutzung der D-Züge wurde neben dem normalen Fahrpreis noch ein Zuschlag erhoben. Erst 1894 wurde die 3. Wagenklasse in einzelnen D-Zügen eingeführt. Bis 1917 hatte der D-Zug die Courier- und Schnellzüge im Deutschen Reich ersetzt. Erst in den 1980er-Jahren verlor der D-Zug immer weiter an Bedeutung. Mit der Einführung des InterRegios (IR; siehe S. 146) 1988 war das Ende des Schnellzuges nur noch eine Frage der Zeit. Ab 2007 setzte die Deutsche Bahn AG D-Züge nur noch im Nachtreiseverkehr ein. Heute werden diese Züge als CityNightLinie bezeichnet. Das Kürzel »D« vor einer Zug-Nr. hat seither ausgedient.

◆ *41 116 des Bw Kassel war im Sommer 1956 mit dem D 183 Basel–Wilhlemshaven zwischen Cölbe und Bürgeln unterwegs. Foto: C. Bellingrodt, Slg. K.-J. Kühne*

1854

Eröffnung der ersten deutschen Schmalspurbahn

In der Frühzeit der Eisenbahn entstanden ausschließlich Strecken in Regelspur (1.435 mm). Recht bald zeigte sich aber, dass die Bau- und Betriebskosten durch die Verwendung kleinerer Spurweiten verringert werden konnten. Bereits 1832 wurde in England die erste Schmalspurbahn (597 mm Spurweite) eröffnet. Zwischen 1828 und 1836 entstand zwischen Budweis und Linz die erste österreichische Schmalspurbahn (1.106 mm Spurweite).

In Deutschland nahm die erste Schmalspurbahn hingegen erst 1855 ihren Betrieb auf. Die Idee dazu hatte die Oberschlesische Eisenbahn-Gesellschaft (OEG), die das Industriegebiet um Beuthen, Gleiwitz und Ratibor erschließen wollte. Zahlreiche Gruben und Hütten betrieben hier bereits Werkbahnen mit einer Spurweite von 785 mm (2,5 preußische Fuß), die die OEG miteinander verbinden wollte. Die entsprechende Konzession dazu lag am 24. März 1851 vor. Vier Jahre später konnten die ersten Strecken der späteren Oberschlesischen Schmalspurbahnen (OSSB) eröffnet werden. Damit begann das Zeitalter der Schmalspurbahnen in Deutschland. Zunächst wurden die Güterzüge auf den Hauptstrecken der OSSB mit Dampfloks bespannt. Auf den Nebenstrecken übernahmen Pferde die Traktionsaufgaben. Rudolf Pringsheim, der 1860 die Strecken der OSSB pachtete und fortan in eigener Regie betrieb, gab den Einsatz der 1'B1'-Tenderloks aber auf, da der Mischbetrieb Probleme

◆ *Zwischen 1902 und 1920 beschaffte die Preußische Staatsbahn für das oberschlesische Netz 20 Exemplare der Gattung T 37. Foto: Slg. Kieper*

verursachte. Mit dem Ansteigen des Güteraufkommens musste der Pferdebetrieb ab 1872 schrittweise eingestellt werden. Dafür wurden bis 1875 insgesamt 17 Bn2-Tenderloks von den Firmen Krauss und Hagans beschafft. Ab 1875 folgten größere Cn2t-Maschinen. Bis 1901 erreichte das Streckennetz der OSSB, das seit 1884 von der Preußischen Staatsbahn betrieben wurde, eine Ausdehnung von rund 140 km. Über 160 Gruben und Hütten besaßen einen Gleisanschluss. Der Fuhrpark umfasste 51 Dampfloks und mehr als 3.600 Wagen. 1904 wurden auf den OSSB über 3,7 Millionen t Güter befördert.

Mit der Abtretung eines Teils von Oberschlesien an Polen 1922 musste auch das Netz der OSSB geteilt werden. Den Polnischen Staatsbahnen (PKP) unterstanden nun 125,4 km, der Deutschen Reichsbahn-Gesellschaft (DRG) verblieben 62,4 km. Nach der Besetzung Polens durch die Deutsche Wehrmacht 1939 wurden beiden Netze wieder vereinigt.

Nach dem Zweiten Weltkrieg bauten die PKP die Strecken der OSSB weiter aus. 1955 betrug die Gesamtlänge über 230 km, auf den mehr als 6 Millionen t Güter und 1,7 Millionen Reisende befördert wurden. In den 1960er-Jahren verlor die Schmalspurbahn schrittweise an Bedeutung. Über 30 Jahre später hatten die OSSB ihre Schuldigkeit getan. Im Mai 2001 verkehrten die letzten

◆ *Die Preußische Staatsbahn stellte in Oberschlesien zwischen 1914 und 1919 insgesamt 27 Heißdampf-Maschinen der Gattung T 38 in Dienst. Foto: Slg. Kieper*

Güterzüge. 2002 übernahmen die Anliegergemeinden die Strecke Beuthen–Georgenberg, die als Museumsbahn erhalten bleiben soll.

Einführung der einheitlichen Signalordnung in Deutschland

Bis zum Inkrafttreten des »Bahnpolizeireglements für die Eisenbahnen Deutschlands« am 1. April 1875 gab es für die deutschen Eisenbahnen keine einheitliche Signalordnung. Jede Bahngesellschaft hatte ihre eigenen Signal- und Betriebsvorschriften. Das neue Bahnpolizeireglement brachte ein Mindestmaß an einheitlichen Bestimmungen, die nun im gesamten Deutschen Reich galten. Dazu gehörte auch der Rechtsverkehr auf den deutschen Eisenbahnen. Weitere grundsätzliche Regelungen betrafen u.a. das Aufstellen von Einfahrsignalen und das Fahren im Blockabstand. Trotz dieser Vorschriften entwickelten die einzelnen Länderbahnen und viele Klein- und Privatbahnen in den folgenden Jahren entsprechend ihrer betrieblichen Notwendigkeiten weiterhin eigene Signalvorschriften. Anfang des 20. Jahrhunderts sah der Gesetzgeber erneut Handlungsbedarf. Er erließ deshalb am 24. Juni 1907 die erste Fassung der Eisenbahn-Signalordnung (ESO), die die Bestimmungen der »Signalordnung für die Eisenbahnen Deutschlands« vom 5. Juli 1892 ersetzte. Im Laufe der Jahre musste die ESO jedoch immer wieder den neuen betrieblichen

◆ *»Ausfahrt frei mit 40 km/h« hieß es im Sommer 1986 für 50 3606 (Bw Halberstadt) beim Verlassen des Bahnhofs Quedlinburg. Foto: D. Endisch*

Notwendigkeiten abgepasst werden. Dies erfolgte mit den Ergänzungen vom 12. März 1910, 16. September 1923, 17. Februar 1930 und 28. Dezember 1934.

In der Bundesrepublik Deutschland trat eine neue ESO am 15. Dezember 1959 in Kraft, die letztmalig am 31. Oktober 2006 überarbeitet wurde. Die ESO gilt in Deutschland für alle Eisenbahnen des öffentlichen Verkehrs. Sie regelt das Aussehen und die Anwendung der Eisenbahnsignale.

Auf der Grundlage der ESO erstellten die Eisenbahn-Gesellschaften ihre Signalvorschriften bzw. Signalbücher, die die Ausführung der Bestimmungen der ESO regelten. Bei der Deutsche Reichsbahn-Gesellschaft trat ein neues Signalbuch (SB) am 1. April 1935 in Kraft. Die Deutsche Bundesbahn (DB) und die Deutsche Reichsbahn (DR)

in der DDR bauten auf diesem auf, gingen aber ab Mitte der 1950er-Jahre getrennte Wege. Dies zeigte sich u.a. bei der Bezeichnung der Signalbilder und den entwickelten Lichtsignalsystemen. Nach der deutschen Wiedervereinigung wurden die Vorschriften der DR denen der DB angepasst, so weit dies möglich war, und eine gemeinsames Signalbuch herausgegeben. Bei der ab 14. Dezember 2008 gültigen Neufassung des Signalbuches entfielen die bisher veröffentlichten Vorschriften der ESO und der Durchführungsbestimmungen. Seither enthält das Signalbuch der DB Netz AG (Ril 301) nur noch die für den Triebfahrzeugführer wichtigen Informationen.

Einführung der Normalien bei der Preußischen Staatsbahn

In der Frühzeit der Eisenbahn gab es keine einheitlichen Grundsätze für den Bau von Lokomotiven und Wagen. Jede Privatbahn und jede Staatsbahn ließ ihre Fahrzeuge entsprechend den weitgefassten technischen Vereinbarungen des »Vereins Deutscher Eisenbahnverwaltungen« konstruieren. Einheitliche Fahrzeuge gab es daher nur innerhalb der Bahngesellschaften. Dies brachte zunächst keine Nachteile mit sich, da jedes Unternehmen selbstständig agierte. Während des Deutsch-französischen Krieges 1870/71 zeigten sich jedoch erstmals die Nachteile der Typenvielfalt, da nun erstmals die Eisenbahn als Transportmittel eine wichtige Rolle spielte. Nun kamen einzelne Fahrzeuge auch bei anderen Bahngesellschaften zum Einsatz. Doch hier waren die Eisenbahner mit der Bedienung und Unterhaltung dieser Loks nicht vertraut.

Angesichts dieser Erfahrungen setzte sich bereits im Herbst 1871 bei der Preußischen Staatsbahn die Erkenntnis durch, dass dieses Problem nur mit der Einführung einheitlicher Konstruktionen beseitigt werden konnte. Doch das war leichter gesagt als getan. Im Oktober 1871 begann eine Kommission aus Vertretern der Preußischen Staatsbahn und der vom preußischen Staat verwalteten Bahnen mit der Ausarbeitung einheitlicher Konstruktionsgrundsätze für Güterwagen. Da jede Bahn versuchte, ihre Grundsätze zur Grundlage des gemeinsamen Wagenparks zu machen, kam die Kommission nur langsam voran. Erst mit der Übernahme der wichtigsten Eisenbahngesellschaften in Preußen ab Mitte der 1870er-Jahre konnte das von Heinrich von Achenbach geführte Ministerium für Handel, Gewerbe und öffentliche Arbeiten wieder das Thema »einheitliche Baugrundsätze« aufgreifen. Der Minister beauftragte am 15. März 1875 die Direktion der Niederschlesisch-Märkischen Eisenbahn, in Zusammenarbeit mit Experten der anderen vom preußischen Staat verwalteten Bahnen Entwürfe für Lokomotiven sowie Personen- und Güterwagen für die im Bau befindliche »Kanonenbahn« Berlin–Sandersleben–Wetzlar aufzustellen. In diesem Zusammenhang wurde schließlich die so genannte Normalien-Kommission gebildet, die im Juni 1875 unter dem Vorsitz des Obermaschinenmeisters der Niederschlesisch-Märkischen Eisenbahn, Hermann Gust, seine Arbeit aufnahm. Zwar stieß Gust zunächst wieder auf die Vorbehalte der Vertreter der anderen Bahngesellschaften, es gelang ihm jedoch, gemeinsame Konstruktionsgrundsätze durchzusetzen.

Die neuen Normalien-Maschinen sollten möglichst einfach sein, eine hohe Leistung besitzen sowie möglichst günstig in Beschaffungs-, Betriebs- und Instandhaltungskosten sein. Mit dieser Maßgabe

◆ *Für die Güterzugloks der Gattung G 7¹ hatte die Preußische Staatsbahn das Musterblatt II 3d aufgestellt. Foto: Slg. K.-J. Kühne*

◆ *Die preußische P 8 war die meistgebaute deutsche Personenzug-Dampflok. Das 1911 erstellte Musterblatt trug die Nr. XIV 1a. Foto: Slg. K.-J. Kühne*

begann das maschinentechnische Büro der Niederschlesisch-Märkischen Eisenbahn mit der Konstruktion einer Personen- und einer Güterzuglok für die »Kanonenbahn«. Beide Typen erhielten einen Tender der Bauart 3 T 10,5. Auf eine einheitliche Tenderlok konnten sich die Mitglieder der Kommission aufgrund der unterschiedlichen Anforderungen nicht einigen. Gleichwohl waren damit die Weichen für einheitliche Fahrzeuge bei der Preußischen Staatsbahn gestellt. Minister Heinrich von Achenbach legte in seinem am 10. Juli 1875 unterzeichneten Erlass II. 11 982 fest, dass fortan nur noch »Normallokomotiven, Normalwagen und genormte Einzelteile« zu beschaffen seien.

In der Zwischenzeit wurden die Entwürfe für die ersten Normallokomotiven noch einmal überarbeitet, bevor sie vom Ministerium als so genannte Musterblätter genehmigt wurden

und die ersten Maschinen in Auftrag gegeben werden konnten. Im Herbst 1877 wurden die ersten preußischen Normallokomotiven schließlich in Dienst gestellt. Die später als G 3 und P 3 bezeichneten Maschinen erwiesen sich als ausgezeichnete Konstruktionen. Sie bildeten die Grundlage für die späteren meist sehr erfolgreichen Entwicklungen der Preußischen Staatsbahn. Die Personale schätzten die P 3 und die G 3, die sehr leistungsfähig, einfach und robust waren. Die ersten Musterblätter für Tenderlokomotiven wurden 1882 aufgestellt. Dabei handelte es sich um eine zwei- und eine dreifachgekuppelte Maschine (T 2 bzw. T 3). Im Laufe der Jahre entstanden zahlreiche weitere Musterblätter. Höhepunkt und Ende der preußischen Normallokomotiven markieren die nach dem Ende des Ersten Weltkrieges fertig gestellten Gattungen P 10 (DRG-Baureihe 39.0–2) und T 20 (DRG-Baureihe 95.0).

1878

Inkrafttreten der »Bahnordnung für Eisenbahnen untergeordneter Bedeutung«

In der zweiten Hälfte der 1870er-Jahre war der Bau von Hauptbahnen im Deutschen Reich weitgehend abgeschlossen. Nun forderten die Städte und Gemeinden abseits der Magistralen Anschluss an das Streckennetz. Für diese Orte und die hier ansässige Industrie war der Eisenbahnanschluss meist sehr wichtig, denn ohne ein schnelles und preiswertes Transportmittel konnten die Unternehmen langfristig nicht im Wettbewerb bestehen. Doch das am 3. November 1838 für das Königreich Preußen erlassene »Gesetz über die Eisenbahn-Unternehmungen« unterschied nicht nach Haupt- und Nebenbahnen. Damit unterlagen auch die Strecken mit einem geringeren Verkehrsaufkommen und damit auch kleineren Erträgen den umfangreiche Bau- und Betriebsvorschriften. Ähnlich lagen die Dinge auch in den anderen Bundesstaaten des Deutschen Reiches. Damit geriet die weitere eisenbahntechnische Erschließung in Deutschland ins Stocken.

Bereits Anfang der 1860er-Jahre hatten die Mitglieder des »Vereins Deutscher Eisenbahnverwaltungen« das Problem erkannt. Vertreter des Vereins reisten daraufhin 1865 zu Studienzwecken nach England und Norwegen, wo bereits nach Haupt- und Nebenbahnen unterschieden wurde. Wenig später diskutierten Vertreter des Vereins in Dresden, wie das Problem in Deutschland gelöst werden könnte. 1869 legte die Technische Kommission des Vereins schließlich ihre Grundzüge für »Secundairbahnen« vor, getrennt nach Strecken in Regel- und Schmalspur. Der Begriff »Nebenbahn« existierte zu diesem Zeitpunkt noch nicht. Die Hauptversammlung des Vereins fasste die Empfehlungen der Experten in einer Denkschrift zusammen und übergab diese den Länderregierungen. Dort fand die Ausarbeitung aber zunächst keine Aufmerksamkeit.

Dies änderte sich erst in der zweiten Hälfte der 1870er-Jahre, als der Bau neuer Strecken zusehends ins Stocken geriet. Otto von Bismarck (1815–1898) griff die Vorschläge des »Vereins Deutscher Eisenbahnverwaltungen« schließlich auf und gab ihnen mit der »Bahnordnung für Eisenbahnen untergeordneter Bedeutung«, die ab 1. Juli 1878 galt, Gesetzeskraft. Die neue Richtlinie vereinfachte

◆ Dank der »Bahnordnung für Eisenbahnen untergeordneter Bedeutung« konnte Mecklenburg endlich eisenbahntechnisch erschlossen werden. Foto: Slg. K.-J. Kühne

◆ Die Preußische Staatsbahn nahm am 1. Oktober 18981 die Nebenbahn Salzwedel–Lüchow in Betrieb. Foto: Slg. D. Endisch

vor allem die so genannte Bahnbewachung, die Regularien zur Bremstechnik sowie die Bauvorschriften für Anlagen und Fahrzeuge. Wichtigster Punkt jedoch war für die kleineren Privatbahnen der Fortfall der ständigen Bewachung und Absperrung aller Bahnübergänge. Dafür musste jedoch die Höchstgeschwindigkeit der Züge auf 30 km/h verringert werden. Dies wiederum ermöglichte den Verzicht auf einige Bremser. Durch Vereinfachungen beim Bau der Bahndämme und der Signaltechnik konnten außerdem Kosten gespart werden.

Von diesen neuen Richtlinien machten umgehend die Staatsbahnen und zahlreiche kleinere Privatbahnen im gesamten Deutschen Reich Gebrauch. Beispielsweise wandelten die Königlich Sächsischen Staatseisenbahnen (K.Sächs.Sts.E.B.) umgehend 26 ihrer »Primärbahnen« in »Secundairbahnen« mit einer Streckenlänge von insgesamt 453 km um.

Wie groß das Einsparpotenzial war, zeigt eindrucksvoll das Beispiel der Halberstadt-Blankenburger Eisenbahn-Gesellschaft (HBE). Das 1870 gegründete Unternehmen nahm am 31. März 1873 den Betrieb auf seiner als Hauptstrecke konzessionierten Stammbahn auf. Für die 18,8 km lange Strecke musste sie jedoch allein 16 Wärter für die Sicherung der Bahnübergänge beschäftigen. Dies schlug sich in den hohen Ausgaben nieder. Von den 1873 aufgewendeten Personalkosten in Höhe von 37.494 Mark entfielen allein 9.216 Mark auf die Bahnwärter. Zwei Jahre später wies die Bilanz der HBE bereits Kosten in Höhe von 16.551 Mark für die Sicherung der Bahnübergänge aus. Nach dem Inkrafttreten der »Bahnordnung für Eisenbahnen untergeordneter Bedeutung« besaß die Strecke Halberstadt–Blankenburg nur noch den Status einer Nebenbahn, für deren Sicherung 1879 lediglich 8.650 Mark benötigt wurden. Doch nicht nur bestehende Unternehmen profitierten von der neuen »Bahnordnung«. In den folgenden Jahren ergänzten die Staatsbahnen ihr Streckennetz durch zahlreiche Nebenbahnen. Außerdem entstanden einige Unternehmen, die sich auf den Bau und Betrieb von so genannten Erschließungsbahnen in Regel- und Schmalspur spezialisierten. Als einer der ersten erkannte Herrmann Bachstein (siehe S. 30 f.) die neuen Möglichkeiten.

Gründung der »Centralverwaltung für Secundairbahnen«

Herrmann Bachstein gilt als der Begründer des Nebenbahnwesens in Deutschland. Bachstein wurde am 15. April 1834 im thüringischen Apolda geboren. Nach der Schule erlernte er den Beruf des Zimmermanns. Noch während der Lehre besuchte er die Baugewerkschule in Holzminden. Ab 1852 studierte Bachstein in Chemnitz, bevor er die für Handwerker-Gesellen übliche Wanderung antrat. Nach deren Abschluss setze er sein Studium in Berlin fort, wo er 1859 die Baumeisterprüfung ablegte. Anschließend trat er in die Dienste des Eisenbahn-Unternehmers Bethel-Henry Strousberg (1823–1884), der dem jungen Baumeister die Leitung mehrerer Projekte in Deutschland und Ungarn übertrug. Ab 1874 versuchte Herrmann Bachstein sein Glück als selbstständiger Bauunternehmer. Zu seinen ersten größeren Aufträgen gehörte 1876 der Bau der 17,31 km langen Strecke Gotha–Ohrdruff im Auftrag des Herzogtums Sachsen-Coburg/Gotha. Zeitgleich war Bachstein für den Umbau der ehemaligen Pferdebahn Fröttstädt–Friedrichsroda verantwortlich, wo Bachstein erstmals auch die Betriebsführung übernahm.

Binnen kürzester Zeit erarbeitete sich Herrmann Bachstein aufgrund seiner sorgfältigen und pünktlichen Bauausführung einen hervorragenden Ruf, der ihm weiterer Aufträge vor allem in Thüringen, Preußen und Mecklenburg einbrachte. Als im Sommer 1878 die Reichsregierung die »Bahnordnung für Eisenbahnen untergeordneter Bedeutung« (siehe S. 28 f.) erließ, erschloss sich für Bachstein ein weites Betätigungsfeld. Vor diesem Hintergrund gründete er im Sommer 1879 in Berlin seine »Centralverwaltung für Secundairbahnen« (CV). Die CV bot nicht nur Dienstleistungen

4/4 gekuppelte Tender-Lokomotive
für die Centralverwaltung für Sekundärbahnen Herrmann Bachstein, Berlin,
geliefert von der
Hannoverschen Maschinenbau-Actien-Gesellschaft, vormals Georg Egestorff,
Hannover-Linden.

Spurweite	1435 mm	Dampfdruck	13 at	Kohlenraum	1500 kg
Zylinderdurchmesser	430 mm	Rostfläche	1,65 m²	Leergewicht	36200 kg
Kolbenhub	550 mm	Heizfläche, gesamt	100,3 m²	Reibungsgewicht	45900 kg
Treibraddurchmesser	1100 mm	Speisewasserraum	4500 l	Dienstgewicht	45900 kg

2000. 8.8.13. L.4441. No.586.   HANOMAG No. 99.

◆ *Für die Strecke Greußen–Keula–Ebeleben in Thüringen beschaffte die CV diese Dampflok, die 1963 als 92 6102 ausgemustert wurde. Foto: Slg. D. Endisch*

◆ Mitte der 1930er-Jahre herrschte Hochbetrieb auf dem Bahnhof Hornburg. 1978 verkehrte hier der letzte Zug. Foto: Slg. D. Endisch

◆ Für das Verschließen wichtiger Geschäftspost hielt die CV spezielle Siegelmarken vor. Abbildung: Slg. D. Endisch

als Bauunternehmen sondern auch als Eisenbahnbetreiber an. Dazu gehörten neben der eigentlichen Betriebsführung auch die Klärung von Rechtsfragen, die Beschaffung und Unterhaltung der notwendigen Betriebsmittel, der Einsatz des notwendigen Personals und die gesamte Abrechnung. Durch diese Zentralisierung konnte Bachstein auch kleinere Nebenbahnen wirtschaftlich betreiben. Bachsteins Tätigkeitsschwerpunkt lag zunächst in Thüringen. Später übernahm er auch den Bau und Betrieb von Nebenbahnen in Baden, Hessen, Preußen und Mecklenburg. Darüber hinaus projektierte er noch Straßenbahnen in Berlin, Darmstadt und Wiesbaden. Auch Tunnelbauten in Deutschland und Österreich erledigte Bachstein zu vollster Zufriedenheit seiner Auftraggeber. So entwickelte sich die CV binnen weniger Jahre zu einem der größten privaten Eisenbahnunternehmen in Deutschland.

Mit der Ausweitung der geschäftlichen Aktivitäten wandelte Bachstein am 2. November 1883 sein Unternehmen in eine offene Handelsgesellschaft (OHG) um. Seine Beteiligungen in Baden und Hessen sowie einen Teil seiner thüringischen Bahnen brachte Bachstein in die am 11. Februar 1895 gegründete Süddeutsche Eisenbahn-Gesellschaft (SEG) ein.

Als Herrmann Bachstein am 4. Februar 1908 starb, hinterließ er ein wirtschaftlich gesundes Unternehmen, das am Bau von über 50 Strecken mit mehr als 2.000 km Länge beteiligt war. Das wirtschaftliche Rückgrat der CV bildeten u.a. die Weimar-Berka-Blankenhainer Eisenbahn (WBBE), die Osterwieck-Wasserlebener

Eisenbahn (OWE), die Neuhaldenslebener Eisenbahn (NhE) und die Neubrandenburg-Friedländer Eisenbahn (NFE). Erst 1933 wurde das Familienunternehmen neu strukturiert. Das Erbe des Firmengründers ging in der »Bachstein´schen Vermögensverwaltung« auf und die CV wurde in eine GmbH umgewandelt. Bereits Mitte der 1920er-Jahre hatte die CV das Entwicklungspotenzial erkannt, das der Kraftverkehr bot. Die CV sah im Busbetrieb nicht nur eine Konkurrenz für den eigenen Bahnverkehr, sondern auch eine sinnvolle Ergänzung zu diesem. Dies führte in der Folgezeit zur Gründung eigener Fuhrunternehmen, durch die sich die Konkurrenz durch Dritte auf ein Minimum verringern ließ. Bis Ende der 1930er-Jahre entstanden so insgesamt elf Kraftverkehrsunternehmen.

Der Zweite Weltkrieg bedeutete eine Zäsur in der Entwicklung der CV. Die meisten Bachstein-Bahnen befanden sich 1945 in der sowjetischen Besatzungszone (SBZ). Die Betriebe wurden enteignet und 1949 der Deutschen Reichsbahn (DR) übergeben. Heute wird nur noch die Strecke Weimar–Bad Berka–Kranichfeld im Personenverkehr betrieben.

In der Bundesrepublik verblieben der CV im Wesentlichen lediglich die Südharz-Eisenbahn (SHE) und das Teilstück Hornburg–Börßum der OWE. Nach der Aufgabe der Bahnverkehrs bei der OWE 1978 wandelte sich die CV, die seit 1965 als »Verkehrsbetriebe Herrmann Bachstein« firmierte, endgültig zu einem modernen Busunternehmen, das noch immer den Nachkommen des Firmengründers gehört und heute seinen Sitz in Celle hat.

Eröffnung der ersten meterspurigen Schmalspurbahn

Mitte der 1870er-Jahre war der Bau der wichtigsten Eisenbahn-Verbindungen im Deutschen Reich weitgehend abgeschlossen. Die verkehrstechnische Erschließung der Gebiete links und rechts der Magistralen ging aber nur langsam voran. Grund dafür waren in erster Linie die umfangreichen Bau- und Betriebsvorschriften, die die Kosten in die Höhe trieben. Angesichts dieser Umstände waren viele der gewünschten Projekte wirtschaftlich nicht zu vertreten. Die Reichsregierung reagierte auf diesen Missstand und erarbeitete die »Bahnordnung für Eisenbahnen untergeordneter Bedeutung«, die am 12. Juni 1878 erlassen wurde (siehe S. 28 f.). Zwar wurden dadurch die Bestimmungen zum Bau von Nebenbahnen vereinfacht, doch es gab noch immer Landstriche, in denen sich der Betrieb einer Regelspurstrecke nicht rechnete. Dazu gehörte u.a. das Eisenacher Oberland in den nördlichen Ausläufern der Rhön. Bereits seit den 1860-Jahren bemühte sich die Regierung des Großherzogtums Sachsen-Weimar-Eisenach um den Bau einer Strecke von Vacha und

Kaltennordheim in Richtung Salzungen. Doch auch der Bau einer regelspurigen Nebenbahn konnte nicht finanziert werden. Erst 1877 wendete sich das Blatt, als die Münchener Firma Krauss & Co. den Regierungen in Weimar und Meiningen den Bau einer meterspurigen Schmalspurbahn vorschlug. Bis dato wurden Schmalspurbahnen in erster Linie für den Güterverkehr betrieben. Seitens der Techniker gab es immer wieder Vorbehalte gegen Schmalspurbahnen, die sie als wenig leistungsfähig einschätzten. Mit der als »Feldabahn« bezeichneten Strecke Salzungen–Vacha/Kaltennordheim verfolgte die Firma Krauss & Co. zwei Ziele: Zum einen wollte sie ihre Erfahrungen beim Bau und Betrieb von Nebenbahnen beweisen und zum anderen die Vorbehalte gegen die Schmalspur ausräumen. Am 16. März 1878 unterzeichneten das Großherzogtums Sachsen-Weimar-Eisenach, das Herzogtum Sachsen-Meiningen und die Firma Krauss & Co. einen entsprechenden Bau- und Betriebsvertrag. Bereits am 1. Juni 1879 verkehrten auf den Abschnitten Salzungen–

◆ *Die Lok ERFURT 6 verbrachte ihre letzten Dienstjahre auf der Feldabahn, wo sie 1924 ausgemustert wurde. Foto: Slg. K.-J. Kühne*

◆ *Die spätere Lok ERFURT 4 wurde im Jahr 1883 von der Firma Krauss für die Feldabahn gebaut. 1915 wurde die Lok ausgemustert. Foto: Slg. K.-J. Kühne*

Dorndorf und Dorndorf–Stadtlengsfeld die ersten Güterzüge. Der Personenverkehr wurde hier am 22. Juni 1879 aufgenommen. Am 10. August 1879 wurde die Teilstrecke Dorndorf–Vacha ihrer Bestimmung übergeben. Die Abschnitte Stadtlengsfeld–Dermbach (06.10.1879) und Dermbach–Kaltennordheim wurden bis zum 1. Juli 1880 fertig gestellt. Im Hinblick auf möglicht geringe Kosten hatte die Firma Krauss & Co. von der rund 28 km langen Strecke Dorndorf–Kaltennordheim etwa 17,5 km ohne besonderen Bahnkörper auf öffentlichen Straßen verlegt. Die Feldabahn erwies sich als eine gute Investition. Bereits 1887 konnte das Unternehmen einen ersten Gewinn verbuchen. 1887 gab die Firma Krauss & Co. die Betriebsführung an die Lokalbahn AG (LAG) in München ab.

Mit dem Beginn der Kaliförderung im Einzugsbereich der Strecke Salzungen–Vacha/Kaltennordheim erreichte die Feldabahn Ende des 19. Jahrhunderts die Grenze ihrer Leistungsfähigkeit. Nach langwierigen Verhandlungen wurde am 23. April 1901 ein Staatsvertrag unterzeichnet, der die Übernahme der Feldabahn durch die Preußische Staatsbahn regelte. Diese kaufte die Strecke Salzungen–Vacha/Kaltennordheim mit Wirkung zum 1. April 1904 für über 1,37 Millionen Mark. Zu diesem Zeitpunkt liefen bereits die Vorarbeiten für den Umbau der Strecke Salzungen–Vacha auf Regelspur. Mit den dazu notwendigen Arbeiten wurde am

1. August 1905 begonnen. Am 1. Dezember 1906 nahm die Königliche Eisenbahn-Direktion (KED) Erfurt die 16,3 km lange regelspurige Nebenbahn in Betrieb.

Doch auch die Tage der schmalspurigen Feldabahn waren gezählt. Bis 1912 hatten sich die Beförderungsleistungen seit 1879 nahezu verdoppelt. Aufgrund des beschränkten Lichtraumprofils konnte die KED jedoch keinen Rollwagenverkehr auf der Strecke Dorndorf–Kaltennordheim einrichten.

1916 waren schließlich die Vorarbeiten für den Umbau der Feldabahn auf Regelspur abgeschlossen. Die Umsetzung des Vorhabens scheiterte aber zunächst an den wirtschaftlichen Folgen des Ersten Weltkrieges. Erst 1928 konnte die Deutsche Reichsbahn-Gesellschaft (DRG) das Vorhaben in die Tat umsetzen. Aufgrund der angespannten Finanzlage der DRG während der 1929 einsetzenden Weltwirtschaftskrise gingen die Arbeiten nur schleppend voran. 1931/32 mussten sie sogar zeitweise eingestellt werden. Erst im August 1934 konnte die Reichsbahndirektion (RBD) Erfurt den Abschluss der Bauarbeiten verkünden und am 7. Oktober 1934 die neue Strecke Dorndorf–Kaltennordheim für den Personen- und Güterverkehr freigeben. Einen Tag zuvor hatte die RBD Erfurt bereits den letzten Zug auf der ältesten deutschen 1.000 mm-Schmalspurbahn verabschiedet.

Eröffnung der ersten sächsischen Schmalspurbahn

Das Königreich Sachsen besaß einst das dichteste Schmalspurnetz in Deutschland. Die eisenbahntechnische Erschließung Sachsens begann bereits 1839 mit der Eröffnung der ersten deutschen Fernbahn zwischen Leipzig und Dresden (siehe S. 12 f.). Ab 1. Juli 1869 wurden alle dem sächsischen Staat gehörenden Strecken von der Königlichen Generaldirektion der Staatseisenbahnen verwaltet, die dem Finanzministerium unterstand. Doch in den 1870er-Jahren geriet der Bau neuer Strecken ins Stocken. Die Königlich Sächsischen Staatseisenbahnen (K.Sächs.Sts.E.) und der Landtag lehnten den Bau weiterer Verbindungen ab, da die wichtigsten Orte einen Bahnanschluss besaßen und das prognostizierte Fachtaufkommen der jetzt noch zur Diskussion stehenden Strecken keinen kostendeckenden Betrieb zuließ. Auch die am 1. Juli 1878 in Kraft getretene »Bahnordnung für Eisenbahnen untergeordneter Bedeutung« (siehe S. 28 f.) brachte keinen grundlegenden Wandel

in der sächsischen Eisenbahnpolitik, da Regierung und Landtag weiterhin bei den Investitionen für die K.Sächs.Sts.E. sparten. Um die Betriebskosten zu verringern, wandelten die K.Sächs.Sts.E. einige Hauptbahnen in Nebenbahnen um. Doch dies brachte keine Verbesserung der verkehrstechnischen Erschließung der abseits der vorhandenen Strecken liegenden Städte und Gemeinden. Vor allem die rund 4.000 Einwohner zählende Kleinstadt Kirchberg mit ihrer Metall verarbeitenden Industrie bemühte sich schon seit Jahren um einen Bahnanschluss. Doch für die bereits 1864 konzessionierte Strecke Wilkau-Haßlau–Kirchberg fehlten die notwendigen Investoren. 1876/77 beschäftigte sich der sächsische Landtag mit dieser Angelegenheit. Dabei wurde auch der Bau einer Schmalspurbahnen erwogen. In einem königlichen Dekret vom 5. November 1877 wurden die Vorteile der Schmalspurbahn u.a. am Beispiel der meterspurigen Feldabahn (siehe S. 32 f.) erörtert. Doch

◆ *Die Museumsbahn Schöneheide Mitte–Neuheide erinnert heute an Sachsens älteste Schmalspurbahn. Foto: D. Endisch*

◆ *Sachsens Schmalspurbahnen und die Meyerlokomotiven der Gattung IV K (Baureihe 99⁵¹⁻⁶⁰) gehören untrennbar zusammen. Foto: D. Endisch*

Eröffnungsdaten der sächsischen Schmalspurbahnen (750 mm)	
Strecke	Eröffnungsdatum
Wilkau-Haßlau–Carlsfeld	
Wilkau-Haßlau–Kirchberg (Sachs)	17.10.1881
Kirchberg (Sachs)–Saupersdorf oberer Bf	01.11.1882
Saupersdorf oberer Bf–Schönheide Süd	16.12.1893
Schönheide Süd–Carlsfeld	22.06.1897
Freital-Hainsberg–Kurort Kipsdorf	
Freital-Hainsberg–Schmiedeberg	01.11.1882
Schmiedeberg–Kurort Kipsdorf	03.09.1883
Mügelner Schmalspurnetz	
Mügeln (b Oschatz)–Großbauchlitz	15.09.1884[1]
Großbauchlitz–Döbeln	01.11.1884
Oschatz–Mügeln (b Oschatz)	07.01.1885
Mügeln (b Oschatz)–Wermsdorf–Neichen	01.11.1888
Oschatz–Strehla	31.12.1891
Nebitzschen–Kroptewitz	03.08.1903[2]
Mertitz Gabelstelle–Döbeln-Gärtitz	27.11.1911
Radebeul Ost–Radeburg	16.09.1884
Klotzsche–Königsbrück	17.10.1884
Zittau–Hermsdorf (b Friedland)	
Zittau–Markersbach (b Reichenau)	11.11.1884
Markersbach (b Reichenau)–Hermsdorf (b Friedland)	25.08.1900
Mosel–Ortmannsdorf	01.11.1885
Wilsdruffer Schmalspurnetz	
Freital-Potschappel–Wilsdruff	01.10.1886
Wilsdruff–Nossen	01.02.1899
Klingenberg-Colmnitz–Frauenstein	15.09.1898
Meißen-Triebischtal–Wilsdruff	01.10.1909
Freital-Potschappel–Freital-Hainsberg	10.09.1913[2]
Klingenberg-Colmnitz–Naundorf	01.10.1921
Naundorf–Niederschöna	01.11.1922
Niederschöna–Oberdittmannsdorf	1.11.1923
Thumer Schmalspurnetz	
Wilischthal–Thum	15.12.1886
Schönfeld-Wiesa–Geyer	01.12.1888
Geyer–Thum	01.05.1906
Thum–Meinersdorf (Erzgeb)	01.10.1911
Anmerkungen:	
[1] Personenverkehr ab 01.11.1884	
[2] nur Güterverkehr	

die Argumente überzeugten nicht alle Landtagsabgeordneten, die vor allem das notwendige Umladen der Güter bemängelten. Auch die Rede des sächsischen Finanzministers am 18. Februar 1878 blieb ohne den gewünschten Erfolg. Doch in der Sitzungsperiode 1879/80 musste sich der Landtag erneut mit dem Thema »Schmalspurbahn« befassen. Abermals unterstrich die Regierung in ihrem am 8. Dezember 1879 vorgelegten Dekret die Vorteile der schmalen Spur. Erst jetzt stimmte der Landtag dem Bau von Nebenbahnen mit 750 mm Spurweite zu. Am 2. März 1880 genehmigte der Landtag den Bau der Schmalspurbahn Wilkau-Haßlau–Kirchberg–Saupersdorf. Am 17. Oktober 1881 dampfte schließlich der erste Zug auf den 750 mm-Gleisen zwischen Wilkau-Haßlau und Kirchberg.

In den folgenden Jahren entstanden zahlreiche weitere Schmalspurbahnen, die die dünner besiedelten Regionen in Sachsen erschlossen. Um Wilsdruff, Mügeln und Thum entwickelten sich dabei beachtliche Schmalspurnetze. Bereits 1896 betrieben die K.Sächs.Sts.E. ein rund 327 km langes Streckennetz mit 750 mm Spurweite. Durch die strikte Vereinheitlichung der Anlagen und Fahrzeuge konnten die K.Sächs.Sts.E. die Bau- und Betriebskosten auf ein Minimum verringern. Dazu trug auch die Einführung des Rollwagenverkehrs (siehe S. 46 f.) ab 1901 bei. Erst 1923 wurde die letzte Strecke in Betrieb genommen. 1937 betrug die Betriebslänge der sächsischen Schmalspurbahnen beachtliche 532 km.

Erst in den 1960er-Jahren verloren die Bimmelbahnen in Sachsen ihre Bedeutung. Die Deutsche Reichsbahn (DR) begann mit der schrittweisen Stilllegung der Strecken. Entsprechend eines Beschlusses des Ministeriums für Verkehrswesen (MfV) vom 5. September 1972 sollten langfristig nur noch die Strecken Freital-Hainsberg–Kurort Kipsdorf, Radebeul Ost–Radeburg, Cranzahl–Oberwiesenthal und Zittau–Oybin/Jonsdorf erhalten bleiben.

Diese Verbindungen werden heute noch betrieben. Darüber hinaus erinnern noch die Strecke Oschatz–Mügelm–Glossen/Kemmlitz sowie die Museumsbahnen Steinbach–Jöhstadt und Schönheide Mitte–Neuheide an die Glanzzeiten der 750 mm-Spur in Sachsen.

Gründung der Firma Lenz & Co.

Die Firma Lenz & Co. gehörte zu den bekanntesten und größten privaten Eisenbahngesellschaften in Deutschland. Firmengründer Friedrich Lenz wurde am 9. November 1846 in Pflugrade (Kreis Naugard) geboren. Nach dem Besuch der Provinzial-Gewerbeschule arbeitete er als Gehilfe im Bauamt des Kreises Naugard. Später war er im technischen Büro der Berlin-Stettiner Eisenbahn-Gesellschaft beschäftigt, bevor er in die Dienste eines Stettiner Bauunternehmers trat, dessen Teilhaber er später wurde. 1876 gründete Lenz sein eigenes Bauunternehmen, da er sich auf Eisenbahnen spezialisierte. Als Alleinunternehmer übernahm er die Erdarbeiten für die Strecke Stolpmünde–Stolp–Rummelsburg. Kurze Zeit später zeichnete er als Generalunternehmer für den Bau der Altdamm-Kolberger Eisenbahn verantwortlich. Gute Geschäfte machte Lenz mit dem Großherzogtum Mecklenburg-Schwerin, für das er zwischen 1882 und 1887 mehrere regelspurige Nebenbahnen mit einer Länge von insgesamt 230 km errichtete. Dabei musste sich Lenz jedoch zu einem Drittel an den Baukosten beteiligen und die Betriebsführung in den ersten 10 bis 15 Jahren übernehmen. Er sammelte dabei wichtige Erfahrungen für sein späteres Engagement im Kleinbahnwesen. 1890 kaufte das Großherzogtum die Anteile zurück. Das in Aktien angelegte Kapital erhielt er zuzüglich eines Gewinns zurück. Für seine Verdienste bei der eisenbahntechnischen Erschließung des Großherzogtums wurde Lenz der Titel »Geheimer Kommerzienrat« verliehen.

Das Inkrafttreten des Preußischen Kleinbahngesetzes im Sommer 1892 (siehe S. 44 f.) eröffnete Friedrich Lenz völlig neue Möglichkeiten beim Bau und Betrieb von Eisenbahnen. Doch seine 1883 gegründete Baufirma verfügte nicht über die notwendigen Finanzmittel. Daher wandelte er seine Firma gemeinsam mit der Berliner Handels-Gesellschaft (BHG), vertreten durch deren Inhaber Carl Fürstenberg, am 30. Juli 1892 in die »Eisenbahnbau- und Betriebsgesellschaft Lenz & Co. GmbH« um. Das Stammkapital betrug 4 Millionen Mark. Neben Lenz waren an dem Unternehmen noch weitere kleinere Kreditinstitute und Friedrich Krupp beteiligt.

Das Geschäftsmodell von Lenz & Co – Planung, Bau und Betrieb von regel- und schmalspurigen Kleinbahnen im Königreich Preußen – erwies sich als äußerst profitabel. Bis 1901 errichtete das Unternehmen rund 300 km neuer Strecken im Jahr. Innerhalb weniger Jahre expandierte das Unternehmen zu einem verschachtelten Eisenbahn-Konzern mit zahlreichen Tochterunternehmen, die sich ebenfalls mit der Finanzierung sowie dem Bau und Betrieb von Kleinbahnen beschäftigten. Dazu gehörten die Ostdeutsche Eisenbahn-Gesellschaft (OEG), die Allgemeine Deutsche Eisenbahnbetriebs-Gesellschaft mbH (ADEG), die Deutsche Eisenbahn-Gesellschaft (DEAG), die Vereinigte Kleinbahn AG (VKAG) und die Westdeutsche Eisenbahn-Gesellschaft (WEG). Unter der Federführung der BHG entstand am 4. Juli 1901 die

Aktiengesellschaft für Verkehrswesen (AGV), die später alle Anteile von Lenz & Co. übernahm. Bis zur zweiten Hälfte der 1920er-Jahre wurde die AGV zum Mutterkonzern, der ab 1928 als Tochter-Gesellschaften Lenz & Co., OEG, ADEG, DEAG und VKAG unterstanden. Als der Firmengründer Friedrich Lenz 1930 verstarb, war sein Name in Deutschland untrennbar mit dem Kleinbahnwesen verbunden.

In den 1920er-Jahren beschränkte sich die Firma Lenz & Co. vollständig auf den Betrieb von Kleinbahnen. Im Jahr 1928 unterstanden dem Unternehmen 30 Betriebe. Das Blatt wendete sich nach dem

◆ Der Geheime Kommerzienrat Friedrich Lenz (1846–1930) schuf Deutschlands größten Kleinbahn-Konzern. Foto: Slg. K.-J. Kühne

Zweiten Weltkrieg: Durch die Enteignungen in der sowjetischen Besatzungszone (SBZ) sowie der Übernahme der Strecken in Ostpreußen und Pommern durch die Polnischen Staatsbahnen (PKP) ruhte die eigentliche Geschäftstätigkeit nach der Verlegung des Firmensitzes nach Frankfurt (Main) für einige Jahre. Erst 1981 wurde die Firma Lenz & Co. in die »Tourplan Gesellschaft für Touristik mbH« umgewandelt.

Die AGV entwickelte sich hingegen in den 1920er-Jahren unter der Führung von Erich Lübbert (1883–1963) zum größten privaten Eisenbahn-Konzern. 1928 lag das Aktienkapital bei 30 Millionen Reichsmark. Die AGV konnte eine Dividende in Höhe von 11 % ausschütten. In den 1930er-Jahren investierte die AGV verstärkt in anderen Branchen, wie z.B. der Bauwirtschaft. Nach dem Zweiten Weltkrieg verstärkte sich diese Entwicklung. Der Eisenbahnsektor verlor nach und nach an Bedeutung. Dies schlug sich auch im Namen des Unternehmens nieder, das ab 1954 als Aktiengesellschaft für Verkehrswesen und Industrie (AGVI) und ab 1966 als Aktiengesellschaft für Industrie und Verkehrswesen (AGIV) firmierte. Die AGIV fasste ihre Eisenbahn-Unternehmen in der Deutschen Eisenbahn-Gesellschaft (DEG) zusammen. Daraus ging 1990 die

DEG-Verkehrs-GmbH (DEGV) hervor, die 1997 an die Compagnie Genérale des Eaux (CGEA) und die Energieversorgung Schwaben AG verkauft wurde. Seit dem 1. Januar 2000 gehört die DEGV zu 100 % der CGEA, die im August 2000 den neuen Namen »Connex« einführte.

Im Januar 2001 wurde aus der Holding DEG-Verkehrs-GmbH die Connex Regiobahn GmbH. Drei Jahre später, im Januar 2004, teilt man die Connex-Aktivitäten im Personenverkehr in die fünf Regionen Nord, Nord-West, Ost, Süd-West und Süd auf. Zeitgleich gingen die Connex Regiobahn und die Connex Stadtverkehr in die Holding Connex Verkehr über, und die Unternehmenszentrale wurde von Frankfurt am Main nach Berlin verlegt. Ebenfalls 2004 stellte die DEG ihre Unternehmensaktivitäten ein, nachdem die Verantwortung für die Bahninfrastruktur an die Tochtergesellschaften übertragen worden war. Im Mai des Jahres 2006 ersetzte man schließlich den Namen Connex durch »Veolia Verkehr«.

◆ *Abb. oben: In der Altmark baute die Firma Lenz & Co. die Kleinbahn Hohenwulsch–Bismark–Kalbe (Milde)–Beetzendorf. Foto: Slg. K.-J. Kühne*

◆ *Die Franzburger Südbahn (Velgast–Tribsees/Franzburg) war die einzige regelspurige Kleinbahn der Firma Lenz & Co. in Vorpommern. Foto: Slg. K.-J. Kühne*

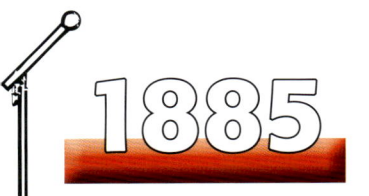

1885 Einführung der kombinierten Adhäsions-Zahnradbahn des Systems Abt

Die Halberstadt-Blankenburger Eisenbahn-Gesellschaft (HBE) gehörte zu den innovativsten Privatbahnen in Deutschland. Das am 27. März 1870 gegründete Unternehmen nahm am 31. März 1873 den Personen- und Güterverkehr auf der 18,9 km langen Stammbahn Halberstadt–Blankenburg auf. Doch die wirtschaftliche Lage der HBE war zunächst nicht zufriedenstellend. Der wichtigste Kunde des Unternehmens waren die Harzer Werke, die seit 1875 in der Nähe von Blankenburg ein Hochofenwerk betrieben. Der Betriebsdirektor der HBE, Albert Schneider (1833–1910), suchte daher nach Möglichkeiten, durch den Bau neuer Bahnlinien weitere Einnahmequellen für die HBE zu erschließen. Dies war u.a. durch eine Strecke in den Harz möglich. Dort forderten bereits seit Jahren die Städte und Gemeinden eine Verbesserung der Infrastruktur. Der Bevölkerung und die einheimische Industrie (Steinbrüche, Hüttenbetriebe, Kalkwerke und die Forstwirtschaft) standen zum Transport nur Pferde- oder Ochsenfuhrwerke zur Verfügung. Vor diesem Hintergrund schickten die Bürgermeister von Blankenburg, Hüttenrode, Rübeland, Neuwerk, Tanne, Hohegeiß und Trautenstein 1881 eine Petition an die Regierung der Herzogtums Braunschweig, in der sie um den Bau einer Eisenbahn in den Harz nachsuchten. Die herzogliche Regierung bat die HBE um eine Stellungnahme hinsichtlich einer Nebenbahn von Blankenburg über Braunlage nach St. Andreasberg. Die HBE stand dem Ansinnen wohlwollend gegenüber, favorisierte jedoch eine Stichstrecke von Blankenburg nach Tanne. Die notwendigen Kosten dafür wurden auf 3,5 Millionen Mark veranschlagt. Um die Gebirgsbahn in die Tat umsetzen zu können, benötigte die HBE aber eine kombinierte Adhäsions-Zahnradbahn, die es jedoch bis dato noch nicht gab. Albert Schneider suchte nach einer Lösung des Problems und wurde schließlich in Paris fündig. Dort hatte der aus der Schweiz stammende Ingenieur Roman Abt (1850–1933) eine Adhäsions-Zahnradbahn entwickelt, für die er seit 1882 ein Patent besaß. Abt stellte seine neuartige dreilamellige Zahnstange und die dafür notwendigen Zahnrad-Dampfloks den Gesellschaftern der HBE vor, die am 8. April 1884 dem Bau der Strecke Blankenburg–Tanne zustimmten.

Im August 1884 begannen zwar die Bauarbeiten, doch im Februar 1885 versagte die Aufsichtsbehörde die Betriebsgenehmigung für

◆ Um 1920 war die Zahnrad-Dampflok Nr. 65 der HBE mit einem Personenzug bei Elbingerode unterwegs. Foto: Slg. D. Endisch

Roman Abt, Erfinder des Zahnstangen-Systems.

Kreuztal bei Rübeland.

Albert Schneider, Erbauer der Zahnradbahn.

◆ Die von Roman Abt entwickelte kombinierte Adhäsions-Zahnradbahn wurde 1885 erstmals für die Strecke Blankenburg (Harz)–Tanne genutzt. Foto: D. Endisch

die kombinierte Adhäsions-Zahnradbahn des Systems Abt. Erst nach einigen Testfahrten auf einer 1 km langen Versuchsstrecke erhielt die HBE am 20. August 1885 die Betriebsgenehmigung für die Loks und den Oberbau. In der Zwischenzeit hatte die HBE den Bau der Strecke nach Tanne weiter vorangetrieben. Am 1. November 1885 verkehrten die ersten Güterzüge auf dem Abschnitt Blankenburg–Rübeland. Ab 1. Mai 1886 endeten die Züge in Elbingerode, bevor sie ab 15. Oktober 1886 bis zur Endstation Tanne fahren konnte. Von der 30,5 km lange Strecke Blankenburg–Tanne, die bis in die 1960er-Jahre hinein als »Harzbahn« bezeichnet wurde, lagen 20,7 km in Neigungen zwischen 1 : 700 und 1 : 16,6. Elf Abschnitte mit einer Länge von insgesamt 7,474 km waren mit einer Abt'schen Zahnstange ausgerüstet. Die Betriebsführung auf der Adhäsions-Zahnradbahn war aufwändig: Beispielsweise durften die Züge bei Bergfahrt nur geschoben werden. Die zulässige Höchstgeschwindigkeit auf den Reibungsabschnitten betrug 15 km/h und auf den Zahnstangenabschnitten 7,5 km/h.

Gleichwohl war die »Harzbahn« HBE ein wirtschaftlicher Erfolg. Bereits 1896 wurden hier über 264.000 t befördert. Damit war die Adhäsions-Zahnradbahn das wirtschaftliche Rückgrat des Unternehmens.

Außerdem schrieb die HBE mit dem System Abt Technikgeschichte. Der »Verein Deutscher Eisenbahnverwaltungen« zeichnete Roman Abt für seine Verdienste bei der Entwicklung der Zahnradbahnen mit dem »Großen Preis« aus. 1893 erhielten Abt und die HBE auf der Weltausstellung in Chicago eine Medaille. Erst während des Ersten Weltkrieges genügte die kombinierte Adhäsions-Zahnradbahn nicht mehr den betrieblichen Belangen. Die HBE ersetzte die komplizierten Zahnrad-Maschinen ab 1920 durch spezielle Bergloks (siehe S. 64 f.). Gleichwohl hat die Abt'sche Zahnstange auch im 21. Jahrhundert noch nicht ausgedient. In Österreich (z.B. Schafbergbahn und Schneebergbahn) und in der Schweiz (z.B. Furka Oberalp-Bahn und Visp-Zermatt-Bahn) wird sie noch heute genutzt.

Bismarck-Tunnel bei Rübeland.

◆ *Vor dem 186,5 m langen Bismarck-Tunnel bei Neuwerk endete einer der insgesamt elf Zahnstangenabschnitte. Foto: D. Endisch*

Ende der Verstaatlichungen der Privatbahnen in Preußen

Das Königreich Preußen beschränkte seinen Einfluss in der Eisenbahnpolitik in den ersten Jahrzehnten auf die hoheitlichen Rechte, wie z.B. die Vergabe von Konzessionen und Baugenehmigungen sowie auf die Erhebung von Steuern und Abgaben. Gleichwohl wurde der Staatsbahn-Gedanke bereits in den 1850er-Jahren erstmals erörtert. Erster Protagonist dieser Idee war der ab 17. April 1848 amtierende Minister für Handel, Gewerbe und öffentliche Arbeiten August Freiherr von der Heydt (1801–1874). Doch von der Heydt konnte lediglich den Bau der Königlichen Ostbahn und der Berliner Ringbahn auf Staatskosten durchsetzen. Außerdem übernahm das Königreich Preußen noch die Westfälische Eisenbahn (01.10.1850) und die Saarbrücker Eisenbahn (15.10.1850), die gemeinsam mit der Ostbahn den Kern der Preußischen Staatsbahn bildeten. Ansonsten räumte die preußische Politik den privaten Eisenbahngesellschaften den Vorrang ein. Für die Verwaltung der dem Staat unterstehenden Strecken wurden per Erlass am 16. Dezember 1872 in Berlin, Breslau, Bromberg, Elberfeld (Wuppertal), Hannover, Kassel, Münster, Saarbrücken und Wiesbaden die ersten Königlichen Eisenbahn-Direktionen (KED) eingerichtet.

Erst der ab 1878 amtierenden preußische Handelsminister Albert von Maybach (1878–1904) plädierte mit Unterstützung des Reichskanzlers und preußischen Ministerpräsidenten Otto von Bismarck (1815–1898) für einen Richtungswechsel in der Eisenbahn-Politik. Nach dem Bismarck mit seinen Vorstellungen von einer reichseigenen Eisenbahn im Bundesrat vor allem am Widerstand der süddeutschen Länder gescheitert war, versuchten er und Albert von Maybach nun den Staatsbahngedanken wenigstens in Preußen, dem größten Land im Deutschen Reich, durchzusetzen. Der Handelsminister plädierte aus volkswirtschaftlichen Gründen für die Übernahme der wichtigsten Privatbahnen in Preußen und deren Zusammenfassung in einer straff organisierten Staatsbahn-Verwaltung. Mit Hilfe einer effizienten und profitablen Staatsbahn wollte der Handelsminister das Streckennetz im Königreich Preußen systematisch ausbauen. Dabei sollten auch die abseits der bereits bestehenden Hauptbahnen liegenden Landstriche eisenbahntechnisch erschlossen werden. Die Ideen Albert von Maybachs stießen zunächst auf Skepsis bei

◆ *Die Kleinstadt Elze, südlich von Hannover, besaß seit 1853 einen Bahnanschluss. Foto: Slg. K.-J. Kühne*

einigen Minister-Kollegen und im preußischen Parlament. Erst nach zahlreichen Debatten änderten sich Ende der 1870er-Jahre die Mehrheiten im Landtag und im Herrenhaus. Damit war der Weg für den Auf- und Ausbau der Preußischen Staatsbahn geebnet.

Für das Königreich Preußen war dies jedoch mit erheblichen finanziellen Belastungen verbunden, denn der Staat konnte die Gesellschafter der Unternehmen nicht enteignen. Mit jeder Gesellschaft mussten komplizierte Übernahmeverträge verhandelt werden. Darin verpflichtete sich das Königreich Preußen u.a. zur Übernahme aller Verbindlichkeiten. Die Aktionäre erhielten hingegen bis zur Liquidation der Gesellschaft jährlich eine feste Zinszahlung. Die Aktien wurden in Schuldverschreibungen umgewandelt. Einige Gesellschaften wechselten sofort in das Eigentum des Staates, während sich bei anderen dieser Prozess über Jahre hinzog. Die Verwaltung und Betriebsführung wurde hingegen sofort zu dem vereinbarten Zeitpunkt übernommen. Die Aktionäre der Bahngesellschaften standen den Bestrebungen des Königsreichs Preußen höchst unterschiedlich gegenüber. Die Teilhaber der Berlin-

◆ *Der Magdeburger Hauptbahnhof wurde 1873/74 in Betrieb genommen. Ab 1879 unterstand er der Preußischen Staatsbahn. Foto: Slg. K.-J. Kühne*

Potsdam-Magdeburger Eisenbahn-Gesellschaft (BPME) trennten sich 1880 gerne von ihren Papieren, da das Unternehmen durch den jahrelange Wettbewerb mit der Magdeburg-Halberstädter Eisenbahn-Gesellschaft (MHE) keine großen Dividenden mehr abwarf. Völlig anders sah es bei der Berlin-Hamburger Eisenbahn-Gesellschaft (BHE) aus. Diese konnte 1882 noch eine Dividende in Höhe von 19,5 % ausschütten. Entsprechend großzügig musste das Königreich Preußen die Gesellschafter entschädigen, bevor die BHE ab 1884 zur Preußischen Staatsbahn gehörte. Bis 1890 hatte das Königreich Preußen alle wichtigen Gesellschaften übernommen. In den folgenden Jahren wurden nur noch kleine Unternehmen verstaatlicht. Zwischen 1872 und 1914 gab das Königreich Preußen exakt 4.394.711.968 Mark für rund 16.000 km Strecke aus.

Carl von Thielen, der 1892 die Leitung des Ministeriums der öffentlichen Arbeiten übernahm, passte in den folgenden Jahren die Struktur der Preußischen Staatsbahn dem ständig wachsenden Streckennetz an. Betrieb die Preußische Staatsbahn 1876 rund 17.000 km Strecke, waren es 1895 bereits etwa 26.000 km. Für deren Verwaltung waren elf Direktionen mit 75 nachgeordneten Betriebsämtern, Maschinen- und Werkstätteninspektionen verantwortlich. Nach gründlichen Vorarbeiten erlangte die neue Gliederung der Preußischen Staatsbahn mit »Allerhöchstem Erlaß« des preußischen Königs am 15. Dezember 1894 Gesetzeskraft. Am 1. April 1895 nahmen schließlich die insgesamt 20 Direktionen ihre Arbeit auf. Die Grundstruktur dieser Gliederung vom Ministerium bzw. der Hauptverwaltung über die Direktionen und die Zwischeninstanzen (Ämter) bis hinunter zu den örtlichen Dienststellen behielt für fast 100 Jahre Gültigkeit. Erst mit der Gründung der Deutschen Bahn AG wurden völlig neue Strukturen eingeführt.

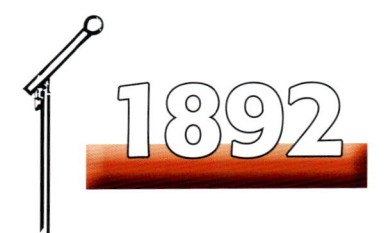

Inkrafttreten des preußischen Kleinbahngesetzes

Trotz der Übernahme aller wichtigen Privatbahnen durch den Staat und den Bau zahlreicher Nebenbahnen durch die Preußische Staatsbahn in den Jahren 1880 bis 1885 blieb die eisenbahntechnische Erschließung vor allem der dünner besiedelten Regionen im Königreich Preußen unbefriedigend. Davon waren auch Kreisstädte, wie zum Beispiel Neuruppin, betroffen. Bereits 1879 forderten die Abgeordneten des preußischen Landtages die Regierung auf, einen Vorschlag zu unterbreiten, »inwieweit der Bau von lokalen Anschlussbahnen niederer Ordnung geeignet ist, die Rentabilität zu heben und den Absatz von landwirtschaftlichen Erzeugnissen und sonstigen Rohprodukten zu erleichtern«. Der Bau von Lokalbahnen scheiterte bis dato in Preußen an den gesetzlichen Rahmenbedingungen. Selbst die 1878 erlassenen Regelungen der »Bahnordnung für untergeordnete Eisenbahnen« (siehe S. 28 f.) ließen einen kostendeckenden Betrieb, geschweige denn eine Verzinsung des investierten Kapital zu. Das Ministerium der öffentlichen Arbeiten (MdöA) bat daraufhin am 31. Mai 1881 die Regierungspräsidenten um eine Stellungnahme hinsichtlich der gesetzlichen Rahmenbedingungen für Lokalbahnen in Preußen. Auf dieser Grundlage erstellte der verantwortliche Referent im MdöA, Geheimrat Freiherr von Zedlitz-Neukirch, ein Gutachten, das bereits die Grundsätze des späteren Kleinbahngesetzes enthielt. Doch die Arbeiten an dem immer wieder geforderten Gesetz zogen sich in die Länge. Erst am 2. März 1891 konnte der Ressortchef des MdöA, Albert von Maybach (1822–1904), dem Landtagsabgeordneten von Tiedemann antworten, dass der Gesetzentwurf in der nächsten Sitzungsperiode vorliegen werde.

Erst jetzt begannen die zuständigen Abteilungen im MdöA mit der Ausarbeitung des Gesetzestextes. Wie wichtig das Papier war, zeigte ein Aufsatz des Geheimen Finanzrates von Mühlenfels, der am 5. September 1891 in den »Preußischen Jahrbüchern« erschien. Darin erläuterte der Autor, dass von den 1.143 Städten im Königreich Preußen, die mehr als 1.000 Einwohner hatten, noch 328 ohne Bahnanschluss waren. Wenige Monate später legte Karl von Thielen (1832–1906), der am 22. Juni 1891 die Leitung des MdöA übernommen hatte, dem preußischen König den Gesetzentwurf vor und bat ihn, diesen in den Landtag einbringen zu dürfen, was am 6. März 1892 erlaubt wurde. Bereits am 23. März 1892 fand die erste Lesung des Entwurfs im Herrenhaus statt. Es vergingen aber Wochen, bis alle Vorbehalte der Abgeordneten in beiden Kammern des preußischen Parlaments überwunden waren. Das »Gesetz über die Klein- und Privatanschlußbahnen« wurde schließlich am 28. Juli 1892 erlassen und trat am 1. Oktober 1892 in Kraft. Das Gesetz umfasste 52 Paragrafen, die im Wesentlichen bis 1945 unverändert blieben.

Die Hoffnungen, die Regierung, Provinzen, Kreise und Gemeinden mit dem so genannten K l e i n b a h n - G e s e t z verbanden, erfüllten sich. Im Königreich Preußen setzte nun ein

◆ *Die Südstormarnsche Kreisbahn in Holstein betrieb die 1907 eröffnete Kleinbahn Billstedt–Trittau. Foto: Slg. K.-J. Kühne*

regelrechter Kleinbahn-Boom ein. In nahezu allen Regionen entstanden neue regel- oder schmalspurige Eisenbahnen, deren Bau und Betrieb nun deutlich einfacher war. Allerdings war der gesetzliche Rahmen für die Kleinbahnen so gefasst, dass diese keine Konkurrenz für die bereits bestehenden Nebenbahnen der Preußischen Staatsbahn bzw. der noch existierenden Privatbahnen werden konnten. Der Paragraf 1 definierte »Kleinbahnen« als »*die dem öffentlichen Verkehre dienenden Eisenbahnen, welche wegen ihrer geringen Bedeutung für den allgemeinen Eisenbahnverkehr dem Gesetze über die Eisenbahnunternehmungen (...) nicht unterliegen. Insbesondere sind Kleinbahnen der Regel nach solche Bahnen, welche hauptsächlich den örtlichen Verkehr innerhalb eines Gemeindebezirks oder benachbarter Gemeindebezirke vermitteln (...).*«

◆ *Die meterspurige Spreewaldbahn war als Kleinbahn konzessioniert. Sie hatte 1970 ausgedient. Foto: Slg. K.-J. Kühne*

Dies bedeutete, dass Kleinbahnen auf ihren Strecken keinen Durchgangsverkehr abwickeln durften, auch wenn sie die kürzere Verbindung darstellten.

Doch diese Einschränkung tat dem Erfolg des Kleinbahngesetzes keinen Abbruch. Bis 1914 entstanden im Königreich Preußen durchschnittlich 300 km neue Kleinbahn-Strecken. 1913 wurden in Preußen insgesamt 10.509 km Kleinbahnen betrieben. Dadurch stieg die Dichte des Eisenbahnnetzes von 6,99 km auf 13,7 km auf 100 km² Fläche an. Die Dichte des Kleinbahnnetzes war in den einzelnen preußischen Provinzen unterschiedlich. Spitzenreiter war Pommern mit über 1.600 km. Jeweils mehr als 1.000 km wiesen die Provinzen Brandenburg und Hannover auf.

Nach dem Zweiten Weltkrieg verlor das Kleinbahngesetz an Bedeutung. In der sowjetischen Besatzungszone (SBZ) wurde es mit der Enteignung aller Klein- und Privatbahnen und deren Übernahme durch die Deutsche Reichsbahn (DR) 1949 hinfällig. Die ehemaligen Kleinbahnen besaßen in der DDR nun den Status einer Nebenbahn.

In der Bundesrepublik Deutschland wurde das Kleinbahngesetz durch neue Landeseisenbahngesetze abgelöst. Dadurch wurden auch hier die Kleinbahnen nun juristisch den Nebenbahnen gleichgestellt.

◆ *Mit dem Kleinbahngesetz von 1892 begann im Königreich Preußen ein wahrer Eisenbahn-Boom. Abbildung: Slg. K.-J. Kühne*

Lieferung des ersten Rollwagens für Schmalspurbahnen

Schmalspurbahnen galten als preiswerte Möglichkeit, dünner besiedelte Regionen eisenbahntechnisch zu erschließen. Sie waren zwar billig im Bau, wiesen aber alsbald im Betrieb einen gravierenden Nachteil auf: An den Endbahnhöfen mussten die Güter umgeladen werden. Dies kostete nicht nur Zeit und Geld, sondern führte auch immer wieder zu Transportschäden. Bereits Edmund Heusinger (siehe S. 18 f.) erkannte das Problem und schlug eine Art Containerverkehr vor. Für die Schmalspur-Güterwagen waren genormte Kästen mit Rollen vorgesehen, die dann auf die regelspurigen Wagen (und umgekehrt) verschoben werden sollten. Allerdings konnte sich diese Idee nicht durchsetzen.

Ganz anders der Rollbock: Der Ingenieur Paul Langbein (1842–1908), der seit 1887 in Saronno (bei Mailand) ein Zweigwerk der Maschinenfabrik Esslingen (ME) leitete, entwickelte einen kleinen Tragschemel, der den Transport von regelspurigen Güterwagen auf Schmalspurbahnen ermöglichte. Die als »Rollböcke« bezeichneten Tragschemel hatten zwei oder drei Achsen. Für die Umladung der Wagen wurde lediglich ein Schmalspurgleis benötigt, das in einer Grube unter dem regelspurigen Gleis lag. So konnte jeweils ein Rollbock unter die Wagenachse geschoben werden. Das Regelspurgleis senkte sich in Richtung Grubenende ab, so dass sich die Wagenachse auf der Gabel des Rollbocks absetzte. Anschließend wurde die Achsen mit Hilfe einer Klaue auf dem Rollbock befestigt. Die Regelspurwagen wurden untereinander durch die herkömmliche Schraubenkupplung verbunden. Mit der Lok bzw. den am Zugschluss eingestellten Schmalspurwagen wurden die aufgebockten Fahrzeuge entweder mit Kuppelbäumen oder so genannten »Pufferwagen« verbunden. Die »Pufferwagen« waren auf beiden Seiten mit den

◆ *Ab 1901 wurden Rollwagen in Sachsen eingesetzt. 099 713 (ex 99 608) war noch 1992 mit einem Rollwagenzug in Oschatz unterwegs. Foto: D. Endisch*

◆ *Die Harzer Schmalspurbahnen GmbH nutzt heute für den Transport regelspuriger Güterwagen moderne Rollböcke aus der Schweiz. Foto: D. Endisch*

entsprechenden Zug- und Stoßvorrichtungen für die Schmal- und Regelspur ausgerüstet. Teilweise dienten die »Pufferwagen« auch als Bremsfahrzeuge, wenn die Rollböcke keine eigenen Bremsen besaßen. Bereits 1885 lieferte die ME die ersten Rollböcke an die Königlich Württembergischen Staatseisenbahnen (K.W.ST.E.) aus. Dank der Rollböcke konnten die Betriebskosten erheblich gesenkt werden. Gleichwohl war der Einsatz der Rollböcke mit Auflagen verbunden. Die zulässige Höchstgeschwindigkeit war auf 20 km/h beschränkt. Von den Lokführern war Fingerspitzengefühl gefordert, denn die aufgebockten Güterwagen neigten aufgrund ihres hohen Schwerpunktes und der beschränkten Stützbasis (vor allem bei Schmalspurbahnen mit 750 mm) relativ leicht zum Umkippen.

Dies führte schließlich zur Entwicklung der Rollwagen, deren erste Exemplare 1901 von der Waggon- und Maschinenbau AG in Görlitz (Wumag) für die Königlich Sächsischen Staatseisenbahnen (K.Sächs. Sts.E.) gebaut wurden. Bei den Rollwagen handelte es sich um einen flachen Schmalspurwagen, dessen Langträger ein regelspuriges Schienenpaar besaß, auf das die Güterwagen aufgeschoben werden konnten. Radvorleger und Ketten sicherten die regelspurigen Wagen gegen Abrollen. Die Rollwagen besaßen außerdem Federn und Bremsen. Die Rollwagen wurden untereinander und mit anderen Schmalspurfahrzeugen mit Kuppelbäumen verbunden. Zum Umladen der Güterwagen auf die Rollwagen wurde lediglich eine flache Rampe

mit einem Regelspuranschluss benötigt. Die Schienenoberkante des Gleises musste mit der Oberkante der Schienen auf dem Rollwagen übereinstimmen. Die Rollwagen waren zwar deutlich teurer in der Beschaffung als die Rollböcke, boten aber betriebliche Vorteile. Die K.Sächs.Sts.E. setzten in der Folgezeit, wo immer es möglich war, Rollwagen im Güterverkehr ein. Die Deutsche Reichsbahn-Gesellschaft (DRG) rüstete die sächsischen Rollwagen ab 1931 mit einer Saugluftbremse der Bauart Körting aus. Zwischen 1960 und 1962 beschaffte die Deutsche Reichsbahn für ihre Schmalspurbahnen Neubau-Rollwagen mit 9 m langen Bühnen, die in erster Linie für die Strecken in Sachsen und im Harz bestimmt waren.

Erst infolge der tief greifenden wirtschaftlichen Folgen der deutschen Wiedervereinigung hatten die Rollwagen ausgedient. Die Deutsche Bahn AG (DB AG) stellte offiziell am 31. Dezember 1994 den Güterverkehr mit Rollwagen auf den Strecken Zittau–Olbersdorf Oberdorf und Freital-Hainsberg–Kurort Kipsdorf ein. Als einzige Schmalspurbahn in Deutschland transportiert heute die Harzer Schmalspurbahnen GmbH (siehe S. 152) noch planmäßig regelspurige Güterwagen. Dazu beschaffte die HSB 1998 insgesamt 30 Rollböcke des Schweizer Systems »Vevey«, mit deren Hilfe die Schottertransporte zwischen dem Steinbruch Unterberg bei Eisfelder Talmühle und dem Bahnhof Nordhausen Nord abgewickelt werden.

1902

Indienststellung der ersten Heißdampflok

Die Einführung des Heißdampfes im Lokomotivbau ist untrennbar mit den Namen Wilhelm Schmidt (1858–1924) und Robert Garbe (1847–1932) verbunden. Nach der Volksschule erlernte Wilhelm Schmidt das Schlosserhandwerk. Während der Wanderjahre kam er u.a. nach Hamburg, München und Dresden. In der sächsischen Landeshauptstadt lernte er den an der Kunstakademie tätigen Professor Erhardt kennen, der die außergewöhnliche Begabung Schmidts erkannte und ihm einen Studienplatz an der Technischen Hochschule verschaffte. Nach dem Studium arbeitete Schmidt bei der Maschinenfabrik Ehrhardt in Wolfenbüttel und bei der Sächsischen Maschinenfabrik, vormals Richard Hartmann, in Chemnitz. 1883 gründete Schmidt in Braunschweig sein eigenes Ingenieurbüro, das er aber nur wenige Wochen später nach Kassel verlegte. Dort suchte er nach Möglichkeiten, die Leistungsfähigkeit und den Wirkungsgrad der Dampfmaschine zu verbessern. In diesem Zusammenhang entwickelte er die Heißluftmaschine. Die Patente dafür erwarb die Werft Blohm & Voss, die damit den Dampfer »Alida« ausrüstete. Während der Arbeiten an der Heißluftmaschine gewann er die Erkenntnis, dass durch die Überhitzung des Dampfes der Dampfverbrauch gesenkt werden konnte. Bereits 1891 fanden bei der Firma Beck & Henkel in Kassel die ersten Versuche mit Heißdampf statt. 1894 hatte schließlich die von Wilhelm Schmidt konstruierte stationäre Heißdampf-Verbundmaschine mit Kondensation die Serienreife erreicht. Diese sorgte aufgrund ihres geringen Verbrauchs von 4,5 kg/PSeh – das entsprach etwa der Hälfte der bisher üblichen Werte – für Aufsehen in der Fachwelt.

Auch Robert Garbe verfolgte Schmidts Entwicklungen mit großem Interesse. Garbe begann seine Laufbahn bei der Oberschlesischen Eisenbahn, wo er 1867 die Prüfung zum Lokomotivführer bestand. Nach seinem Studium arbeitete er als Konstrukteur bei der Oberschlesischen Eisenbahn. Ab 1873 war er Werkstätten-Vorsteher in Frankfurt (Oder), bevor er vier Jahre später die Leitung der Hauptwerkstätte in Berlin-Markgrafendamm übernahm. 1895 wurde er als Eisenbahndirektor zur Königlichen Eisenbahn-Direktion (KED) Berlin versetzt, wo er das Dezernat für Lokomotivkonstruktion und -beschaffung übernahm. Garbe erkannte die Möglichkeiten, die die Heißdampftechnik bot. Doch bevor sie ihren Siegeszug im Lokomotivbau antreten konnte, galt es zahlreiche Probleme zu lösen. Zunächst musste ein Überhitzer entwickelt werden, mit dem die Lokkessel ohne große Änderungen an der bisherigen Konstruktion ausgerüstet werden konnten. Dies war schließlich mit dem so genannten Schmidtschen Rauchrohrüberhitzer der Fall. Dazu wurde in der Rauchkammer ein Dampfsammelkasten eingebaut, der in eine Nass- und eine Heißdampfkammer unterteilt war. Vom Dampfsammelkasten führten Überhitzerelemente in die größeren Rauchrohre. Der Nassdampf wurde weiterhin aus dem Dampfdom

◆ *Robert Garbe führte bei der Preußischen Staatsbahn die Heißdampf-Technik ein. Eine der besten Garbe-Konstruktionen war die P 8. Foto: Slg. K.-J. Kühne*

◆ *Für den Güterzugdienst entwickelte Robert Garbe nach der G 8 die verbesserte G 8¹ (Baureihe 55²⁶⁻⁵⁶). Foto: Slg. K.-J. Kühne*

entnommen und nun dem Dampfsammelkasten zugeführt. Von dort strömte er in die Überhitzerelemente und dann über den Heißdampfteil und die Einströmrohre zu den Zylindern. Der bis zu 350° C heiße Dampf machte aber erhebliche Änderungen an der Dampfmaschine notwendig. Die bisher üblichen Flachschieber mussten durch Kolbenschieber ersetzt werden. Außerdem galt es, u.a. neue Stopfbuchsen, Druckausgleicher und Luftsaugeventile zu entwickeln. Die höheren Dampftemperaturen machten auch den Einsatz neuer Werkstoffe und Schmieröle notwendig. Diese Mehrkosten stießen natürlich auf Vorbehalte in einigen Dezernaten der Preußischen Staatsbahn. Gleichwohl konnte Robert Garbe mit Unterstützung des Werkstätten-Dezernenten Carl Müller den Bau zweier Versuchsmaschinen durchsetzen. Mit Genehmigung des Ministeriums der öffentlichen Arbeiten (MdöA) wurden eine Schnellzuglok der Gattung S 4 und eine Personenzug-Maschine der Gattung P 4 mit einem Überhitzer ausgerüstet und 1898 in Dienst

gestellt. Zwar überzeugten die Loks durch ihre höhere Leistung und ihren geringeren Verbrauch, doch die neue Technik erwies sich als sehr störanfällig. Garbe ließ sich jedoch davon nicht entmutigen. Die gewonnenen Erfahrungen flossen bereits wenig später in den Bau der beiden Versuchsmaschinen der Gattung S 4 und T 5 ein. Diese besaßen erstmals Kolbenschieber und den verbesserten Rauchkammerüberhitzer. Bei den folgenden Versuchsfahrten stellten die Maschinen eindrucksvoll ihre Vorteile unter Beweis.

In der Zwischenzeit hatte Robert Garbe einen Typenplan für zu beschaffende Heißdampfloks aufgestellt. Er umfasste zunächst sieben Typen. Das MdöA genehmigte jedoch lediglich die Beschaffung der Gattungen S 4, P 4.2, P 6, G 8 und T 12. Die Entwürfe für die P 6 (DRG-Baureihe 37.0–1) und G 8 (DRG-Baureihe 56.16–22) lagen 1901 vor. Mit der Indienststellung der ersten Exemplare beider Gattungen 1902 begann der Siegeszug der Heißdampf-Lokomotive in Deutschland.

1905

Inkrafttreten der Eisenbahn-Bau- und Betriebsordnung (EBO)

Ende des 19. Jahrhunderts existierten im Deutschen Reich verschiedene Vorschriften, die den Bau und Betrieb der Eisenbahnen regelten. Für die Hauptstrecken in Deutschland waren die »Normen für den Bau und die Ausrüstung der Haupteisenbahnen« sowie die »Betriebsordnung für Haupteisenbahnen« maßgeblich. Die Vorschriften für die Nebenstrecken waren in der »Bahnordnung für Nebeneisenbahnen« zusammengefasst. Alle drei Regelwerke galten seit 5. Juli 1892. Auf die Dauer erwies sich aber das Nebeneinander dieser Betriebsordnungen als hinderlich. Die Reichsregierung plädierte daher für eine neue einheitliche Vorschrift, deren Ausarbeitung jedoch einige Zeit in Anspruch nahm. Nach dem der Bundesrat der neuen Eisenbahn-Bau- und Betriebsordnung (EBO) am 3. November 1904 zugestimmt hatte, erlangte sie einen Tag später Gesetzeskraft und trat am 1. Mai 1905 in Kraft.

Die EBO galt nur für regelspurige Strecken. Für die Schmalspurbahnen wurde die Eisenbahn-Bau- und Betriebsordnung für Schmalspurbahnen erlassen. Die EBO unterscheidet nach Haupt- und Nebenbahnen. Sie definiert die Begriffe für die Bahnanlagen, enthält die Richtlinien für den Bau und die Unterhaltung der Infrastruktur und Fahrzeuge. Dazu gehören auch die Mindestanforderungen an die technische Ausrüstung der Fahrzeuge. Darüber hinaus regelt die EBO den Eisenbahnbetrieb sowie die technische Überwachung der Anlagen und Fahrzeuge. Außerdem enthält die EBO auch Vorschriften hinsichtlich der Anforderungen an das im Betriebsdienst eingesetzte Personal. Die erste Ausgabe der EBO enthielt außerdem vier Anlagen, zur Umgrenzung des lichten Raums (Anlage A), zur Brückenlast (Anlage B), zur Umgrenzung der Fahrzeuge (Anlage C) und zu den Rädern (Anlage D).

Mit der fortschreitenden technischen Entwicklung musste die EBO immer wieder ergänzt werden. Die ab 1. Oktober 1928 gültige Neufassung der EBO war in die Abschnitte Allgemeines, Bahnanlagen, Fahrzeuge, Bahnbetrieb, Bahnpolizei und Bestimmungen für das Publikum unterteilt. Sie enthielt bereits acht Anlagen.

Nach dem Zweiten galt die EBO sowohl in der Bundesrepublik Deutschland als auch in der DDR weiter. Für Werk- und Anschlussbahnen gab es in der DDR ab 13. Mai 1982 die »Anordnung über den Bau und Betrieb von Anschlussbahnen – Bau und Betriebsordnung für Anschlußbahnen« (BOA). In der Bundesrepublik trat die letzte Neufassung der EBO am 28. Mai 1967

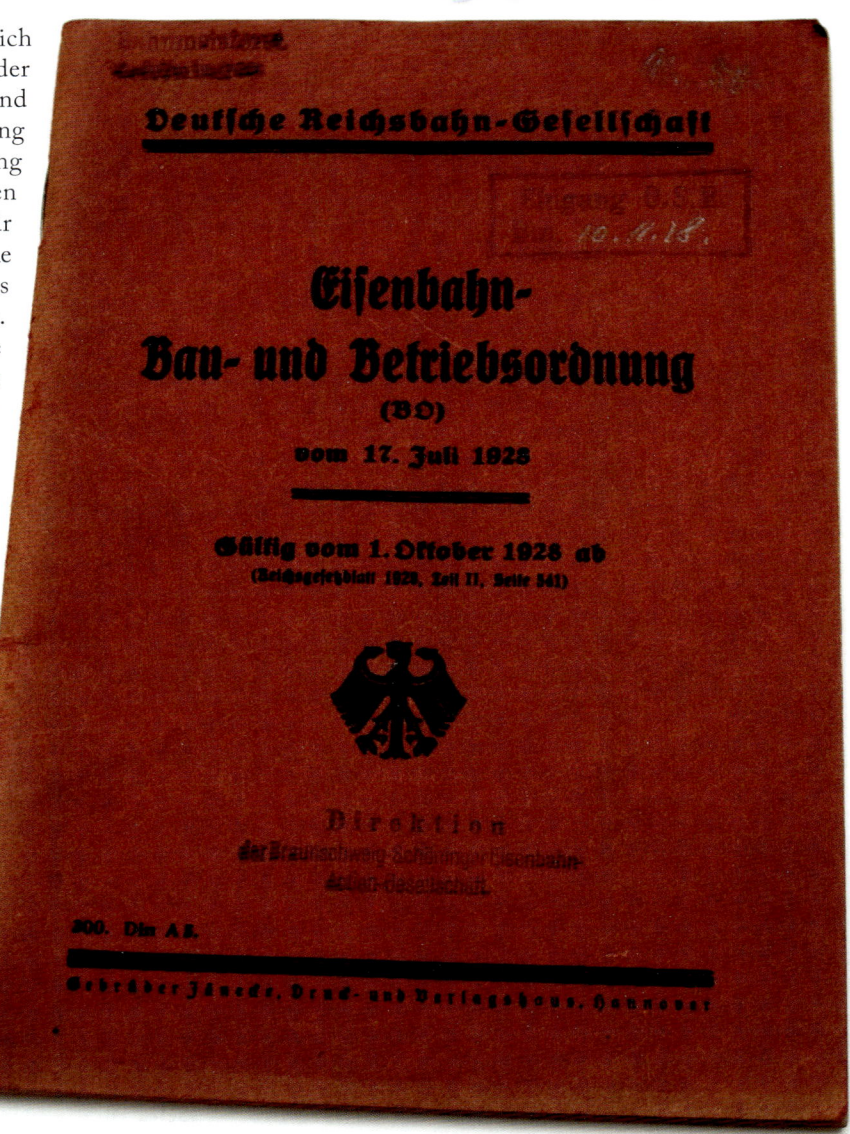

◆ *Die erste Fassung der Eisenbahn-Bau- und Betriebsordnung (EBO) trat am 1. Mai 1905 in Kraft. Abbildung: Slg. K.-J. Kühne*

in Kraft. Mit dieser wurde u.a. die zulässige Höchstgeschwindigkeit auf Hauptbahnen auf 160 km/h angehoben. Nach der deutschen Wiedervereinigung galt die EBO der Bundesrepublik ab 1. Oktober 1992 auch für den Bereich der ehemaligen DR. Dabei wurde das Regelwerk immer wieder den neuen Bedingungen angepasst. Die vorerst letzte Änderung der EBO trat am 1. April 2008 in Kraft.

Weltrekordfahrt der bayerischen S 2/6

Anfang des 20. Jahrhunderts lieferten sich die deutschen Länderbahnen einen Wettlauf um den Geschwindigkeitsrekord auf der Schiene. Dabei ging es aber nicht nur um technische Innovationen, sondern auch ums Prestige. Nachdem die Großherzoglich Badische Staatsbahn und die Preußische Staatsbahn 1903 ihre ersten Schnellfahrversuche erfolgreich durchgeführt hatten, nahm sich auch die Bayerische Staatsbahn dieses Themas an. Sie beauftragte Ende 1905 die Lokomotivfabrik Maffei mit der Entwicklung einer entsprechenden Schnellfahr-Maschine. Nach lediglich vier Monaten legte Chefkonstrukteur Anton Hammel den Entwurf für eine 2′B2′h4v-Maschine vor, mit deren Bau wenig später begonnen werden konnte. Bereits am 3. Mai 1906 übernahm die Bayerische Staatsbahn die Lok. Die als S 2/6 eingereihte Maschine (Betriebs-Nr. 3329) besaß einen Barrenrahmen und einen Rauchrohrüberhitzer. Führerhaus, Rauchkammer, Zylinder und Dome besaßen zur Verringerung des Luftwiderstandes eine windschnittige Verkleidung. Nach ihrer Indienststellung wurde die S 2/6 ab Juli 1907 auf der Strecke München–Augsburg getestet. Dabei stellte sie mit einem 150 t schweren Zug auch den über viele Jahre hinweg gültigen Geschwindigkeitsrekord für deutsche Dampfloks (154,5 km/h) auf. Danach erlosch sehr schnell das Interesse der Bayerischen Staatsbahn an der S 2/6, die ein Einzelgänger blieb. Nach einigen Jahren in Diensten der Betriebswerkstätte (Bwst) München I wurde die Maschine am 1. Oktober 1910 nach Ludwigshafen umgesetzt. Von dort aus bespannte sie in erster Linie Schnellzüge in Richtung Straßburg. 1922 kehrte sie in ihre bayerische Heimat zurück. Doch weder in München noch in Augsburg hatten die Eisenbahner eine sinnvolle Verwendung für die S 2/6. Nur wenige Wochen nach der Einführung der neuen einheitlichen Betriebs-Nr. bei der Deutschen Reichsbahn-Gesellschaft (DRG) im Herbst 1925 (siehe S. 72 f.) wurde die Lok ausgemustert. Anschließend arbeitete das Reichsbahnausbesserungswerk (RAW) Ingolstadt die S 2/6 aus Schaustück für das Verkehrsmuseum Nürnberg auf, wo die grau lackierte Maschine noch heute zu sehen ist.

Technische Daten		
Bauart		2′B2′h4v
Betriebsgattung		S 26.16
Länge über Puffer (Tender bay 2′2′T 26)	mm	21.182
Höchstgeschwindigkeit v/r	km/h	155/50
Zylinderdurchmesser (HD/ND)	mm	410/610
Kolbenhub	mm	640
Treib- und Kuppelraddurchmesser	mm	2.200
Laufraddurchmesser v/h	mm	1.006/1.006
Kesselüberdruck	kp/cm²	14
Rostfläche	m²	4,71
Verdampfungsheizfläche	m²	214,5
Dienstmasse (2/3 Vorräte)	t	105,4
Brennstoffvorrat	t	8
Wasserkasteninhalt	m³	26

◆ *Die bayerische S 2/6 blieb ein Einzelstück, das heute im Verkehrsmuseum Nürnberg bewundert werden kann. Foto: Slg. K.-J. Kühne*

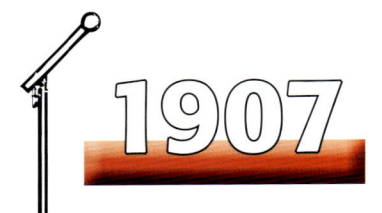

Indienststellung der ersten »Pacific« in Deutschland

Die meisten deutschen Schnellzug-Dampflokomotiven besaßen die Achsfolge 2´C1´, die im englischen Sprachraum als »Pacific« bezeichnet wurde. Daher gilt die »Pacific« als Inbegriff der Schnellzug-Maschine.

Anfangs des 20. Jahrhunderts bestimmten bei den deutschen Länderbahnen meist zweifachgekuppelte Maschinen der Bauart 2´B (»American«) oder 2´B1 (»Atlantic«) das Bild im hochwertigen Reisezugdienst. Doch mit dem Ansteigen der Zuglasten und der Geschwindigkeiten hatten die »Americans« und »Atlantics« ihre Leistungsgrenze erreicht. Vor allem die Großherzoglich Badische Staatsbahn benötigte dringend eine Maschine für den Einsatz auf der steigungsreichen Schwarzwaldbahn Offenburg–Villingen und der relativ flachen Rheintalstrecke Mannheim–Basel. Die maschinentechnische Abteilung der Staatsbahn schrieb daher 1905 die Entwicklung einer neuen Schnellzug-Maschine aus. Diesen

Wettbewerb konnte die Firma J. A. Maffei aus München für sich entscheiden. Die bayerischen Ingenieure hatten den Badenern eine 2´C1´h4v-Maschine vorgeschlagen, die ein völlig neues Kapitel im deutschen Schienenfahrzeugbau einleitete. Nicht nur die Achsfolge 2´C1´, die seit 1886 in den Vereinigten Staaten verwendet wurde, war ein Novum. Für Aufsehen sorgte auch der erstmals in Deutschland verwendete Barrenrahmen, dessen Teile nicht durch Passschrauben sondern mit Flusseisen verschweißt wurde. Anschließend wurden die Rahmenwangen geglüht. Damit die Maschine sowohl auf der Schwarzwaldbahn als auch auf der Rheintalstrecke eingesetzt werden konnte, hatten die Maffei-Ingenieure einen Kuppelraddurchmesser von 1.800 mm gewählt. Dank des großzügig dimensionierten Kessels konnte die als IV f bezeichnete Type einen 460 t schweren Zug mit 100 km/h in der Ebene befördern.

1907 stellte die Großherzoglich Badische Staatsbahn die ersten drei

◆ *Die Pacific-Maschinen der Baureihen 03 und 18⁴⁻⁵ (ex bayerische S 3/6) gehörten zu den besten deutschen Schnellzugloks. Foto: H. Maey, Slg. K.-J. Kühne*

◆ *Die 2´C1´-Maschinen der Baureihe 01 sind bis heute der Inbegriff der deutschen Schnellzug-Dampflok. Foto: Slg. K.-J. Kühne*

Exemplare der IV f in Dienst. In drei weiteren Serien lieferte die Maschinenbau-Gesellschaft (MBG) Karlsruhe bis 1912 weitere 32 Exemplare. Doch die Freude an der IV f währte nur kurz, da das Triebwerk erhebliche Instandhaltungskosten verursachte. Außerdem bemängelten die Personale die schlechten Laufeigenschaften der IV f im oberen Geschwindigkeitsbereich. Bereits Anfang der 1920er-Jahre wurden die ersten Maschinen ausgemustert. Die Deutsche Reichsbahn-Gesellschaft zeichnete daher 1925 nur noch 22 Loks zur Baureihe 18.2 um. Das letzte Exemplar quittierte 1930 den Dienst.

Dem Erfolg der Achsfolge 2´C1´ tat dies jedoch keinen Abbruch. Bereits 1907 folgte die Bayerische Staatsbahn dem badischen Vorbild und gab bei der Firma Maffei die Entwicklung einer »Pacific« mit Verbund-Triebwerk in Auftrag. Bereits am 16. Juli 1908 übergab die Firma Maffei das erste Exemplar der bayerischen S 3/6 (DRG-Baureihe 18.4–5), die sich als eine der besten Dampfloks ihrer Zeit erwies und in mehreren Baulosen beschafft wurde. Erst 1931 stellte die DRG die letzten Exemplare der S 3/6 in Dienst. Erst 1965 hatten die bayerische S 3/6 im Plandienst ihre Schuldigkeit getan.

Die Königlich Württembergischen Staatseisenbahnen (K.W.ST.E.) folgten den Vorbildern aus Baden und Bayern und beauftragten die Maschinenfabrik Esslingen 1908 mit der Entwicklung einer 2´C1´h4v-Maschine, die sich aber erheblich von den bisherigen Konstruktionen unterschied. Die württembergische C (DRG-Baureihe 18.1) besaß einen Blechrahmen und ging als die kleinste deutsche »Pacific« in die Dampflok-Historie ein. Die ersten fünf

Maschinen wurden 1909 gebaut. Zwischen 1914 und 1921 folgten weitere 36 Exemplare.

Die Königlich Sächsischen Staatseisenbahnen (K.Sächs.Sts.E.B.) wagten erst während des Ersten Weltkrieges den Schritt zur »Pacific«. Nach Testfahrten mit einer bayerischen S 3/6 beauftragten die K.Sächs.Sts.E.B. die Sächsische Maschinenfabrik (SMF), vormals Richard Hartmann, in Chemnitz mit der Entwicklung einer 2´C1´-Maschine. Diese sollte jedoch kein Vierzylinder-Verbundtriebwerk sondern ein Dreizylinder-Triebwerk erhalten. Die Chemnitzer beschritten dabei einen völlig neuen Weg. Sie griffen auf süddeutsche (großer Kessel mit breiter Feuerbuchse) und preußische (Blechrahmen mit vorderem Barrenrahmenteil) Bauelemente zurück. Die 1917/18 gelieferten zehn Maschinen der Gattung XVIII H (DRG-Baureihe 18.0) bestachen durch ihr großes Beschleunigungsvermögen und ihre Laufruhe.

Lediglich die Preußische Staatsbahn entwickelte keine eigene 2´C1´. Zum Inbegriff der Schnellzuglok in Deutschland wurde die »Pacific« schließlich in den 1920er- und 1930er-Jahren, als die DRG die Baureihen 01 und 03 in großen Stückzahlen beschaffte. Ende der 1930er-Jahre folgten noch die stromlinienverkleideten Maschinen der Baureihen 01.10 und 03.10. Auch nach dem Zweiten Weltkrieg prägten die 01er und 03er über Jahrzehnte hinweg das Bild im Schnellzugdienst. Bei der Deutschen Bundesbahn (DB) hatten die letzten »Pacifics« 1975 ausgedient. Bei der Deutschen Reichsbahn (DR) in der DDR war dies 1982 der Fall.

Beginn der elektrischen Zugförderung in Deutschland

Bereits Anfang des 20. Jahrhunderts beschäftigten sich das Ministerium der öffentlichen Arbeiten (MdöA) und die Preußische Staatsbahn mit der Nutzung der elektrischen Energie für die Zugförderung. Die Preußische Staatsbahn und die Allgemeine Elektrizitäts-Gesellschaft (AEG) betrieben ab 15. August 1903 die 4 km lange Versuchsstrecke Niederschöneweide–Spindlersfeld mit einer Spannung von 6 kV bei 25 Hz. Während des rund dreijährigen Versuchsbetriebes, der bis zum 1. März 1906 dauerte, konnten wertvolle Erfahrungen gesammelt werden. Das gewählte Stromsystem bewährte sich auch bei der Oranienburger Versuchsbahn (1906–1913) und der 26,6 km langen Hamburger Stadt- und Vorortbahn. Nach der Auswertung der Versuche entschieden sich die Preußische Staatsbahn und das MdöA für die Anwendung des Einphasenwechselstroms in der elektrischen Zugförderung. Entscheidend dafür waren die problemlose Übertragung des Stroms vom Kraftwerk bis zum Triebfahrzeug, die einfache Ausführung der Fahrleitung sowie die

gute Anpassungsmöglichkeit der Fahrmotoren an die benötigten Leistungen und Zugkräfte. Die Berechnungen hinsichtlich der notwendigen Stromfrequenz ergaben zunächst 15 Hz, da dadurch die Zahl der notwendigen Kommutatorbürsten von 148 (bei 25 Hz) auf 84 verringert werden konnten. Unklar war zunächst, welche Strecken im Bereich der Preußischen Staatsbahn elektrifiziert werden sollten. Das MdöA schlug 1906 zunächst die 105 km lange Hauptbahn Altona–Kiel vor. Später sollte noch die Mittelgebirgsstrecke Euskirchen–Karthaus elektrifiziert werden. Diese Vorhaben scheiterten jedoch am Einspruch des preußischen Kriegsministeriums. Daraufhin schlug das MdöA 1908 die Elektrifizierung der Strecken Magdeburg–Dessau–Leipzig, Leipzig–Halle (Saale), Laubahn–Königszelt und Bully–Cochem vor. Die Entscheidung fiel letztlich zu Gunsten der rund 154 km langen Verbindung Magdeburg–Halle (Saale)–Leipzig, da die Braunkohlenvorkommen bei Bitterfeld günstige Bedienungen für den Bau des benötigten Kraftwerks boten. Die notwendigen

◆ *Die zwischen 1925 und 1927 gelieferten Elektroloks der Baureihe E 91 waren für den schweren Güterzugdienst vorgesehen. Foto: J. Krantz, Slg. D. Endisch*

◆ *Von den Elektroloks der Baureihe E 77 wurden 56 Exemplare gebaut. Die letzten wurden 1966 abgestellt. Foto: Slg. K.-J. Kühne*

Vorarbeiten übernahm die Königliche Eisenbahn-Direktion (KED) Halle (Saale).

Bereits am 20. April 1909 berieten Vertreter der Preußischen Staatsbahn und des MdöA über die Ausführung der Fahrzeuge und Anlagen. Dabei fiel die Entscheidung, zunächst 10 kV bei 15 Hz anzuwenden. Bereits am 28. Juli 1909 bewilligte der preußische Landtag für die Elektrifizierung der Strecke Magdeburg–Leipzig 25,9 Millionen Mark, von denen 6,47 Millionen auf die benötigten Elektroloks entfielen. Einige Monate später, am 18. Januar 1910, begannen bei Bitterfeld die Bauarbeiten für das Bahnstromwerk Muldenstein. Wenig später folgten das Umspannwerk in Bitterfeld sowie die Fahrleitungsanlagen zwischen Bitterfeld und Dessau. In der ersten Betriebsphase arbeiteten im Kraftwerk Muldenstein vier Steilrohrkessel und ein Generator mit 3 MW Dauerleistung. Im Endzustand waren zwölf Kessel und fünf Einphasen-Generatoren vorgesehen. Die Fahrleitungen sollten dann über drei Umspannwerke mit 15 kV bei 16 2/3 Hz gespeist werden.

Die KED Halle (Saale) gab am 21. August 1909 die für den Versuchsbetrieb benötigten Elektroloks in Auftrag. Dabei handelte es sich um drei 2′B-Schnellzug-, zwei 1′C 1′Schnell- und Personenzug-, eine 1′D1′Schnellzug- und fünf D-Güterzuglokomotiven. Bereits am 4. Januar 1911 erfolgte die landespolizeiliche Abnahme der elektrischen Anlagen, die damit in Betrieb genommen werden konnten. Einen Tag später wurde der Generator im Kraftwerk Muldenstein erstmals angefahren. Aus Sicherheitsgründen wurden die beiden 60 kV-Kabeln zum Umspannwerk Bitterfeld aber nur mit 30 kV belastet. Am 18. Januar 1911 war es dann endlich soweit – die Preußische Staatsbahn nahm den Versuchsbetrieb zwischen Dessau und Bitterfeld auf. Da noch keine der bestellten Elektroloks zur Verfügung stand, kam zunächst eine badische Maschine der Reihe A 1 zum Einsatz. Nach weiteren Versuchs- und Einweisungsfahrten wurden ab 10. Februar 1911 die ersten Züge auf der Strecke Dessau–Bitterfeld versuchsweise mit einer Elektrolok als Vorspannmaschine gefahren. Am 25. März 1911 bespannte die fabrikneue WSL 10 501 einen 186 t schweren Reisezug, mit dem die Lok eine Geschwindigkeit von 120 km/h erreichte. Drei Tage später wurde die Spannung in den Speiseleitungen auf 60 kV erhöht. Ab 1. August lief der Generator in Muldenstein mit 1.000 U/min, womit die Frequenz nun 16 2/3 Hz betrug. Bereits im November 1911 wurden täglich zwischen Bitterfeld und Muldenstein 13 Personen- und acht Güterzüge mit Elektroloks bespannt.

Das gewählte Stromsystem bewährte sich hervorragend. Der technische Ausschuss des »Vereins Deutscher Eisenbahnverwaltungen« (VDEV; siehe S. 15) empfahl bereits auf seiner Sitzung vom 5. bis 7. April 1911 die Einführung eines einheitlichen Stromsystems für Fernbahnen (Einphasenwechselstrom mit 15 kV bei 16 2/3 Hz). Baden, Bayern und Preußen erarbeiteten daraufhin das »Übereinkommen betreffend die Ausführung elektrischer Zugförderung«, das bis Januar 1913 unterzeichnet wurde, und u.a. neben dem Stromsystem auch die Höhe der Fahrleitung über Schienenoberkante regelte. Diesem Übereinkommen traten später Österreich, Norwegen, Schweden und die Schweiz bei.

Eröffnung des Ausbesserungswerkes Meiningen

Das Dampflokwerk (DLW) Meiningen der Deutschen Bahn AG (DB AG) ist heute Eisenbahnfreunden in aller Welt ein Begriff. Meiningen erhielt bereits 1858 durch die Werra-Eisenbahn einen Anschluss an das Schienennetz. In der Folgezeit entwickelte sich der Bahnhof zu einem regional bedeutenden Eisenbahnknoten, der auch über eine Reparaturwerkstatt für Lokomotiven verfügte und ab 1902 den Status einer Hauptwerkstatt besaß. Zwei Jahre später waren hier rund 350 Menschen beschäftigt. Doch die Werkanlagen entsprachen nicht mehr den Anforderungen. Daher begann die Preußische Staatsbahn 1910 mit dem Bau einer neuen Hauptwerkstatt am Westhang des Drachenberges in Meiningen. Vier Jahre später, am 2. März 1914, nahm das Werk offiziell seine Arbeit auf. Kernstück der neuen Hauptwerkstatt bildete die Richthalle (heute Kesselschmiede) mit den angeschlossenen Nebenwerkstätten, der Gießerei und dem Lager. Eine Wagenhalle sowie ein Sozial- und Verwaltungsgebäude ergänzten den Neubau.

Mit der Gründung der Reichseisenbahnen 1920 wurde aus der ehemaligen Hauptwerkstatt nun das Reichsbahnausbesserungswerk (RAW) Meiningen, das nach der Schließung der Wagenabteilung 1927 ausschließlich für die Instandhaltung von Dampflokomotiven verantwortlich war. Mit dem Rückgang der Beförderungsleistungen während der Weltwirtschaftskrise erwog die Deutsche Reichsbahn-Gesellschaft (DRG) Anfang der 1930er-Jahre sogar die Schließung des Werks, in dem 1931 rund 1.100 Männer und Frauen beschäftigt waren. Mitte der 1930er-Jahre waren diese Pläne jedoch vom Tisch und die DRG stellte wieder neue Beschäftigte ein. Außerdem wurden neue Werkzeugmaschinen, wie z.B. Schleifmaschinen für Kropfachsschenkel und Kurbelzapfen, beschafft. 1939 war das RAW Meiningen für die Unterhaltung von rund 500 Dampfloks der Baureihen 01, 01.10, 03, 03.10, 39.0–2, 43, 44, 62, 95.0 und 99 verantwortlich.

Trotz der Bombenangriffe auf Meiningen Anfang 1945 blieben die Anlagen des Ausbesserungswerkes unzerstört. Nach einer kurzen Unterbrechung konnten bereits wenige Tage nach dem Einmarsch der US-Armee die rund 2.500 Beschäftigten am 23. April 1945 wieder ihre Arbeit aufnehmen. Ab 1950 zeichnete das Raw Meiningen für die Instandhaltung von über 630 Dampfloks verantwortlich, die sich auf die Baureihen 01, 17.10, 18, 19, 39.0–2, 44, 60, 61, 62, 78.0–5 und 95.0 verteilten.

Eine wichtige Rolle spielte das Raw Meiningen bei der Umsetzung des Reko-Programms (siehe S. 120 f.) der Deutschen Reichsbahn (DR). 1958 begann in Meiningen der Umbau der Baureihe 39.0–2 zur Baureihe 22. Später entstanden im Werk die weithin bekannten Reko-Dampfloks der Baureihen 01.5, 03.10 und 19. Außerdem übernahm das Raw Meiningen den Umbau der Tendermaschine 61 002 zur Schnellfahrlok 18 201 (siehe S. 128). Zwischen 1968 und 1975 rüstete das Werk außerdem 52 Exemplare der Baureihe

◆ *Bis heute werden im ehemaligen Raw Meiningen Dampfloks instandgesetzt, hier ein Blick in die Kesselschmiede. Foto: Slg. K.-J. Kühne*

03 mit einem Reko-Kessel aus. Damit wurden insgesamt 194 Maschinen im Raw Meiningen im Zuge des Reko-Programms modernisiert. Ab 1961 wurden im Rahmen planmäßiger Haupt- und Zwischenuntersuchungen im Raw Meiningen auch 167 Dampfloks der Baureihen 01.5, 03.10, 18, 19, 44 und 95.0 mit einer Ölhauptfeuerung ausgerüstet.

Mit dem seit Mitte der 1960er-Jahre fortschreitenden Traktionswechsel zählten im Raw Meiningen nun auch andere

◆ *In der Richthalle werden die Loks in ihre Baugruppen zerlegt und nach der Instandsetzung der Teile wieder zusammengebaut. Foto: Slg. K.-J. Kühne*

Dampflok-Typen zu den Gästen, dazu gehörten u.a. die Baureihen 23.10, 41, 58.30, 65.10 und 86. Ab Herbst 1979 war Meiningen das letzte Ausbesserungswerk für Regelspur-Dampfloks bei der DR. Außerdem baute das Raw Meiningen zwischen 1983 und 1988 insgesamt 202 dreiachsige Dampfspeicherloks des Typs FLC. Mit dem Rückzug der Dampftraktion bei der DR in den 1980er-Jahren übernahm das Werk schrittweise neue Aufgaben, dazu zählten beispielsweise der Bau von Drehgestellen für die Berliner S-Bahn und die Instandsetzung von Güterwagen. Als letzte hauptuntersuchte Dampflok verließ 50 3576 am 31. März 1988 das Werk. Fortan erhielten hier nur noch die Museumsmaschinen der DR reguläre Instandsetzungen. Alle anderen Dampfloks wurden in erster Linie noch für Heizwecke hergerichtet. Gleichwohl zählte das Werk als größter Arbeitgeber der Stadt noch immer mehr als 2.000 Beschäftigte.

Doch mit dem Niedergang des Bahnverkehrs in den neuen Bundesländern während der 1990er-Jahre verlor das Werk binnen weniger Jahre erheblich mehr an Bedeutung. Mehr als die Hälfte des ehemals 140.000 m² großen Areals wurden nun nicht mehr benötigt. Die verbliebenen Werkteile wurden umfassend modernisiert. Ab 1. Juli 1997 firmierte das ehemalige Raw als »Dampflokwerk Meiningen«. Bis zum Jahr 2000 schrumpfte die Belegschaft auf unter 200 Mitarbeiter. Neben dem Kerngeschäft, der Instandsetzung von Dampfloks, arbeitet das DLW heute u.a. Dieselloks sowie Personen- und Güterwagen auf und unterhält die Schneeräumfahrzeuge der Deutschen Bahn AG.

Eröffnung des Leipziger Hauptbahnhofs

Leipzig, Hauptbahnhof.

◆ *Der 1915 eröffnete Leipziger Hauptbahnhof ist Deutschlands größter Kopfbahnhof. Foto: Slg. K.-J. Kühne*

Mit einer Fläche von 83.640 m^2 ist der Leipziger Hauptbahnhof der größte Kopfbahnhof in Europa. Bereits Ende der 1850er-Jahre hatte sich die Messestadt zu einem der wichtigsten Eisenbahnknoten in Deutschland entwickelt. Nach der Aufnahme des durchgehenden Betriebes bei der Leipzig-Dresdener Eisenbahn-Compagnie (LDE) folgte 1840 die Stammstrecke der Magdeburg-Cöthen-Halle-Leipziger Eisenbahn-Gesellschaft (MCHLE). 1842 verließen die ersten Züge der Sächsisch-Bayerischen Eisenbahn-Compagnie die Messestadt. 1856 nahm die Thüringische Eisenbahn-Gesellschaft (ThEG) die Strecken nach Halle (Saale) und Erfurt in Betrieb. Jedes Unternehmen unterhielt in Leipzig einen eigenen Bahnhof. Im Norden der Stadt befanden sich der Dresdner, der Magdeburger und der Thüringer Bahnhof. Etwa 2 km südlich davon waren die Anlagen des Bayerischen und des Eilenburger Bahnhofs zu finden. Mit dem Wachsen Leipzigs zu einer der wichtigsten Städte in Mitteldeutschland und dem Ansteigen des Reiseverkehrs auf den Leipziger Bahnhöfen – 1872 wurden fast 6,3 Millionen Reisende gezählt – wurde dieser Zustand unhaltbar. Die Messestadt benötigte dringend einen neuen Hauptbahnhof. Doch die Preußische Staatsbahn, der ab Ende der 1870er-Jahre die MCHLE und die ThEG unterstanden, und die Königlich Sächsischen Staatseisenbahnen (K.Sächs.Sts.E.B.), die etwa zeitgleich die LDE und die Sächsisch-Bayerische Eisenbahn-Compagnie übernommen hatte, vertraten in dieser Frage unterschiedliche Meinungen. Als 1880 erstmals das Problem erörtert wurde, plädierte Sachsen für einen Durchgangsbahnhof, Preußen hingegen für einen Kopfbahnhof, um damit den Hauptbahnhof in Halle (Saale) vor Konkurrenz zu schützen. Bereits 1882, 1890 und 1892 lagen die ersten Entwürfe für einen Hauptbahnhof in Leipzig vor. Der Rat der Stadt gab schließlich den Ausschlag in diesem Streit – die Stadtväter sprachen sich für den Kopfbahnhof aus, da dieser näher in Richtung Stadtmitte angelegt werden konnte und eine großzügigerer Gestaltung ermöglichte. 1898 fiel schließlich die Entscheidung, den Hauptbahnhof auf dem Gelände des Dresdner, Magdeburger und Thüringer Bahnhofs zu errichten. Die Finanzierung des Projektes, an dem neben der Preußischen Staatsbahn und den K.Sächs.Sts.E.B. die Stadt Leipzig und die Reichspost beteiligt waren, konnte bis 1902 geklärt werden.

Parallel dazu wurde bereits das zusätzlich benötigte Bauland durch die Stadt Leipzig erworben. Am 22. Mai 1902 wurde der endgültige Bauvertrag unterschrieben.

1906 wurde die Gestaltung des Bahnhofsgebäudes ausgeschrieben, an dem sich 76 Architekten bzw. Architektur-Büros beteiligten. Den Zuschlag erhielten schließlich William Lossow (1852–1914) und sein Schwiegersohn Max Hans Kühn (1874–1942), die gemeinsam in Dresden arbeiteten, für ihren Entwurf »Licht und Luft«. Mit der Ausführung der Bahnsteighalle wurden 1909 die Ingenieure Eilers und Karig beauftragt. Mit der Grundsteinlegung am 16. November 1909 in der südwestlichen Ecke des Bahnhofsgebäudes begannen offiziell die Arbeiten am Leipziger Hauptbahnhof, der eigentlich 1914 seiner Bestimmung übergeben werden sollte. Doch Probleme bei der Gründung der Fundamente und Streiks der Bauarbeiter warfen den Zeitplan über den Haufen.

Im Hinblick auf einen kontinuierlichen Betriebsablauf wurde der neue Bahnhof schrittweise in Betrieb genommen. Auf der preußischen Seite (Westseite) traf der erste Zug am 1. Mai 1912 ein. Ab 1. Februar 1913 begannen bzw. endeten bereits die Züge in Richtung Chemnitz und Dresden im neuen Hauptbahnhof. Mit dem feierlichen Einbau des Schlusssteins am 4. Dezember 1915 wurde der Leipziger Hauptbahnhof in Betrieb genommen. Die Baukosten

Leipzig. Bahnhöfe.

◆ *Auf dem Areal des heutigen Hauptbahnhofs befanden sich einst der Dresdner, der Magdeburger und der Thüringer Bahnhof. Foto: Slg. K.-J. Kühne*

beliefen sich auf über 137 Millionen Mark, von denen die Preußische Staatsbahn 55,66 Millionen Mark und die K.Sächs.Sts.E.B. 54,53 Millionen Mark übernahmen. Das imposante Bauwerk mit seinem 270 m langen Querbahnsteig besaß einen umbauten Raum von ca. 1,5 Millionen m3.

Auch nach der Übernahme der Länderbahnen durch das Deutsche Reich im Jahr 1920 (siehe S. 62 f.) blieb der Leipziger Hauptbahnhof geteilt. Der sächsische Teil gehörte zur Reichsbahndirektion (RBD) Dresden, der preußische Teil zur RBD Halle (Saale). Erst ab 1936 unterstand der Bahnhof allein der RBD Halle.

Während des Zweiten Weltkrieges war der Leipziger Hauptbahnhof mehrmals Ziel alliierter Luftangriffe. Die schwersten Schäden richtete der Angriff der US-Luftwaffe am 7. Juli 1944 an, bei dem die Stahlbetonbögen zwischen den Hallenschiffen einbrachen. Der Wiederaufbau nach Kriegsende ging nur langsam voran. Zum einen mussten nicht nur rund 30.000 m3 Schutt beseitigt werden, sondern auch die Reste der Stahlbetonbögen gesprengt werden. 1947 konnte der Querbahnsteig wieder benutzt werden, bevor 1948 die Instandsetzung begann. Die Westhalle konnte am 15. August 1951 wieder für die Reisenden geöffnet werden. Der Wiederaufbau der Hallen-Konstruktion nahm jedoch mehrere Jahre in Anspruch und begann 1955 mit der Verglasung der Seitenwände. Erst am 4. Dezember 1965 war der Wideraufbau des Leipziger Hauptbahnhofs, des zweitwichtigsten Bahnhofs bei der Deutschen Reichsbahn (DR), abgeschlossen.

LEIPZIG   Der Thüringer Bahnhof kurz vor dem Abbruch 1907

◆ *Die Aufnahme des Thüringer Bahnhofs entstand kurz vor seinem Abriss zugunsten des neuen Leipziger Hauptbahnhofs. Foto: Slg. K.-J. Kühne*

Nach der deutschen Wiedervereinigung 1990 begann die Sanierung des Leipziger Hauptbahnhofs, der unterhalb des Querbahnsteigs auf zwei Ebenen ein Einkaufszentrum erhielt. Die Gleise 25 und 26 mussten einem Parkhaus weichen. Nach mehrjähriger Bauzeit wurde der Bahnhof am 12. November 1997 eröffnet. Heute nutzen täglich rund 120.000 Reisende die Station, die zu einer der wichtigsten der Deutschen Bahn AG gehört.

Gründung der Mitropa

Mitten im Ersten Weltkrieg, am 23. September 1916, wurde in Berlin die Mitteleuropäische Speise- und Schlafwagen AG (Mitropa) gegründet. Sie sollte vor allem in Deutschland und Österreich-Ungarn die am Markt etablierte, nun aber während des Krieges misstrauisch beäugte französische »Compagnie Internationale des Wagons-List et Grands Express Européens« (CIWL) ersetzen. Die Regierungen in Wien und Berlin räumten für ihr Einflussgebiet der Mitropa vertraglich bis zum 1. Oktober 1946 das Monopol im Speise- und Schlafwagenverkehr ein. Doch kaum hatte die Mitropa mit den von der CIWL übernommenen Fahrzeugen am 1. Januar 1917 den Betrieb eröffnet, musste sie auch schon um ihr Überleben kämpfen. Nach der deutschen Niederlage und der Unterzeichnung des Versailler Vertrages (28.06.1919) versuchte die CIWL mit allen Mitteln, die Mitropa vom Markt zu verdrängen. Die Schadensersatzforderungen der CIWL und das Aufbrechen des Verkehrsmonopols der Mitropa im deutschsprachigen Raum mit Hilfe des Artikels 367 des Versailler Vertrages trieben das junge Unternehmen fast in den Ruin. Doch dank politischer Unterstützung durch das deutsche Außenministerium konnte sich die Mitropa aber behaupten und sich bis 1924 auch in der Schweiz, den Niederlanden und Skandinavien etablieren. Als ab 10. Januar 1925 der Artikel 367 des Versailler Vertrages nicht mehr galt, benötigte die CIWL für die Einsätze ihrer Fahrzeuge in Deutschland und Österreich die Zustimmung des Mitbewerbers. Beide Unternehmen unterzeichneten daher am 23. April 1925 einen Vertrag, der einerseits der CIWL die wichtigsten Strecken im Ausland sicherte, andererseits aber der Mitropa das Monopol in Deutschland garantierte.

In den 1920er-Jahren expandierte das Unternehmen. Für die Instandsetzung ihrer Fahrzeuge erwarb die Mitropa 1921 die Anlagen der ehemaligen Karussellfabrik Fritz Bothmann in Gotha und baute sie zu einer modernen Hauptwerkstatt um. Bereits 1924 zählten 239 Speise- und 73 Schlafwagen zum Fahrzeugbestand der Mitropa. Mit der Übernahme der Schlafwagen der Deutschen Reichsbahn-Gesellschaft (DRG) 1926 stieg der Fahrzeugpark bis 1927 auf über 420 Wagen an. Die Verwaltung für das inzwischen

rund 5.000 Mitarbeiter zählende Unternehmen hatte ihren Sitz in der Unversitätsstraße in Berlin. Im Lehrter Bahnhof betrieb die Mitropa eine eigene Großwäscherei. Doch die Mitropa betreute nicht nur Schlaf- und Speisewagen. In den 1920er-Jahren richtete sie auch in ausgewählten Bahnhöfen komfortable Hotels ein. Außerdem erschloss die Mitropa neue Geschäftsfelder. Ab 1927 oblag ihr u.a. die gastronomische Versorgung der zwischen Potsdam und Pichelsberg verkehrenden Ausflugsdampfer. Ein Jahr später übernahm sie den Versorgungsbetrieb auf der Rhätischen Bahn und der Berninabahn in der Schweiz sowie in den Flugzeugen und Flughäfen der Deutschen Lufthansa. Später kamen noch die Fährschiffe zwischen Sassnitz und Trelleborg sowie die Boote der Donauschifffahrt hinzu. Der Service und die Speisen der Mitropa besaßen einen ausgezeichneten Ruf.

Ab 1927 erhielten die Wagen der Mitropa ihren typischen bordeauxfarbenen Anstrich. Das Firmenlogo und den typischen Mitropa-Schriftzug hatte der Grafiker Karl Schulpig (1884–1948) entworfen. Der Bauhaus-Schüler, der u.a. auch das Signet der Firma Pelikan gestaltet hatte, erhielt für sein Mitropa-Logo 1919 den Preis des Bundes Deutscher Gebrauchsgrafiker.

In den 1930er-Jahren wuchs der Fahrzeugbestand der Mitropa kontinuierlich an. Ende 1934 gehörten dem Unternehmen 190 Schlaf-, 288 Speise- und 41 Packwagen mit Küchenabteil. In der Folgezeit ersetzte die Mitropa die älteren Fahrzeuge schrittweise durch Neubau-Wagen. 1939 trugen 244 Schlaf-, 298 Speise- und 105 Packwagen die Anschrift der Mitropa. Dazu kamen noch 16 Schnelltriebwagen, die von der Mitropa bewirtschaftet wurden. Doch mit dem Beginn des Zweiten Weltkrieges musste das Unternehmen den Einsatz seiner Schlaf- und Speisewagen immer weiter einschränken.

Die deutsche Teilung hatte auch für die Mitropa gravierende Folgen. Die in den westlichen Besatzungszonen verbliebenen Firmenteile gingen in der 1949 gegründeten Deutschen Schlaf- und Speisewagengesellschaft (DSG) auf, die eine 100-%-ige Tochter der Deutschen Bundesbahn (DB) war. Bis 1966 unterhielt die DSG eigene Speisewagen und bis 1974 eigene Schlafwagen. Danach bewirtschaftete das Unternehmen ausschließlich Fahrzeuge der DB.

◆ *Gepflegte Gastlichkeit herrschte in den Speisewagen der Mitropa.*
Foto: DB AG/Andreas Mann

In der sowjetischen Besatzungszone (SBZ) blieb die Mitropa als Aktiengesellschaft erhalten. Auch den Schriftzug und das Logo wurden weiterverwendet, obwohl die Markenrechte dafür bei der DSG lagen. Das Logo wurde jedoch leicht modifiziert. Der Adler über dem M entfiel und das Rad erhielt nun sechs statt bisher vier Speichen, da diese leicht an das Hakenkreuz der Nazis erinnern konnte. Ab Mitte der 1950er-Jahre dehnte die Mitropa in der DDR ihren Geschäftsbereich schrittweise aus. Neben der Versorgung in den Bahnhöfen und Zügen der DR oblag dem Unternehmen ab 1954 die Bewirtschaftung der Schiffe der Weißen Flotte in Berlin und Dresden. Später kamen noch alle DDR-Fährschiffe auf der Ostsee hinzu. Ab 1961 unterstanden auch die Autobahn-Raststätten in der DDR der Mitropa.

Nach der deutschen Wiedervereinigung wurden die DSG und die Mitropa zunächst als eigenständige Unternehmen weitergeführt. Erst 1994 fusionierten sie zur neuen Mitropa AG, die nach ihrem Verkauf im Frühjahr 2004 in eine GmbH umgewandelt wurde. Seither betreibt die Mitropa GmbH nur noch Einrichtungen in ausgewählten Bahnhöfen und Autobahn-Raststätten.

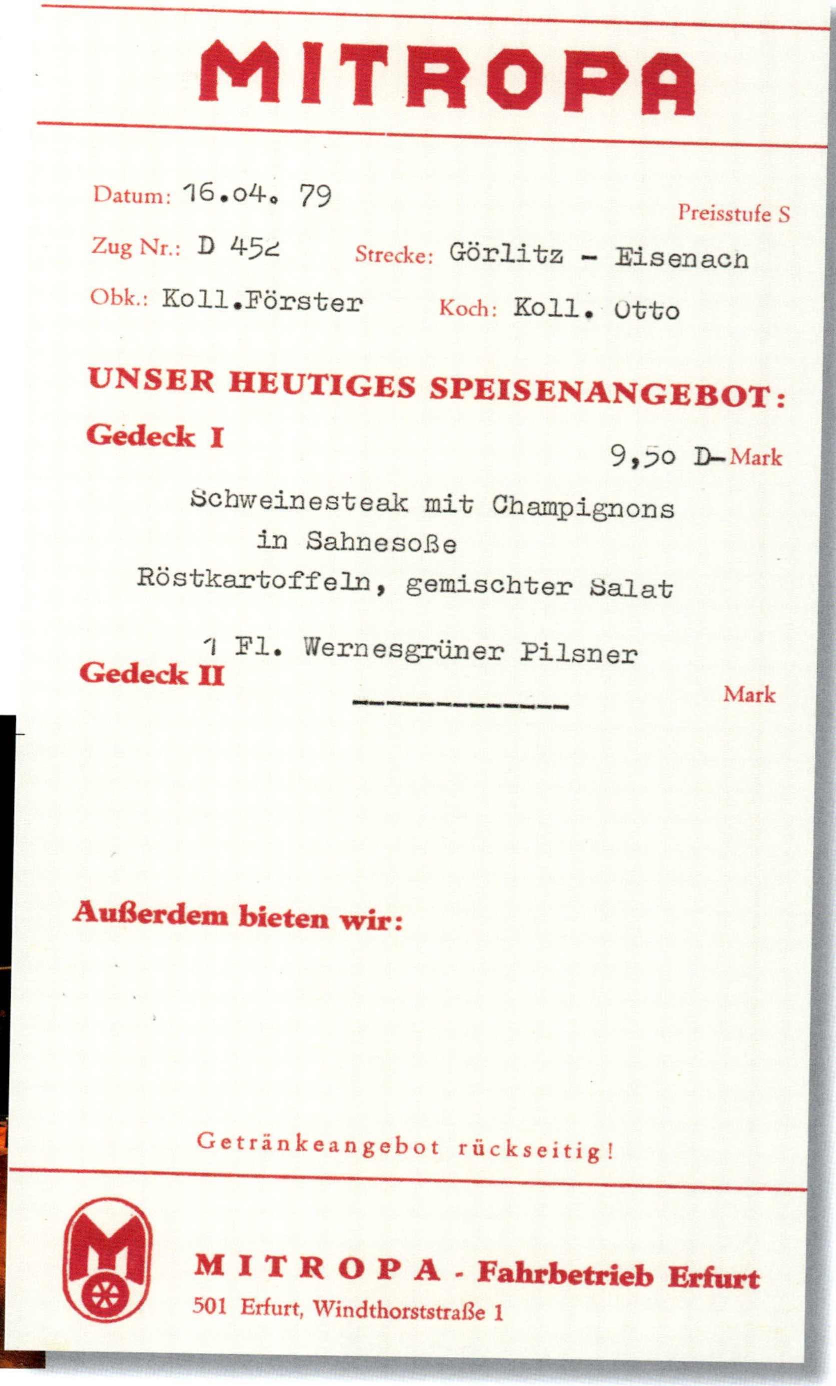

MITROPA

Datum: 16.04. 79   Preisstufe S

Zug Nr.: D 452   Strecke: Görlitz – Eisenach

Obk.: Koll. Förster   Koch: Koll. Otto

UNSER HEUTIGES SPEISENANGEBOT:

Gedeck I   9,50 D-Mark

Schweinesteak mit Champignons
in Sahnesoße
Röstkartoffeln, gemischter Salat

1 Fl. Wernesgrüner Pilsner

Gedeck II   ————— Mark

Außerdem bieten wir:

Getränkeangebot rückseitig!

MITROPA - Fahrbetrieb Erfurt
501 Erfurt, Windthorststraße 1

◆ Zu ihrem 80. Geburtstag ließ die Mitropa AG einen historischen Speisewagen innen (siehe S. 58) und außen weitgehend in den Ursprungszustand zurückversetzen. Foto: DB AG/Andreas Mann

◆ Slg. J. Krantz

1918 Gründung des Allgemeinen Lokomotiv-Normen-Ausschusses

Im Sommer 1916 hatte der Eisenbahnverkehr im deutschen Kaiserreich die Grenze seiner Leistungsfähigkeit erreicht. Nicht nur den Länderbahnen sondern auch den zahlreichen Klein- und Privatbahnen fehlten betriebsfähige Dampflokomotiven. Infolge der seit 1914 erheblich angewachsenen Beförderungsleistungen hatte der Verschleiß an den Maschinen erheblich zugenommen. Mangelhafte Wartung beschleunigte diese Entwicklung noch, so dass die Standzeiten der Lokomotiven in den Werkstätten erheblich zunahmen. Diese Lage wurde noch durch fehlende Ersatzteile verschärft. Erschwerend kam hinzu, dass Teile zwischen Maschinen einer Type aufgrund fehlender Normen nicht freizügig getauscht werden konnten. Jedes Ersatzteil war ein Einzelstück, das erst angepasst werden musste. Erst aufgrund des massiven Drucks der Heeresfeldbahnen und der Obersten Heeresleitung (OHL) gründete die deutsche Industrie 1917 den so genannten Normenausschuss. Dieser schuf die heute weithin bekannten »Deutschen Industrie-Normen« (DIN), mit denen verbindliche Bestimmungen für Werkstoffe, Bauteile und Maßeinheiten erlassen wurden.

Diesem Vorbild folgten auch die deutschen Lokomotivfabriken. Sie riefen Anfang 1918 den »Allgemeinen Lokomotiv-Normen-Ausschusses« (ALNA) ins Leben, der aber erst am 13. Dezember 1918 zu seiner ersten Sitzung zusammentrat und den Direktor der Hannoverschen Maschinenbauu-AG (Hanomag), Erich Metzeltin (1871–1948) zu einem Vorsitzenden berief. Im ALNA saßen aber nicht nur Mitarbeiter aus den Konstruktionsbüros der Hersteller, sondern auch Ingenieure der Länderbahnen und Vertreter einiger wichtiger Privatbahnen. Der ALNA berief 1919 einen »Engeren Lokomotiv-Normen-Ausschusses« (ELNA), der u.a. mit der Ausarbeitung eines Typenprogramms für die spätere Deutschen Reichsbahn, für Werkloks sowie für die deutschen Klein- und Privatbahnen beauftragt wurde.

Die Federführung für die zuletzt genannten Maschinen lag bei Erich Metzeltin und Max Semke, dem technischen Direktor der Firma Lenz & Co. (siehe S. 36 f.), die der größte Betreiber von Kleinbahnen in Deutschland war. Doch bevor die Entwicklung der neuen Typen begann, erkundigte sich eine Arbeitsgruppe des Ausschusses bei den Bahngesellschaften nach deren Anforderungen. Erst nach der Auswertung der Fragebögen stellte die eigens dafür eingesetzte Arbeitsgruppe, zu der Konstrukteure der Hanomag, der Berliner Maschinenbau-AG, vormals Louis Schwartzkopff (BMAG), der Stettiner Maschinenbau AG (Vulcan) und der Friedrich Krupp AG gehörten, den ersten Typenplan auf, der im Sommer 1921 vorgestellt wurde. Doch die Entwürfe waren aufgrund der fehlenden Überhitzer nicht mehr zeitgemäß. Erst der wenige Monate später vorgelegte zweite Typenplan überzeugte den Ausschuss. Das Baukastensystem sah drei Grundmodelle mit den Achsfolgen C, 1´C und D vor. Die Maschinen konnten mit zwei verschiedenen Achslasten und bis auf eine Ausnahme mit zwei Raddurchmessern jeweils als Nass- oder Heißdampflok gebaut werden. Dadurch waren insgesamt 16 Varianten möglich, für die aber lediglich vier verschiedene Kessel, drei Radsätze und sechs Zylinder entwickelt werden mussten. Typisch für die so genannten ELNA-Lokomotiven war der zwischen den Rahmenwangen eingehängte Wasserkasten. Dadurch konnten die sonst üblichen Wasserkästen links und rechts

◆ Für den Einsatz auf der ehemaligen Görlitzer Kreisbahn waren einige ELNA-Loks mit einer Riggenbach-Gegendruckbremse ausgerüstet. Foto: Slg. K.-J. Kühne

◆ Von den Dh2t-Maschinen des ELNA-Typs 6 wurden die meisten Exemplare gebaut. 92 6484 wurde erst 1970 ausgemustert. Foto: Slg. K.-J. Kühne

◆ *91 6495 war eine Vertreterin des ELNA-Typs 5 H. Die Maschine schied 1968 aus dem Betriebsdienst aus. Foto: Slg. D. Endisch*

neben dem Kessel entfallen, was Arbeiten am Dampferzeuger vereinfachte. Bereits 1922 beschaffte die Firma Lenz & Co. für die von ihr betriebene Halle-Hettstedter Eisenbahn (HHE) die ersten vier ELNA-Maschinen. Die Dampflokomotiven überzeugten durch ihre Leistung und Zugkraft. Auch in der Instandhaltung waren sie deutlich kostengünstiger. Doch ein wirtschaftlicher Erfolg für die Hersteller wurden die ELNA-Lokomotiven nicht, da sie zu teuer waren. Nur große bzw. wirtschaftlich starke Unternehmen konnten sich die neuen Fahrzeuge aus der ELNA-Reihe leisten, so dass Ende 1930 lediglich rund 80 Stück im Einsatz waren. Gleichwohl wurden bis 1946 insgesamt 213 Maschinen gefertigt, von denen

nach dem Zweiten Weltkrieg 69 in Frankreich verblieben. Die Klein- und Privatbahnen in der Bundesrepublik konnten erst in den 1960er-Jahren die ELNA-Maschinen schrittweise durch moderne Dieselloks ersetzten. Anfang der 1970er-Jahre hatten die letzten von ihnen ausgedient. Die Deutsche Reichsbahn (DR) in der DDR übernahm 1949 von den enteigneten Klein- und Privtbahnen rund 70 Exemplare, von denen die letzten 1972 ausgemustert wurden. Als Museumsstücke blieb jeweils eine ELNA-Maschine in den Eisenbahn-Museem Bochum-Dahlhausen und Darmstadt-Kranichstein sowie bei der Dampfbahn Fränkische Schweiz in Ebermannstadt erhalten.

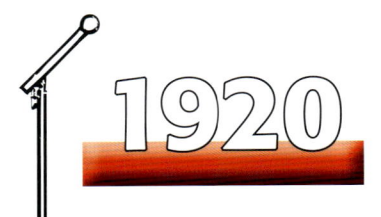

Gründung der Reichseisenbahnen

Die Schaffung der Deutsche Reichsbahn war ein Ergebnis des Ersten Weltkrieges und eine Folge des 1918 untergegangenen Kaiserreichs. Bis 1920 besaß das Deutsche Reich keine eigene Staatsbahn. Nach der Proklamation des preußischen Königs Wilhelm I. (1797–1888) zum deutschen Kaiser im Spiegelsaal von Versailles am 18. Januar 1871 bemühte sich Reichskanzler Otto von Bismarck (1815–1898) u.a. um die Gründung einer einheitlichen deutschen Staatsbahn. Diese Idee basierte in erster Linie auf militär-strategischen Erwägungen. Doch mit seinem Staatsbahn-Gedanken konnte sich der Reichskanzler 1875 nicht durchsetzen. Vor allem die süddeutschen Länder lehnten die Vorschläge Bismarcks kategorisch ab und verteidigten ihre Autonomie in der Eisenbahnfrage. Dennoch verlief die Entwicklung in den einzelnen Bundesstaaten ähnlich. Die Regierungen überließen zunächst privaten Unternehmen den Bau und Betrieb der Strecken. Erst ab 1855 wurden einzelne Länder aktiv. Zu Beginn der 1870er-Jahre setzte sich dann überall der Staatsbahn-Gedanke durch. Die Länder übernahmen nun schrittweise die großen Eisenbahn-Unternehmen und fassten sie in den so genannten Länderbahnen zusammen. Dies war im Großherzogtum Baden, im Königreiche Bayern, im Großherzogtum Mecklenburg-Schwerin, im Großherzogtum Oldenburg, im Königreich Sachsen und im Königreich Württemberg der Fall. Die Staatsbahnen des Königreichs Preußen und des Großherzogtums Hessen bildeten ab 1896 eine Betriebs- und Finanzgemeinschaft. Dank des wirtschaftlichen Aufschwungs Ende des 19. Jahrhunderts und des planmäßigen Ausbaus des Streckennetzes entwickelten sich die Länderbahnen zu profitablen Unternehmen.

Während des Ersten Weltkrieges wendete sich das Blatt: Die ständig steigenden Betriebskosten und die immer höheren Zwangsabgaben an das Reich fraßen die Gewinne und später auch die Rücklagen der Länderbahnen auf. Je länger der Krieg dauerte, desto größer wurden die Verluste. Die Länderbahnen konnten kaum noch in die Instandhaltung ihrer Infrastruktur und Fahrzeuge investieren. Ab 1916 musste sie immer weiter auf Verschleiß fahren. Nach Kriegsende verschärfte sich die Lage noch: Der am 11. November 1918 im Wald von Compiègne unterzeichnete Waffenstillstandsvertrag zwang das Deutsche Reich zur Abgabe von 5.000 Dampfloks und 150.000 Wagen. Mit den Bestimmungen des Versailler Vertrages vom 28. Juni 1919 stiegen die Reparationsleistungen der Länderbahnen auf insgesamt 8.000 Loks, 13.000 Personen- und 280.000 Güterwagen an.

Parallel dazu änderten sich die politischen Verhältnisse im Deutschen Reich grundlegend. Nach dem Rücktritt Kaiser Wilhelms II. (1859–1941) am 9. November 1918 und der Ausrufung der Republik verzichteten auch die anderen deutschen Fürsten auf ihre Herrschaftsansprüche.

◆ *Die Länderbahnen wurden 1920 vom Deutschen Reich übernommen. So wurde aus der preußischen T 13 die Baureihe 92⁵⁻¹⁰. Foto: Slg. K.-J. Kühne*

Die Länderbahnen blieben aber als eigenständige Institutionen erhalten. Erst mit der Verabschiedung der Weimarer Verfassung am 11. August 1919 änderte sich dies, denn der Artikel 89 schrieb vor, dass das Reich die »dem allgemeinen Verkehr dienenden Eisenbahnen« übernehmen und fortan betreiben sollte.

Als erster Schritt dazu wurde am 1. Oktober 1919 das Reichsverkehrsministerium (RVM) gegründet, eine Behörde, die es bis dato nicht gegeben hatte. Dienstsitz des RVM wurde in Berlin das Gebäude des ehemaligen preußischen Ministeriums der öffentlichen Arbeiten (MdöA) in der Wilhelmstraße 79/80. Zum ersten Reichsverkehrsminister wurde der Zentrums-Politiker Johannes Bell (1868–1949) berufen, der umgehend mit den betroffenen Bundesländern verhandelte. Angesichts der desolaten Finanzen der Länderbahnen konnten beide Seiten schnell eine Einigung erzielen. Am 20. April 1920 unterzeichneten die Vertreter des Deutschen Reiches und der acht so genannten Eisenbahnländer den »Staatsvertrag über den Übergang der Staatseisenbahnen auf das Reich«. Dieser trat rückwirkend zum 1. April 1920 in Kraft. Das Deutsche Reich zahlte den Ländern für das insgesamt 53.559 km lange Streckennetz eine Entschädigung in Höhe von 39 Milliarden Mark, die jedoch durch die stetig steigende Inflation recht schnell an Wert verloren.

Die vom Deutschen Reich übernommenen Länderbahnen firmierten ab 8. September 1920 als »Reichseisenbahnen«. Diese verfügten Ende 1920 über rund 33.000 Triebfahrzeuge sowie etwa 64.400 Personen-, 17.200 Pack- und 660.000 Güterwagen. Erst Generalmajor a.D. Wilhelm Groener (1867–1939), der am 25. Juni 1920 die Leitung des RVM übernommen hatte, führte mit Wirkung zum 27. Juni 1921 die Bezeichnung »Deutsche Reichsbahn« ein. Kurze Zeit später schuf der Berliner Grafiker und Architekt Otto Firle (1889–1966) den berühmten Reichsbahn-Adler, mit dem ab 1922 die Fahrzeuge ausgerüstet wurden. Bei den Lokomotiven wurde der Adler jedoch ab 1924 durch den Schriftzug »Deutsche Reichsbahn« ersetzt.

◆ *Die 1923 in Dienst gestellt 95 015 trug einen DRG-Adler. Ab 1924 wurde er durch den berühmten Reichsbahn-Schriftzug ersetzt. Foto: Slg. D. Endisch*

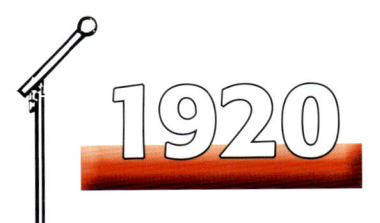

Ablösung des Systems Abt durch die TIERKLASSE

Während des Ersten Weltkrieges stiegen die Beförderungsleistungen auf der als »Harzbahn« bezeichneten Strecke Blankenburg–Tanne deutlich an. Bereits 1916 bilanzierte die Halberstadt-Blankenburger Eisenbahn-Gesellschaft (HBE) die Beförderung von rund 455.000 t Gütern. Ein Jahr später waren es etwa 600.000 t. Damit hatte die kombinierte Adhäsions-Zahnradbahn (siehe S. 38 f.) aber die Grenze ihrer Leistungsfähigkeit erreicht. Die HBE konnte den Betrieb auf der Harzbahn nicht weiter rationalisieren. Zudem wiesen die eingesetzten komplizierten Zahnrad-Dampfloks inzwischen erhebliche Verschleißerscheinungen auf. Dies war eine Folge der seit 1914 mangelhaften Ersatzteilversorgung und fehlender Fachkräfte in der Fahrzeug-Unterhaltung. Die Beschaffung neuer Maschinen für die Steilstrecke war dringend notwendig. Regierungsbaumeister a.D. Otto Steinhoff (1873–1931), der 1916 zum neuen Direktor der HBE berufen wurde, setzte jedoch nicht mehr auf die Zahnrad-Dampfloks, sondern dachte an den Einsatz schwerer Tenderlokomotiven auf der Harzbahn. Im Oktober 1916 beauftragte er die Firma Borsig mit der Konstruktion einer E h2-Tenderlok. Die Ingenieure der Firma Borsig hatten jedoch Bedenken hinsichtlich des einwandfreien Kurvenlaufs, so dass Steinhoff die Bestellung in eine

◆ *Mit den schweren Tenderloks der TIERKLASSE schrieb die HBE 1920 Technikgeschichte. Die MAMMUT blieb als Museumsstück erhalten. Foto: Slg. D. Endisch*

1´E 1´h2-Tendermaschine umwandelte. Bereits am 10. Februar 1917

◆ *Mit einem Reisezug überquerte die MAMMUT am 13. Juni 1932 das 99 m lange und 29,16 m hohe Krockstein-Viadukt. Foto: C. Bellingrodt, Slg. D. Endisch*

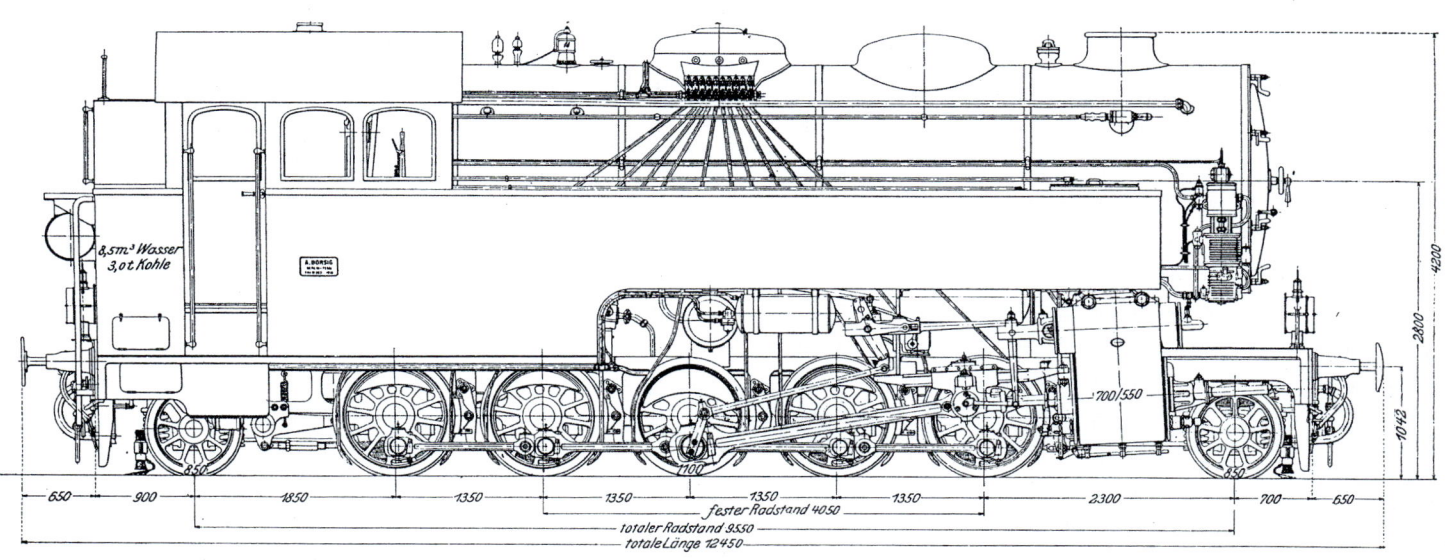

◆ *Nicht nur auf dem Reißbrett waren die 1´E 1´h2-Tenderloks der TIERKLASSE eine imposante Erscheinung. Foto: Slg. D. Endisch*

übergab die Firma Borsig die ersten Entwürfe für die gewünschte Type. Diese war für die Beförderung eines 1.000 t schweren Zuges mit 25 km/h auf einer 10-Promille-Steigung ausgelegt. Damit konnte die 1´E 1´h2t-Maschine theoretisch auch die Zahnradloks auf der Steilstrecke ersetzen. Doch Otto Steinhoff und der Borsig-Chefkonstrukteur August Meister (1873–1939) hatten Zweifel. Bisher hatte es noch kein Unternehmen gewagt, einen Reibungsbetrieb auf Strecken mit einer Steigung bis zu 1 : 16,6 durchzuführen. Je näher der Bau der neuen Maschinen rückte, desto größer wurden die Bedenken bei Steinhoff. Aus diesem Grund ließ der HBE-Direktor mit einigen Maschinen, die eigentlich für den Einsatz im Harzvorland vorgesehen waren, Probefahrten auf der Steilstrecke durchführen. Diese brachten schließlich die Gewissheit, dass es technisch durchaus möglich war, die Zahnradloks durch speziell konstruierte Reibungsmaschinen zu ersetzen. Mit Hochdruck wurde nun die Entwicklung der 1´E 1´h2-Tenderloks vorangetrieben. Ende 1918 waren die konstruktiven Arbeiten beendet. Die Fertigung der beiden bestellten Maschinen verzögerte sich jedoch immer wieder. Erst Anfang 1920 konnte die Montage der ersten Lok abgeschlossen werden. Die als MAMMUT bezeichnete Maschine absolvierte am 4. Februar 1920 ihre Werksprobefahrt, bevor sie am 21. Februar 1920 in Blankenburg (Harz) eintraf. Nach einigen Einweisungsfahrten folgte am 4. und 5. März 1920 die Bewährungsprobe auf der Harzbahn. Trotz dichten Schneetreibens beförderte die MAMMUT einen 240 t schweren Güterzug anstandslos in 16 Minuten vom Bahnhof Blankenburg (Harz) bis zur Spitzkehre Michaelstein. Damit läutete die HBE die Ablösung ihrer Zahnradmaschinen durch schwere

Reibungslokomotiven ein. Bis 1921 stellte die HBE weitere drei 1´E 1´h2-Tenderloks ein, die die Namen, WISENT, BÜFFEL und ELCH erhielten.

Abermals hatte die HBE einen Meilenstein in der Technikgeschichte gesetzt und in der Fachwelt für Aufsehen gesorgt. Nach Abschluss der umfangreichen Versuchsfahrten des Eisenbahn-Zentralamtes (EZA) mit der ELCH wurde 1924 auch die Eisenbahn-Bau- und Betriebsordnung (EBO; siehe S. 50) geändert. Die bisher zulässige Maximalsteigung für Strecken mit reinem Reibungsbetrieb wurden von 40 auf 70 Promille anhoben. In der Folgezeit stellten die Deutsche Reichsbahn-Gesellschaft (DRG) und andere Privatbahnen, wo immer es möglich war, ihre Gebirgsbahnen von aufwändigen Zahnrad- auf den kostengünstigeren Adhäsionsbetrieb um. Nach Auswertung der ersten Erfahrungen im Betrieb beschaffte die HBE in den 1920er- und 1930er-Jahren weitere spezielle Reibungslokomotiven, die gemeinsam mit den vier 1´E 1´h2t-Maschinen der TIERKLASSE die Personen- und Güterzüge auf der Harzbahn bespannten.

Erst mit der Elektrifizierung der Strecke Blankenburg–Rübeland–Königshütte zwischen 1963 bis 1965 zeichnete sich das Ende der TIERKLASSE ab, die die Deutsche Reichsbahn (DR) 1949 übernommen und als Baureihe 95.66 bezeichnet hatte. Nach der Aufnahme der elektrischen Zugförderung im Dezember 1965 stellte die DR die imposanten Tenderloks ab und musterte sie aus. Lediglich der 95 6676 (ex MAMMUT) blieb der Weg zum Schrottplatz erspart. Die DR übergab das technikgeschichtlich wertvolle Fahrzeug 1972 dem Verkehrsmuseum Dresden. Seit 1997 wird die Maschine vom »Förderverein Rübelandbahn e.V.« betreut.

Der große Eisenbahnerstreik

Im Februar 1922 kam der Verkehr bei der Deutschen Reichsbahn vielerorts zum Erliegen, da die Eisenbahner die Arbeit niedergelegt hatten. Auslöser dafür waren neue Arbeitszeitbestimmungen und der in diesem Zusammenhang geplante Personalabbau.

Anfang der 1920er-Jahre befand sich die Reichsbahn in einer ernsten finanziellen Situation. Mit der Auflösung des deutschen Heeres stieg der Personalbestand der Reichsbahn binnen weniger Monate erheblich an, da das Unternehmen die aus dem Felde zurückkehrenden Eisenbahner wieder einstellen musste. Die zwischen 1914 und 1918 verpflichteten Beschäftigten durften jedoch nicht entlassen werden. Daher standen 1921 fast 1,1 Millionen Männer und Frauen auf den

◆ *Schlosser des Bw Aschersleben versammelten sich 1922 vor der fabrikneuen Tenderlok HALLE 8157 (ab 1925: 94 904). Foto: Slg. D. Endisch*

Gehaltslisten der Reichsbahn. Aber auf die Dauer war dieser Zustand nicht haltbar. Seit dem Sommer 1921 begann das RVM daher, per Erlass die zulässige Wochenarbeitszeit von 48 auf 60 Stunden zu erhöhen. Im November 1921 folgten neue Dienstdauer-Vorschriften, die eine weitere Verringerung des Personalbestandes ermöglichten. Kurzfristig wollte das RVM so bis März 1922 allein rund 20.000 Lokführer-Planstellen einsparen. Bis 1924 war der Abbau von etwa 200.000 Arbeitsplätzen geplant.

Doch dies stieß bei den Eisenbahnern auf starken Widerstand. Bereits 1921 kam es zu ersten Arbeitsniederlegungen, die im so genannten Silvesterstreik gipfelten, bei dem die Beschäftigten einen Inflationsausgleich forderten. Daraufhin verbot Verkehrsminister Generalmajor a.D. Wilhelm Groener (1867–1939) per Erlass Arbeitsniederlegungen, was den Konflikt jedoch verschärfte. Die Reichsgewerkschaft deutscher Eisenbahnbeamter und Anwärter (RG) forderte nun die Aufhebung der neuen Dienstdauer-Vorschriften. Da das RVM auf die Forderungen der RG nicht einging, legten am 1. Februar 1922 rund 200.000 Eisenbahner die Arbeit nieder. Nur kurze Zeit später hatten sich fast 800.000 Männer und Frauen der Streikbewegung angeschlossen, deren Zentren Berlin

und Mitteldeutschland waren. Erst nach dem die Reichsbahn und die Reichsregierung Zugeständnisse gemacht hatten, wurde der Streik am 11. Februar 1922 offiziell beendet. In einigen Regionen dauerte der Arbeitskampf aber noch an. In Hamburg kam es bis März 1922 immer wieder zu Arbeitsniederlegungen. In Kaiserslautern zog sich der Konflikt sogar bis Oktober 1922 hin.

Aber der Streik hatte gravierende Folgen für die Eisenbahner: Vielerorts wurden Streikführer entlassen. Beschäftigte, die sich an dem Ausstand beteiligt hatten, wurde ein Teil der Dienstbezüge gestrichen. Strafversetzungen und Beförderungssperren waren weitere Disziplinarmaßnahmen. Darüber hinaus setzte die Reichsbahn mit Unterstützung der Reichsregierung ihre Pläne zum Personalabbau rigoros durch: Mit Hilfe einer Notverordnung des Reichspräsidenten Friedrich Ebert (1871–1925) vom 27. Oktober 1923 entließ die Reichsbahn bis Ende 1924 fast 240.000 Beschäftigte. Außerdem wurde das generelle Streikverbot für Beamte erlassen, das bis heute gilt.

Gründung der Deutschen Lokomotivbauvereinigung

Anfang der 1920er-Jahre erlebte die Lokomotiv-Industrie in Deutschland eine Blüte. Die Reparationsforderungen der Siegermächte des Ersten Weltkrieges hatten erhebliche Lücken in den Fahrzeugpark der Länderbahnen bzw. der Deutschen Reichsbahn gerissen. Diese mussten nun geschlossen werden. Außerdem galt es einen Großauftrag für die Sowjetunion, die 7000 Güterzugloks bestellt hatte, zu erfüllen. Die Folge: Die Auftragsbücher der Hersteller waren gut gefüllt. So gut, dass sogar große Rüstungskonzerne in die Lokomotivproduktion einstiegen, um damit ihre Kapazitäten auszulasten. Den Auftakt machte 1919 die Friedrich Krupp AG. Ihr folgten 1920 die Rheinische Metallwaren- und Maschinenfabrik AG Düsseldorf (Rheinmetall) und 1921 die Allgemeine Elektrizitäts-Gesellschaft (AEG). 1921 hatte die Schienenfahrzeug-Industrie Hochkonjunktur – allein über 2.200 Lokomotiven nahm die Reichsbahn ab.

Doch einigen Geschäftsführern war klar, dass dieser Zustand schon bald ein Ende haben würde. Irgendwann hatte die Reichsbahn ihren Bedarf gedeckt, zumal sie mittelfristig nur noch die neuen, genormten Einheitslokomotiven (siehe S. 74 f.) beschaffen wollte. Daher galt es, einen ruinösen Wettbewerb auf dem deutschen Markt zu verhindern. Aus diesem Grund schlossen sich nahezu alle Hersteller 1922 in der »Deutschen Lokomotivbauvereinigung« (LV) zusammen. Lediglich die AEG, Krupp, Rheinmetall und Schichau traten der LV nicht bei. Die in der LV organisierten Unternehmen teilten sich hingegen die Aufträge entsprechend der Werksgröße untereinander auf. Diese Entscheidung erwies sich

als richtig, denn mit der Gründung der Deutschen Reichsbahn-Gesellschaft (DRG) 1924 brach das Auftragsvolumen förmlich zusammen.

Zwar versuchten einzelne Hersteller, ihre Kapazitäten durch Exportaufträge auszulasten, doch dies gelang nur in den seltensten Fällen. Bereits 1926 gab Rheinmetall die Lokfertigung wieder auf. 1927 wurde die LV in die »Deutsche Lokomotivbau-Vereinigung« (DLV) umgewandelt, der nun alle Hersteller angehörten. Die DLV betrieb gemeinsam mit der DRG das so genannte Vereinheitlichungsbüro (VB), das für die Entwicklung der neuen Einheitsloks verantwortlich war. Die DLV regulierte die Verteilung der DRG-Aufträge ebenfalls über ein Quotensystem, von dem besonders Henschel & Sohn und die Berliner Maschinenbau-AG (BMAG), vormals Louis Schwartzkopff, profitierten. Zwar funktionierte die Vergabepraxis des DLV, die Existenz aller deutschen Hersteller konnte aber nicht gesichert werden. Bereits 1928 setzte ein Konzentrationsprozess ein, der zunächst die kleinen Hersteller zur Aufgabe zwang. Während der Weltwirtschaftskrise mussten aber auch renommierte Unternehmen wie z.B. Borsig und Maffei aufgeben. Erst 1932 hatte sich die Lage konsolidiert. Innerhalb von nur vier Jahren hatten 13 Unternehmen den Lokbau eingestellt und 29.000 Beschäftigte ihre Arbeit verloren. Zur DLV gehörten jetzt nur noch die AEG, die BMAG, die Maschinenfabrik Esslingen, Henschel & Sohn, Krauss-Maffei, Krupp und Schichau. Marktführer war die Firma Henschel & Sohn, auf die 39,21 % der DRG-Aufträge entfiel.

◆ *Die Fa. Schichau, die 1922 die spätere 38 3992 ablieferte, trat erst 1927 der Deutschen Lokomotivbau-Vereinigung bei. Foto: Slg. Koppisch, Archiv transpress*

Gründung der Deutschen Reichsbahn-Gesellschaft (DRG)

Anfang der 1920er-Jahre versank die Weimarer Republik im wirtschaftlichen und politischen Chaos. Zunächst versuchten die Putschisten um den ostpreußischen Generallandschaftsdirektor Wolfgang Kapp (1858–1922) und den Generalleutnant Walther von Lüttwitz (1859–1942) am 13. März 1920 die gewählte

termingerecht erfüllte, besetzten am 11. Januar 1923 belgische und französische Truppen das Ruhrgebiet. Daraufhin begann am 19. Januar 1923 der so genannte passive Widerstand, bei dem u.a. die Eisenbahner in den Ausstand traten. Die Besatzungstruppen griffen hart durch: Über 25.000 Eisenbahner wurden ausgewiesen. Bereits

◆ *Im Sommer 1926 verließ die fabrikneue 01 004 mit dem Schnellzug D 4 Hagen Hbf. Foto: C. Bellingrodt, Slg. H.-G. Kleine, Archiv transpress*

Regierung zu stürzen und durch eine Militärdiktatur zu ersetzen. Der so genannte Kapp-Lüttwitz-Putsch brach aber nach einem Generalstreik nur wenige Tage später zusammen. Linke Radikale destabilisierten das Deutsche Reich u.a. durch die so genannten Märzkämpfe in Mitteldeutschland (21.03–01.04.1921) und den Hamburger Aufstand (23.0–25.10.1923). Die größte Hypothek für die junge Republik waren jedoch die Bestimmungen des Versailler Vertrages, der u.a. die Zahlung von Reparationen in Höhe von 132 Milliarden Goldmark bis 1951 und die Ablieferung von 400 Millionen t Steinkohle binnen zehn Jahren verlangten. Nachdem das Deutsche Reich seine Verpflichtungen nicht mehr

am 1. März 1923 wurde die »Regiebahn« gegründet, die unter Aufsicht der Belgier und Franzosen den Betrieb abwickelte. Der deutsche Widerstand blieb erfolglos und musste am 26. September 1923 abgebrochen werden. Die Inflation erreichte bis zum Herbst 1923 schwindelerregende Höhen. Erst mit der Einführung der Rentenmark am 15. November 1923 normalisierten sich die Verhältnisse langsam wieder. Zeitgleich strich die Reichsregierung der Deutschen Reichsbahn sämtliche Zuschüsse und löste sie aus dem Etat des Reichsverkehrsministeriums heraus. Mit Hilfe einer Notverordnung des Reichspräsidenten Friedrich Ebert (1871–1925) vom 12. Februar 1924 wurde die Reichsbahn in ein »selbstständiges,

◆ *Aufgrund ihrer knappen Finanzen konnte die DRG nur wenige Einheitsloks beschaffen. 62 004 wurde erst 1931 gekauft. Foto: C. Bellingrodt, Slg. K.-J. Kühne*

eine juristische Person darstellendes Unternehmen« umgewandelt, das »die im Eigentum des Reiches stehenden Eisenbahnen betreibt und verwaltet«.

Doch zu diesem Zeitpunkt war die Deutsche Reichsbahn bereits in das Blickfeld der internationalen Politik geraten. Vor allem die US-amerikanische Regierung drängte auf eine langfristige und sichere Regelung der Reparationsfrage. Die dazu einberufene Sachverständigen-Konferenz (14.01.–09.04.1924) erarbeite den nach dem US-amerikanischen Rechtsanwalt und Politiker Charles Gates Dawes (1865–1951) benannten Zahlungsplan. Dawes wusste, dass die deutschen Länderbahnen vor dem Ersten Weltkrieg hochprofitable Unternehmen waren. Er schlug daher vor, den Betrieb auf den Strecken der Deutschen Reichsbahn einer Kapitalgesellschaft zu übergeben. Deren Gewinne sollten dann bis zu 40 % der jährlich von Deutschland zu leistenden Reparationszahlungen ausmachen. Die alliierten Siegermächte stimmten auf ihrer Londoner Konferenz (16.07.–16.08.1924) den Bestimmungen das Dawes-Plans zu. In Deutschland sorgte das Vorhaben hingegen für neue innenpolitische Auseinandersetzungen. Erst nach kontrovers geführten Diskussionen stimmte der Reichstag am 29. August 1924 dem Dawes-Plan zu. Einen Tag später wurde das so genannte Reichsbahngesetz beschlossen, das die Grundlage für die Übernahme des Betriebes durch die Deutsche Reichsbahn-Gesellschaft (DRG) am 11. Oktober 1924 bildete. Die DRG wurde nun von der Reichsregierung verpfändet.

Bereits im ersten Geschäftjahr 1924/25 musste die DRG 330 Millionen Reichsmark (RM) auf das Reparationskonto bei der »Bank für Internationalen Zahlungsausgleich« in Basel überweisen. Diese Summe stieg bis 1927/28 auf 660 Millionen Mark an. Erst 1966 sollten die Reparationszahlungen auslaufen.

Geleitet wurde die DRG von einer Hauptverwaltung, der ein Generaldirektor vorstand. Diese Aufgabe übernahm zunächst Rudolf Oeser (1858–1926). Nach dessen Tod wurde Julius Dorpmüller (1869–1945) zum Generaldirektor der DRG berufen.

Bis 1929 kam die DRG ihren Zahlungsverpflichtungen pünktlich nach. Doch mit der einsetzenden Weltwirtschaftskrise brachen die Einnahmen und damit auch die Überschüsse der DRG zusammen. Wies der Geschäftsbericht der DRG für 1929 noch Einnahmen in Höhe von 5,19 Milliarden RM aus, so waren es 1932 nur noch 2,93 Milliarden RM.

Aus diesem Grund musste bereits 1930 auf der 2. Haager Konferenz (03.–20.01.1930) ein neuer Zahlungsplan erarbeitet werden. Der Young-Plan, benannt nach dem Präsidenten der Sachverständigenkommission Owen P. Young (1874–1962), sah die Umwandlung der Zahlungsverpflichtungen der DRG in eine so genannte Reparationssteuer vor. Doch auch diese Regelung hatte für die wirtschaftlich angeschlagene DRG kaum noch Folgen, da sie die Zahlungen am 1. Juli 1931 einstellte. Die Auflösung der DRG erfolgte formal juristisch schließlich 1937 (siehe S. 95).

Aufnahme des elektrischen Betriebes bei der Berliner S-Bahn

Die Berliner S-Bahn umfasst heute ein Streckennetz von rund 331,5 km mit 166 Stationen. Sie war die erste Stadtschnellbahn, die als »S-Bahn« bezeichnet wurde. Die S-Bahn ist das Rückgrat im Nahverkehr der deutschen Hauptstadt.

Die Anfänge der S-Bahn reichen zurück bis in das Jahr 1871. Die Hauptstrecken verließen Berlin strahlenförmig. Diese wurden schrittweise durch die Ringbahn verbunden, die schrittweise auch von Vorortzügen genutzt wurden. 1882 wurde der Vorortverkehr auf der rund 12 km langen Stammstrecke Schlesischer Bahnhof (heute Ostbahnhof)–Charlottenburg der Stadtbahn aufgenommen. Mit dem Anwachsen der Bevölkerung in Berlin stieg auch die Zahl der Reisenden im Vorortverkehr immer weiter an. Bereits 1891 trennte die Preußische Staatsbahn zwischen Berlin Potsdamer Bahnhof und Zehlendorf die Gleise für den Vorortverkehr von denen des Fernverkehrs. Zwischen 1881 und 1894 entstanden auch auf der Ringbahn separate Trassen für den Vorortverkehr. Bereits Ende des

19. Jahrhunderts zeigte sich, dass die im Vorortverkehr eingesetzten Dampfloks auf die Dauer den stetig steigenden Anforderung im Berliner Nahverkehr nicht gewachsen waren.

Die Preußische Staatsbahn suchte nun nach Alternativen. Im Hinblick auf die positiven Erfahrungen, die man in Berlin bereits 1881 mit der ersten elektrischen Straßenbahn in Groß-Lichterfelde und ab 1902 mit der elektrischen Hoch- und Untergrundbahn machte, fiel schließlich die Entscheidung, auch die Berliner Vorortstrecken elektrisch zu betreiben. Offen waren jedoch noch das Stromsystem und die Art der Stromzuführung.

Die Firma Siemens & Halske erprobte ab 1. August 1900 auf dem Abschnitt Berlin-Wannsee–Zehlendorf einen elektrischen Vorortbetrieb mit 750 V Gleichstrom. Der Strom wurde mit Hilfe einer seitlichen Stromschiene zugeführt. Dieser Probebetrieb endete am 1. Juli 1902.

Ein knappes Jahr später, am 4. Juni 1903, begann der elektrische

◆ *Ein S-Bahn-Zug der Versuchsbauart E aus dem Jahr 1922, der mit einer Willison-Kupplung ausgerüstet ist. Foto: Werkfoto Siemens*

◆ *Der Prototyp des Stadtbahnwagens der späteren Baureihe ET 165 am 14. März 1928 auf dem Werksgelände in Berlin-Schöneweide. Foto: Werkfoto Siemens*

Betrieb auf der 9,3 km langen Versuchsstrecke Berlin Potsdamer Bahnhof–Groß-Lichterfelde Ost. Auch hier gab es eine seitliche Stromschiene. Die Spannung betrug jedoch nur 550 V Gleichstrom. Danach nahm die Preußische Staatsbahn die 4,1 km lange Teststrecke Niederschöneweide-Johannisthal–Spindlersfeld in Betrieb. Diese war mit einer herkömmlichen Oberleitung ausgerüstet. Die Fahrzeuge wurden mit 6 kV bei 25 Hz betrieben.

Nach Auswertung der Versuchsbetriebe entschied sich die Preußische Staatsbahn 1911, das über 425 km lange Streckennetz der Berliner Stadt-, Ring- und Vorortbahnen zu elektrifizieren. Der preußische Landtag bewilligte dazu am 22. März 1912 die notwendigen Mittel in Höhe von 50 Millionen Mark. 1913 wurden noch einmal 25 Millionen Mark zur Verfügung gestellt. Etwa zeitgleich entschied sich die Preußische Staatbahn für die Anwendung des Einphasenwechselstroms mit 15 kV bei 16 2/3 Hz für das Berliner Streckennetz. Doch mit dem Beginn des Ersten Weltkrieges mussten die ehrgeizigen Pläne zu den Akten gelegt werden. Erst die Deutsche Reichsbahn griff die Vorarbeiten 1921 wieder auf. Doch für die geplante Elektrifizierung kam nicht mehr der Einphasenwechselstrom mit 15 kV bei 16 2/3 Hz in Betracht. Im Hinblick auf die guten Erfahrungen, die die Berliner U-Bahn mit dem Gleichstromsystem

gemacht hatte, und dem mehrjährigen problemlosen Betrieb auf der Versuchsstrecke Berlin Potsdamer Bahnhof–Groß-Lichterfelde Ost, der erst 1929 endete, entschied sich die Reichsbahn für 750 V Gleichstrom und eine seitliche, von unten bestrichene Stromschiene. Nach Abschluss der Vorarbeiten begannen die Bauarbeiten zunächst an der 22,7 km langen Strecke Stettiner Vorortbahnhof–Bernau, die am 8. August 1924 ihrer Bestimmung übergeben wurde. Bis Ende 1925 wurde abschnittsweise die Strecke Gesundbrunnen–Oranienburg auf 750 V Gleichstrom-Betrieb umgestellt. Nach Auswertung der ersten Betriebserfahrungen beschloss der Verwaltungsrat der Deutschen Reichsbahn-Gesellschaft 1926 die »Große Elektrisierung«, die insgesamt 235 km der Berliner Stadt-, Ring- und Vorortbahnen betraf. Die Kosten dafür wurden aus 143 Millionen Reichsmark veranschlagt. Bis 1928 wurden die Stadtbahn und der Südring elektrifiziert. Ein Jahr später, am 15. Mai 1929, hatten die Dampfloks auf der Stadt- und Ringbahn endgültig ausgedient. Bereits 1928 tauchte erstmals der Begriff »Stadtschnellbahn« auf. Erst am 1. Dezember 1930 wurden die Berliner Stadt-, Ring- und Vorortbahnen unter dem Namen »S-Bahn« zusammengefasst. Mit der Eröffnung des Abschnitts Kaulsdorf–Mahlsdorf am 15. Dezember 1930 war die »Große Elektrisierung« beendet.

Inkrafttreten des endgültigen Umzeichnungsplanes der DRG

Bis zur Gründung der Reichseisenbahnen am 1. April 1920 (siehe S. 62 f.) war die Eisenbahn in Deutschland Sache der Länder. Die Staatsbahnen von Baden, Bayern, Mecklenburg-Schwerin, Oldenburg, Preußen, Sachsen und Württemberg besaßen nicht nur alle eigene Vorstellungen hinsichtlich Technik und Konstruktion ihrer Fahrzeuge, sondern alle auch ein eigenes Bezeichnungssystem. Als das Deutsche Reich die Länderbahnen übernahm, galt es zunächst einmal Ordnung in die rund 400 verschiedenen Typen zu bringen. Erst im Herbst 1925 legte die Deutsche Reichsbahn-Gesellschaft (DRG) den so genannten endgültigen Umzeichnungsplan vor, mit dem sie ein einfaches aber logisches Schema für die Einteilung ihrer Triebfahrzeuge geschaffen hatte, dessen Grundsätze die Deutsche Bahn AG (DB AG) bis heute nutzt.

Ihre Dampflokomotiven teilte die DRG in Baureihen (BR) ein – von 01 bis 99. Schnellzugloks wurden als Baureihen 01–19, Personenzugloks als Baureihen 20–39, Güterzugloks als Baureihen 40–59, Schnellzugtenderloks als Baureihen 60–61, Personenzugtenderloks als Baureihen 62–79, Güterzugloks als Baureihen 80–96, Zahnradloks als Baureihe 97, Lokalbahnloks als Baureihe 98 und Schmalspurloks als Baureihe 99 bezeichnet. Innerhalb dieser einzelnen Baureihen bzw. Bauartgruppen wurden die Typen nach der Achsfolge sortiert. Innerhalb der

einzelnen Bauartgruppen hielt die DRG die erste Dekade immer für die geplanten neuen Einheitsmaschinen (siehe S. 74 f.) frei. Allerdings wurde später von dieser Regelung teilweise abgewichen. Die Baureihen-Nr. war in vielen Fällen nur eine grobe Einteilung. Die bis zu vier Stellen umfassende Ordnungs-Nr. nutzte die DRG zu einer weiteren Gliederung in Unterbaureihen. So wurde aus der ehemaligen 2′C-Maschine der sächsischen Gattung XII H2 die Baureihe 38.2–3. Die preußische P 8, die die gleiche Achsfolge wie die sächsische XII H2 besaß, bezeichnete die DRG fortan als Baureihe 38.10–40.

Eine Sonderrolle nahmen die Schmalspurloks ein. Innerhalb der Baureihe 99 ordnete die DRG die einzelnen Typen zunächst nach der Spurweite und innerhalb der einzelnen Spurweiten-Gruppen dann nach Achsfolgen.

Nach dem Zweiten Weltkrieg setzten die Deutsche Bundesbahn (DB) und die Deutsche Reichsbahn (DR) in der DDR das Nummernsystem der DRG fort. Erst mit dem Einzug moderner Datenverarbeitung bei beiden deutschen Staatsbahnen Ende der 1960er-Jahre und der damit verbundenen notwendigen Einführung EDV-gerechter Betriebs-Nr. gingen beide Staatsbahnen getrennte Wege. Bei der DB galt ab 1. Januar 1968 einen neues Nummernsystem.

Die Bundesbahn führte nun dreistellige Baureihen- und dreistellige Ordnungs-Nr. ein, ergänzt durch eine siebente Kontrollziffer hinter einem Strich.

◆ *Hinter der 94 239 verbarg sich eine ehemalige preußische T 16. Die Lok wurde 1933 in Rothenburgsort ausgemustert. Foto: Slg. K.-J. Kühne*

Mit der Kontrollziffer konnten Schreib- oder Tippfehler erkannt werden. Bei den Dampflokomotiven wurde der alten Baureihen-Nr. eine 0 vorangestellt und von der vierstelligen Ordnungs-Nr. die erste Ziffer gestrichen. Allerdings schuf die DB auch die neue Baureihen 011 (Baureihe 01.10 mit Kohlefeuerung), 012 (Baureihe 01.10 mit Ölhauptfeuerung), 042 (Baureihe 41 mit Ölhauptfeuerung), 043 (Baureihe 44 mit Ölhauptfeuerung), 051 (ex 50 1001–1999), 052 (ex 50 2001–2999) und 053 (ex 50 3001–3171). Die Kontrollziffer wurde nach einer vorgeschriebenen Berechnung ermittelt. Unter die Lok-Nr. schrieb man die Ziffern 121212, mit der dann die untereinander stehenden Zahlen multipliziert wurden. Von den Produkten wurde die Quersumme errechnet. Die Differenz zwischen der Quersumme und der nächsten Zehnerzahl ergab schließlich die Kontrollziffer.

Die DR führte für ihre Triebfahrzeuge am 1. Juni 1970 neue EDV-gerechte Betriebs-Nr. ein. Für ihre Dampflokomotiven behielt sie die zweistellige Baureihen-Nr. bei, führte dafür jedoch generell vierstellige Ordnungs-Nr. ein. Die Fahrzeuge der modernen Traktion wurden hingegen alle mit dreistelligen Baureihen- und Ordnungs-Nr.

ausgerüstet. Die Kontrollziffer errechnete die DR analog der DB. Die neue vierstellige Ordnungs-Nr. bei den Dampfloks nutzte die DR, um die Feuerungsart zu kennzeichnen. Kohlegefeuerte Dampfloks besaßen nun die Ordnungs-Nr. 1001 bis 8999. Loks mit ehemals dreistelligen Ordnungs-Nr. erhielten oft nur eine 1 vorangestellt. Dampfloks mit einer Ölhauptfeuerung wurden mit einer 0 als erste Ziffer versehen. Kohlenstaub-Maschinen erhielten hingegen eine 9000er-Nr. Um Verwechselungen mit Diesel- oder Elektroloks zu vermeiden, führte die DR bei den Dampfloks die Baureihen 02 (ex Baureihe 18), 04 (ex Baureihe 19), 35 (ex Baureihe 23.10), 37 (ex Baureihe 24) und 39 (ex Baureihe 22) ein.

Nach der deutschen Wiedervereinigung und der notwendigen Zusammenführung von DB und DR stand auch die Schaffung eines einheitlichen Bezeichnungsschemas für beide deutschen Staatsbahnen zur Diskussion. Dabei wurde im Wesentlichen das System der DB übernommen. Der gesamte Fahrzeugpark der DR wurde mit Wirkung zum 1. Januar 1992 entsprechend umgezeichnet.

◆ *Bei der 94 2003, hier 1934 im Bahnhof Klingenthal, handelte es sich um eine ehemalige sächsische XI HT. Foto: W. Hubert, Slg. K.-J. Kühne*

1925

Indienststellung der ersten Einheitsdampflok

Bis heute sind die großen Windleitbleche das Markenzeichen der Einheitslokomotiven der Deutschen Reichsbahn-Gesellschaft (DRG). Doch es vergingen Jahre, bevor die DRG ihre erste Einheitsdampflok in Dienst stellen konnte. Bereits am 28. Januar 1921 beschloss das Reichsverkehrsministerium (RVM), für die Entwicklung neuer Typen einen Fachausschuss zu gründen.

Ab 1. April 1920 leitete der die Lokomotiv-Versuchsabteilung (LVA) Grunewald (siehe S. 98 f.), bevor er am 1. Oktober 1922 in das Eisenbahn-Zentralamt (EZA) versetzt wurde und dort ab 1. April 1923 als Bauart-Dezernent fungierte. Wagner hatte klare Vorstellungen hinsichtlich der Konstruktion moderner Dampfloks. Dazu gehörten u.a. die Verwendung von Barrenrahmen und Zweizylinder-Triebwerken. Die Kessel sollten lange Heiz- und Rauchrohre zur optimalen Ausnutzung der Rauchgaswärme, und einen weiten Schornstein mit tiefem Blasrohr besitzen. Dies ermöglichte einen geringen Gegendruck in den Zylindern. Damit stand Richard Paul Wagner in der Tradition des preußischen Lokomotivbaus mit seinen einfachen und robusten Maschinen.

◆ Von der Baureihe 02 beschaffte die DRG nur zehn Exemplare. 02 008 wurde 1942 zur 01 240 umgebaut. Foto: C. Bellingrodt, Slg. K.-J. Kühne

Dieser »Engere Ausschuß für Lokomotiven zur Vereinheitlichung der Lokomotiven« – später kurz Lokausschuss genannt – trat am 18. Mai 1921 zu seiner ersten Sitzung zusammen. Auf der zweiten Ausschusssitzung wurden bereits erste Grundsatzentscheidungen zu den neuen Einheitsloks gefasst. Diese Maschinen sollten strikt normiert und typisiert sein. Damit sollten die Entwicklungs- und Beschaffungskosten verringert werden. Außerdem war die Vereinheitlichung der Baugruppen Vorraussetzung für eine Senkung der Betriebs- und Instandhaltungskosten. Nur wenige Monate später, am 10. Mai 1922, diskutierte der Lokausschuss bereits die ersten von den Konstruktionsbüros der Firmen Henschel & Sohn und Borsig vorgelegten Entwürfe. Maßgeblichen Einfluss auf die Gestaltung der Einheitslokomotiven übte ab Herbst 1922 Richard Paul Wagner (1882–1953) aus. Wagner hatte an der Technischen Hochschule Charlottenburg Maschinenbau und Eisenbahnwesen studiert.

Süddeutschen Konstruktions-Philosophien und hier besonders dem Vierzylinder-Verbundtriebwerk stand Wagner ablehnend gegenüber. In der Zwischenzeit nahm der erste Typenplan für die neuen Einheitsloks langsam Gestalt an. Die konstruktiven Arbeiten übernahm dabei das 1922 gegründete und von August Meister (1873–1939) geleitete Vereinheitlichungsbüro (VB), für das alle deutschen Lokomotivfabriken ihre besten Ingenieure zur Verfügung stellten. Oberste Priorität besaß zunächst die Entwicklung einer schweren 2'C1'-Schnellzuglok, die zur Ursprungstype aller anderen Einheitsmaschinen wurde. Da die Frage der Zweckmäßigkeit des Zweizylinder- oder des Vierzylinderverbundtriebwerks für den schweren Schnellzugdienst nicht zweifelsfrei beantwortet werden konnte, wurden zunächst jeweils zehn Versuchsmaschinen der Baureihen 01 (2'C1'h2) und 02 (2'C1'h4v) in Auftrag gegeben. Deutlich einfacher war da die Entscheidung hinsichtlich der

Farbgebung für die neuen Einheitsmaschinen, die fortan auch für alle anderen DRG-Dampfloks verbindlich war. Der Lokausschuss beschloss im März 1925 die klassische rot-schwarze Lackierung. Einige Monate später, im Oktober 1925, war es dann endlich soweit – die DRG konnte mit 02 001 ihre erste Einheitsdampflok in Dienst stellen. Am 17. Januar 1926 folgte 01 001. Die folgenden Versuchsfahrten konnte die Baureihe 01 für sich entscheiden, so dass die DRG bis 1931 insgesamt 101 Exemplare der Schnellzugmaschine beschaffte. Im Lauf der Jahre entwickelte sich dann die Baureihe zum Inbegriff der deutschen Schnellzug- und Einheitslokomotive.

Obwohl bis 1930 noch weitere Baureihen entwickelt wurden, konnte die DRG aufgrund ihrer beschränkten Investitionsmittel infolge des Dawes-Plans (siehe S. 68 f.) moderne Einheitsmaschinen nur für ausgewählte Einsatzbereiche (Schnellzug- und Nebenbahndienst) in größeren Stückzahlen beschaffen. 1931 besaß die DRG daher nur rund 520 Einheits- aber über 24.000 Länderbahnmaschinen. Erst 1939 legte die Reichsbahn einen umfassenden

◆ Die Baureihe 81 war für den schweren Rangierdienst bestimmt.
Foto: C. Bellingrodt, Slg. H.-G. Kleine, Archiv transpress

Beschaffungsplan für Einheitsloks auf. Dieser war jedoch nach dem Beginn des Zweiten Weltkrieges hinfällig. Ab 1941 wurden nur noch die für den Güterzugdienst benötigten Baureihen 44, 50 und 86 beschafft. Deren Fertigung wurde dann schrittweise zu Gunsten der in großen Stückzahlen produzierten Kriegsloks der Baureihen 42 und 52 eingestellt. Bei Kriegsende 1945 machten die rund 14.500 Einheits- und Kriegsloks rund ein Drittel des Gesamtbestandes aus.

◆ Die Baureihe 41 war eine der besten Einheitsdampfloks. Von ihr wurden bis 1941 insgesamt 366 Stück in Dienst gestellt. Foto: Slg. K.-J. Kühne

1926

Das erste Reichskursbuch erscheint

Vorläufer des Kursbuches, das die Fahrpläne eines bestimmten Gebietes für einen genau festgelegten Zeitraum enthielt, waren die bereits Anfang des 19. Jahrhunderts weit verbreiteten so genannten Reisehandbücher, die über die Fahrzeiten und Tarife der Postkutschenverbindungen informierten. Mit der Zunahme des Bahnverkehrs in den 1840er-Jahren entstand schließlich die Nachfrage nach einer Übersicht über die Fahrpläne der Eisenbahngesellschaften. Bereits 1845 gab die Fürstlich Thurn-

und Taxische Oberpostamtsverwaltung das erste Kursbuch für die Strecken in Deutschland heraus. Der »Telegraph für Post-, Eisenbahn- und Dampfschiffverbindungen« erschien ab 1847 monatlich. Wenig später erschien erstmals das Stormsche »Kursbuch für das Reich«. 1863 gab auch der »Verein Deutscher Eisenbahnverwaltungen« (siehe S. 15) erstmals ein Kursbuch heraus, das jedoch nur kurze Zeit erschien, da der so genannte Telegraph und das Stormsche Kursbuch den Bedarf abdeckten. Außerdem verlegte seit 1850 das

Königliche Generalpostamt ein Kursbuch, das neben den Eisenbahnen in Deutschland und den Nachbarländern auch Postkutschen- und Schiffsverbindungen enthielt. Dies Werk trug zwar ab 1878 die Bezeichnung »Reichskursbuch«, wurde aber von der so genannten Kursbuchstelle des Reichspostministeriums zusammengestellt. Parallel dazu gaben die Länderbahnen und deren Eisenbahn-Direktionen, Privatbahnen oder Zeitungen eigene Kursbücher bzw. Fahrplanhefte heraus.

Erst 1926 ging die Vielfalt der Kursbücher zu Ende, nach dem die Deutsche Reichsbahn-Gesellschaft (DRG) die Redaktion des Reichskursbuches übernommen hatte und es nun in eigener Regie verlegte. Ein Jahr später gab die DRG neben dem Reichskursbuch erstmals noch fünf regionale Kursbücher für Ost-, Mittel, West- und Südwestdeutschland sowie Bayern heraus. Ab 1933 trug die Fahrplansammlung schließlich den Namen »Amtliches Kursbuch für das Reich«. Drei Jahre später lautete der offizielle Titel »Deutsches Kursbuch – Gesamtausgabe der Reichsbahn-Kursbücher«. Die letzte Gesamtausgabe erschien im Sommer 1944.

Nach dem Zweiten Weltkrieg setzten die Deutsche Bundesbahn (DB) und die Deutsche Reichsbahn (DR) in der DDR die Tradition des Kursbuches fort. Nach der deutschen Wiedervereinigung erschien das erste gemeinsame Kursbuch von Reichs- und Bundesbahn im Frühjahr 1991. Zehn Jahre später spielte das Kursbuch kaum noch eine Rolle bei der Deutschen Bahn AG (DB AG). Vor allem das Internet ließ die Nachfrage nach dem guten alten Kursbuch dramatisch schrumpfen. Die Auflagen sanken von 53.000 Exemplaren im Jahr 2005 auf 20.000 Stück im Jahr 2007. Ein Jahr später erschien letztmalig das Kursbuch der DB AG in gedruckter Form.

◆ *Nach dem Zweiten Weltkrieg gaben die Reichsbahn in der DDR und die Bundesbahn in der BRB weiterhin ein Kursbuch heraus.*
Abbildung: Slg. K.-J. Kühne

Einführung der Kunze-Knorr-Bremse bei Güterzügen

Mit der Einführung der Kunze-Knorr-Bremse bei Güterzügen konnte die Deutsche Reichsbahn-Gesellschaft (DRG) ihre Betriebskosten erheblich verringern. Bereits Ende des 19. Jahrhunderts führten die deutschen Länderbahnen schrittweise die Druckluftbremse ein, zunächst aber im Reisezugdienst. Bei der Preußischen Staatsbahn erwarb sich in diesem Zusammenhang Georg Knorr (1859–1911) besondere Verdienste. Er übernahm 1893 die Firma Carpenter & Schulz, aus der 1905 die »Berliner Knorrbremse« (später Knorr-Bremse AG) hervorging. 1900 entwickelte Knorr ein neues Führerbremsventil und ein einfaches Steuerventil. Außerdem verbesserte er die Westinghouse-Bremse für Güterzüge. Allerdings waren diese Bremssysteme einlösig und erschöpfbar.

Erst Bruno Kunze (1854–1935) fand eine Lösung des Problems. Nach seiner Tätigkeit als Regierungs-Maschinenbauführer wurde Kunze 1901 in das Ministerium der öffentlichen Arbeiten (MdöA) versetzt, wo er ab 1910 das Dezernat für Bremswesen im Eisenbahn-Zentralamt (EZA) leitete. In dieser Funktion entwickelte er eine stufenweise lösbare (mehrlösige) Bremse für Güterzüge, die ab 1918 zunächst versuchsweise bei der Preußischen Staatsbahn eingeführt und als Kunze-Knorr-Bremse bezeichnet wurde. Später konstruierte er noch einen Bremsdruckregler für Schnellbremsungen. Die Versuchsfahrten mit der Kunze-Knorr-Bremse waren ein voller Erfolg. Auch bei langen Güterzügen konnte die Bremskraft stufenweise erhöht und auch wieder verringert werden. Dies war möglich, da Bruno Kunze die Einkammer- und die Zweikammer-Druckluftbremse zu einer Verbundbremse weiterentwickelt hatte. Dank der Kunze-Knorr-Bremse konnte nun auf den Einsatz von Bremsern endgültig verzichtet werden. Bis 1926 ließ die Deutsche Reichsbahn alle ihre Güterwagen mit der Kunze-Knorr-Bremse ausrüsten. Die Güterwagen erhielten dabei ein Umstellventil für Leer- und Lastabbremsung. Die Kosten dafür beliefen sich auf über 478 Millionen Reichsmark (RM). Dieser Investition hatte sich aber binnen weniger Jahre amortisiert, denn durch den Einsatz der Kunze-Knorr-Bremse konnten jährlich über 96 Millionen RM an Betriebskosten eingespart werden.

Neben der Kunze-Knorr-Bremse für Güterzüge gab es auch Varianten für Personen- und Schnellzüge. Die Personenwagen besaßen neben dem Steuerventil noch ein Beschleunigungsventil. Die Schnellzugbremse umfasste einen zusätzlichen Bremsdruckregler, der das Blockieren der Räder bei Schnellbremsungen verhinderte.

In den 1930er-Jahren wurde die Kunze-Knorr-Bremse unter Wilhelm Hildebrand (1869–1943), der zum Vorstand der Knorr-Bremse AG gehörte, weiterentwickelt. Die Hildebrand-Knorr-Bremse wurde von der DRG schließlich für alle Wagenarten verwendet.

◆ *Mit einem langen Güterzug mühte sich 44 007 im Jahr 1928 über die Frankenwaldrampe bei Falkenstein. Foto: Slg. K.-J. Kühne*

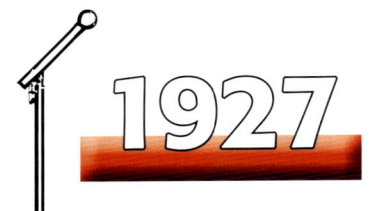

1927

Eröffnung des Hindenburgdamms

Der rund 11 km lange Hindenburgdamm verbindet die nordfrische Insel Sylt mit dem Festland. Die rund 99 km² Insel gehörte nach dem Deutsch-Dänischen Krieg von 1864 zum neu gegründeten Kreis Tondern. Bereits Ende des 19. Jahrhunderts gewann der Fremdenverkehr auf der Insel Sylt zunehmend an Bedeutung. Mit der Eröffnung der Holsteinischen Marschbahn am 15. November 1887 besaßen Niebüll und Tondern bereits einen Bahnanschluss. Die 13,32 km lange Stichbahn Tondern–Hoyer Schleuse wurde am 15. Juni 1892 ihrer Bestimmung übergeben. Von dort aus verkehrten Schiffe nach Sylt. Doch die Schiffsverbindung war von den Gezeiten abhängig. Im Winter behinderte Eis die Überfahrt. Vor diesem Hintergrund gab es bereits in den 1870er-Jahren erste Überlegungen für den Bau eines Dammes zwischen der Insel Sylt und dem Festland. Mit dem Ansteigen des Fremdenverkehrs auf Sylt begann das Ministerium der öffentlichen Arbeiten (MdöA) 1910 mit den Vorbereitungen für einen Bahnanschluss von Westerland. Durch den Ersten Weltkrieg kamen diese jedoch zum Erliegen. Mit der im Versailler Vertrag festgeschriebene Abgabe Nordschleswigs an Dänemark wurde der Bau immer wichtiger für die Insel. Reisende nach Hoyer Schleuse benötigten nun für die Reise durch Dänemark ein Visum. Erst 1922 einigten sich Deutschland und Dänemark auf eine Transitregelung.

Bereits 1922 liefen die Arbeiten mit dem Bau einer Strecke von Niebüll nach Klanxbüll für die notwendigen Materialtransporte an. 1923 begann der eigentliche Dammbau. Vier Monate später zerstörte eine Sturmflut die bereits fertigen Abschnitte. Anschließend wurde die Strecke weiter nach Norden verlegt. Zwischen 1.000 und 1.500 Arbeiter waren an diesem Projekt beteiligt. Vier Jahre später war der Damm endlich fertig. Für das Vorhaben wurden über 3 Millionen m³ Erde und 120.000 t Steine verbaut. Dieser Aufwand schlug sich auch später im Fahrpreis nieder. Die Deutsche Reichsbahn-Gesellschaft (DRG) erhob einen Zuschlag für die Fahrt nach Westerland, der erst 1940 entfiel.

Reichspräsident Paul von Hindenburg (1847–1934) eröffnete am 1. Juni 1927 die Strecke nach Westerland und traf als erster Reisender mit dem Zug auf der Insel ein. Einen offiziellen Namen trug der Damm zu diesem Zeitpunkt noch nicht. Erst bei den Eröffnungsfeierlichkeiten wurde der Begriff »Hindenburgdamm« geprägt.

◆ *Alles was rollen konnte, war im Sommer schon immer von Hamburg nach Sylt unterwegs, um Sonnenhungrige und Wasserratten an den Strand zu bringen. Mit rasantem Tempo bringt 012 104-6 am 7. Juli 1970 ihren Eilzug über den Hindenburgdamm. Foto: J. Krantz*

Erster Einsatz des »Rheingold«

Noch heute ist der »Rheingold« – benannt nach dem sagenumwobenen Schatz aus dem Nibelungenlied – ein Mythos. Der Luxus-Zug ging 1928 auf seine erste Fahrt.

Bereits Anfang der 1920er-Jahre planten die Deutsche Reichsbahn-Gesellschaft (DRG) und die Mitteleuropäische Speise- und Schlafwagen AG (Mitropa; siehe S. 58 f.) den Einsatz eines Luxus-Zuges in Deutschland, der in Konkurrenz zu den Zügen der französischen »Compagnie Internationale des Wagons-List et Grands Express Européens« (CIWL) stehen sollte. Doch die Bestimmungen des Versailler Vertrages schränkten den Handlungsspielraum der DRG und der Mitropa ein. Erst Anfang 1925 konnte beide Unternehmen mit ihren Planungen beginnen. Der neue Luxus-Zug sollte zwischen den Niederlanden und der Schweiz verkehren. 1927 hatten die DRG und die Mitropa ihr Ziel erreicht. Auf der Europäischen Fahrplan- und Wagenbeistellungskonferenz, die zwischen dem 18. und 22. Oktober 1927 in Prag tagte, wurde die Einrichtung einer Schnellverbindung zwischen Hoek van Holland/Amsterdam und Basel beschlossen. Der Zug sollte aus so genannten Pullmann-Wagen bestehen.

Am 15. Mai 1928 war es dann soweit – der »Rheingold« ging auf seine erste Fahrt. Der Salonwagenzug bestand ausschließlich aus Wagen der 1. und 2. Klasse und bot einen außergewöhnlichen Komfort. Die violett-elfenbeinfarben lackierten Fahrzeuge hoben sich deutlich von den anderen Reisezugwagen der DRG ab. Trotz

der Ende der 1920er-Jahre schwierigen Wirtschaftslage und der Konkurrenz durch die CIWL, die zwischen Amsterdam und Basel ihren »Edelweiß« über Brüssel und Luxemburg einsetzte, wurde der »Rheingold« ein voller Erfolg. Die Reisenden schwärmten nicht nur von der herrlichen Landschaft im Rheintal sondern auch von der Inneneinrichtung und dem hervorragenden Service im Zug. Die 23,5 m langen Wagen waren entweder in kleine Säle oder Abteile mit zwei oder vier Plätzen unterteilt. In der 1. Klasse konnten die Sessel sogar verschoben werden. Die 1,4 m breiten Fenster boten freie Sicht.

Nach dem Zweiten Weltkrieg verblieben 17 der insgesamt 26 Wagen des »Rheingolds« in den westlichen Besatzungszonen. Die Deutsche Bundesbahn (DB) ließ für den neuen »Rheingold« jedoch 23 so genannte Schürzenwagen umbauen und blau lackieren. Erst ab 1962 setzte die DB für den »Rheingold« neue, speziell entwickelte 26,4 m lange Reisezugwagen ein, die u.a. eine Klimaanlage, goldbedampfte Scheiben und komfortable Sitzen besaßen. 1965 wurde der »Rheingold« Bestandteil des TEE-Netzes (siehe S. 118) der DB. Eine Besonderheit des Zuges war der Aussichtswagen mit seiner erhöhten Glaskanzel, die 22 Sitzplätze hatte. Elf Jahre später war vom einstigen Ruhm des Luxus-Zuges nicht mehr viel übrig. Die so genannten Kanzelwagen hatten ausgedient und der TEE »Rheingold« bestand nur noch aus normalen Wagen. 1987 hatte die Legende ausgedient. Am 30. Mai 1987 verkehrte der TEE »Rheingold« zum letzten Mal.

◆ *Ein Bild von Carl Bellingrodt, das die 18 534 mit dem Rheingold bei Namedy zeigt.*

Abschaffung der 4. Klasse

Die billigste Möglichkeit mit dem Zug zu fahren, war Anfang der 1920er-Jahre die 4. Klasse. Die Klasseneinteilung in den Reisezügen war ein Relikt des 19. Jahrhunderts. Analog dem Standesdenken in der Gesellschaft hatten auch die Privat- und Länderbahnen ihre Reisezugwagen in verschiedene Klassen eingeteilt. Die luxuriös ausgestattete 1. Klasse war dem Adel und den vermögenden Schichten vorbehalten. Die 2. Wagenklasse entsprach mit ihren Postersitzen dem Reisekomfort der Postkutschen. Eine Erfindung der Eisenbahn war die 3. Klasse mit ihren schlichten Holzbänken, die für das einfache Volk bestimmt war. Die 3. Klasse wurde daher im Volksmund auch als »Holzklasse« bezeichnet. Trotz dieser Einteilung war eine Fahrt mit der Eisenbahn in den 1850er-Jahren für weite Teile der Bevölkerung – dies galt vor allem für die Arbeiterschaft und in ländlichen Regionen – ein kaum erschwinglicher Luxus. Als erstes Unternehmen beschaffte daher die Cöln-Mindener Eisenbahn-Gesellschaft (CME) für den Arbeiterverkehr deutlich vereinfachte Personenwagen. Diesem Vorbild folgten wenig später auch die Niederschlesisch-Märkische Eisenbahn-Gesellschaft und die Königliche Ostbahn. Diese entwickelten die so genannten Traglastenwagen, bei denen einfache, meist hochklappbare Sitzbänke lediglich an den Seitenwänden montiert wurden. Die Wagen boten daher innen viel Raum für Stehplätze oder für große Gepäckstücke, wie z.B. Körbe und Kiepen, mit denen meist die Landbevölkerung unterwegs war. Da der Fahrpreis für die 4. Klasse, die der Volksmund recht bald als »Stehklasse« bezeichnete, lediglich die Hälfte dessen der 3. Klasse betrug, entwickelte sich die Eisenbahn nun zum Massentransportmittel.

Viele Bahngesellschaften standen der »Stehklasse« anfangs skeptisch gegenüber. Sie befürchteten erhebliche Einnahmeausfälle. Dies war jedoch nicht der Fall, so dass sich die 4. Klasse binnen weniger Jahre in Mecklenburg, Oldenburg, Preußen und Sachsen durchsetzte. Die süddeutschen Länderbahnen führten die 4. Klasse hingegen erst

◆ *86 004 war im Mai 1937 mit dem Personenzug (P) 3320 in der Eifel bei Daum unterwegs. Foto: C. Bellingrodt, Slg. H.-G. Kleine, Archiv transpress*

Anfang des 20. Jahrhunderts ein. In Baden und auf den Strecken der Bayerischen Staatsbahn in der Pfalz wurde Fahrkarten für die 4. Klasse erst ab 1918 verkauft.

Nach dem Ersten Weltkrieg stiegen immer mehr Reisende auf die 4. Klasse um. Im Geschäftsjahr 1925 nutzten etwa 80 % aller Reisenden der Deutsche Reichsbahn-Gesellschaft (DRG) die »Stehklasse«. Dafür gab es im Wesentlichen zwei Gründe: Zum einen waren infolge der Inflation Anfang der 1920er-Jahre weite Teile der Bevölkerung verarmt. Sie konnten sich daher eine Fahrkarte für die 3. Klasse (5 Pfennig pro km) kaum noch leisten. Da blieb nur noch die 4. Klasse (3,3 Pfennig pro km) übrig. Außerdem besaßen die zwischen 1920 und 1927 von der DRG beschafften Einheitspersonenwagen deutlich komfortablere Sitze als die Fahrzeuge aus der Länderbahnzeit. Dies war eine Folge des 1920 bei der Schaffung der Reichseisenbahnen abgeschlossenen Staatsvertrages (siehe S. 62 f.), der auch eine Verbesserung des Reisekomforts in der 4. Klasse vorschrieb. Fortan sollten alle Wagen der »Stehklasse« mit Sitzbänken ausgestattet sein. Warum also noch in der 3. Klasse fahren? Diese Entwicklung hatte für die DRG gravierenden Folgen – sie verzeichnete binnen weniger Jahre im Reiseverkehr Einnahmeverluste in Höhe etwa 25 Millionen Reichsmark. Ende der 1920er-Jahre bestand schließlich Handlungsbedarf.

Die notwendige Tarifreform arbeitete die Reichsbahndirektion (RBD) Erfurt aus. Deren Fachleute schlugen die

◆ *Die fabrikneue 24 013 stand 1929 mit dem E 267 Uelzen–Rostock in Schwerin Hauptbahnhof. Foto: Slg. J. Töpelmann, Archiv transpress*

Abschaffung der 4. Klasse vor. Im Gegenzug sollten die Kilometer-Preise in der 2. und 3. Klasse von 7,5 und 5 Pfennig auf 5,6 und 3,7 Pfennig gesenkt werden. Lediglich für die 1. Klasse war eine Anhebung des Kilometer-Preises von 10,8 auf 11,2 Pfennig geplant. Die Hauptverwaltung der DRG stimmte der vorgeschlagenen Tarif- und Wagenklassenreform zu und setzte sie mit Wirkung zum 7. Oktober 1928 um. Für die meisten Reisenden bedeutete dies jedoch eine Anhebung des Fahrpreises. Der Kilometer-Preis für die billigste Fahrkarte kostete nun 0,4 Pfennig pro Kilometer mehr. Fast 20 Jahre galt nun in Deutschland das 3-Wagenklassen-System. Erst 1956 hatte es ausgedient (siehe S. 117).

◆ *Bis 1928 gab es auch in den Eilzügen eine 4. Klasse, hier 24 045 mit dem E 175 bei Altenbeken. Foto: C. Bellingrodt, Slg. H.-G. Kleine, Archiv transpress*

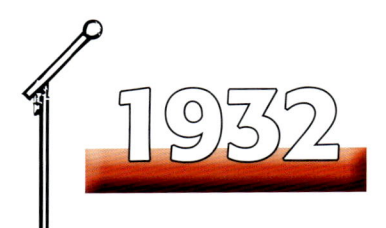

Indienststellung des »Fliegenden Hamburgers«

Der Schnelltriebwagen VT 877 a/b – besser bekannt als der »Fliegende Hamburger« – läutete 1932 eine neue Ära im hochwertigen Reiseverkehr der Deutschen Reichsbahn-Gesellschaft (DRG) ein. Die Waggon- und Maschinenbau AG in Görlitz (Wumag) entwickelte Anfang der 1930er-Jahre einen zweiteiligen Triebwagen für den Fernschnellverkehr. Die beiden 410 PS starken Dieselmotoren des Typs GO 5 lieferte die Firma Maybach, die elektrische Ausrüstung und die Anlage für die elektrische Kraftübertragung fertigten die Siemens-Schuckert-Werke (SSW). Ab Ende 1931 nahm der Triebwagen in den Werkhallen der Wumag langsam Gestalt an. Nach dem Einbau der Maschinenanlage bei der Firma Maybach absolvierte der Triebwagen im Spätherbst 1932 seine ersten Testfahrten zwischen Friedrichshafen und Ulm. Anschließend wurde er nach Berlin überführt, wo er an die DRG übergeben wurde. Nach seiner Abnahmefahrt am 19. Dezember 1932 wurde der 41,906 m lange Triebwagen als VT 877 a/b in Dienst gestellt. Die Lokomotiv-Versuchsabteilung (LVA) Grunewald erprobte das

Fahrzeug in den folgenden Wochen und Monaten gründlich. Dabei erreichte der Triebwagen Geschwindigkeiten bis zu 175 km/h.

Am 15. Mai 1933 nahm die DRG mit dem für eine Höchstgeschwindigkeit von 160 km/h zugelassenen VT 877 a/b schließlich den planmäßigen Schnellverkehr auf der Strecke Hamburg–Berlin auf. Für die 287 km lange Reise von der Spree an die Alster benötigte der Triebwagen lediglich zwei Stunden und 18 Minuten. Dies entsprach einer durchschnittlichen Reisegeschwindigkeit von 124,8 km/h. Dies brachte dem VT 877 a/b völlig zu Recht den Beinamen »Fliegender Hamburger« ein. Für den Planeinsatz des VT 877 a/b hatte die DRG zuvor erhebliche Mittel in die Signaltechnik der Strecke investiert. Aufgrund der größeren Höchstgeschwindigkeit – der Bremsweg des VT 877 a/b aus 160 km/h betrug rund 1.000 m – musste der Vorsignalabstand von 700 auf 1.200 mm verlängert werden. Der »Fliegende Hamburger« blieb ein Einzelstück, der zunächst als Fernschnelltriebwagen (FDt) 1/2 zwischen Berlin und Hamburg pendelte. Fiel der VT 877 a/b aus,

◆ *Der »Fliegende Hamburger« von Berlin nach Hamburg hat am 21. Juli 1933, pünktlich um 8.23 Uhr morgens, den Lehrter Bahnhof verlassen und passiert nordwärts den Lehrter Güterbahnhof und die Hinterhäuser der Lehrter Straße in Moabit. Foto: E. Brett, Slg. Gottwaldt*

◆ *Ausfahrt aus dem Hamburger Hauptbahnhof im Jahr 1933: Die Verbindung zwischen Hamburg und Berlin mit dem SVT 877 war seinerzeit die schnellste Zugverbindung der Welt. Foto: Walter Hollnagel*

setzte die DRG einen lokbespannten Ersatzzug ein. Der Triebwagen erwies sich als eine äußerst robuste Konstruktion. Bereits im ersten Halbjahr wies er eine Einsatzfähigkeit von 71 % aus. Nach zwei Jahren waren es bereits 91 %. Der »Fliegende Hamburger« war eines der Prestige-Fahrzeuge der DRG. Die Fahrt mit dem VT 877 a/b, der 98 Sitzplätze in der 2. Klasse und vier Sitzplätze im Speiseabteil bot, konnten sich jedoch nur wenige leisten. Eine Fahrkarte kostete 17 Reichsmark (RM) zuzüglich einer Zuschlagkarte für FD-Züge in Höhe von 2 RM. Zum Vergleich: Ein einfacherer Beamter bei der DRG verdiente damals nicht einmal 115 RM netto im Monat.

Mit der Indienststellung der 13 Doppel-Triebwagen der Bauart Hamburg (VT 137 149–152 und VT 137 224–232) in den Jahren 1935/36 verlor der VT 877 a/b seine herausragende Bedeutung im Fernschnellverkehr, den die Reichsbahn mit dem Beginn des Zweiten Weltkrieges am 1. September 1939 einstellen musste.

Nach Kriegsende verblieb der »Fliegende Hamburger« in der französischen Besatzungszone. Auf Befehl der Besatzungsmacht wurde er in einen Lazarett-Zug umgebaut und als solcher ab 1946 eingesetzt. Ab 1947 trug der Triebwagen die neue Betriebs-Nummer VT 04 000. 1949 wurde das Fahrzeug in einen normalen Triebwagen umgebaut, der nun Sitzplätze in der 2. und 3. Klasse besaß. Die gerade gegründete Deutsche Bundesbahn (DB) setzte den »Fliegenden Hamburger« ab 2. Oktober 1949 als »Rhein-Main-Express« zwischen Basel und Frankfurt (Main) ein. Drei Jahre später wurde der VT 04 000 erneut umgebaut. Dabei erhielt er u.a. eine Küche, eine neue Steuerung und passend zu den anderen Triebwagen eine Scharfenberg-Kupplung.

Der »Fliegende Hamburger« war zunächst in den Bahnbetriebswerken Dortmund und Frankfurt-Griesheim stationiert, bevor er zum Bw Hamburg-Altona gelangte. Dort fungierte das Fahrzeug zuletzt nur noch als Verstärkungseinheit für die »Helvetia-Express«. Im April 1947 hatte der VT 04 000 ausgedient. Er wurde am 3. Mai 1957 nach München-Freimann überführt, wo er auch ausgemustert wurde. Der zunächst geplante Rückbau des »Fliegenden Hamburgers« in seinen Originalzustand für das Verkehrsmuseum Nürnberg wurde leider verworfen. Lediglich der a-Teil blieb als Schaustück erhalten.

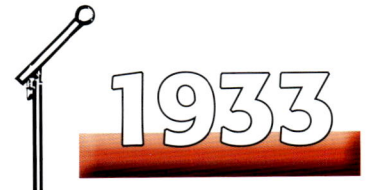
Mit ihren so genannten Kleinlokomotiven schuf die Deutsche Reichsbahn-Gesellschaft (DRG) in den 1930er-Jahren die Grundlage für den späteren Traktionswechsel in Ost und West. Mit der rasanten Entwicklung des Güterkraftverkehrs in den 1920er-Jahren musste die DRG den Frachtverkehr auf der Schiene rationalisieren und beschleunigen. Aufgrund der zahlreichen und langwierigen Rangierarbeiten auf den Unterwegsbahnhöfen lag die durchschnittliche Reisegeschwindigkeit der Nahgüterzüge lediglich bei etwa 10 km/h. Durch den Einsatz kleiner Rangierfahrzeuge für den Bahnhofsverschub konnten die Fahrzeiten der Nahgüterzüge erheblich verringert werden. Ähnliche Erfahrungen hatten bereits die Französische Ostbahn (seit 1923), die Dänischen Staatsbahnen (DSB) und die Niederländischen Eisenbahnen (NS) bis Ende der

1920er-Jahre gesammelt. An der Entwicklung der seit dem Jahr 1928 von den NS beschafften Schleppfahrzeuge war maßgeblich die Berliner Maschinenbau AG (BMAG), vormals Louis Schwartzkopff, beteiligt. Bereits ein Jahr zuvor hatte die Reichsbahndirektion (RBD) Elberfeld bei der Maschinenfabrik Windhoff in Rheine drei kleine »Rangiermotore« in Auftrag gegeben. Die Fahrzeuge der BMAG und der Firma Windhoff bildeten schließlich die Grundlage für die »Kleinlokomotiven« der DRG, wie die Fahrzeuge gemäß einer Verfügung der Reichsbahn-Hauptverwaltung ab 17. Januar 1931 bezeichnet wurden.

Zunächst beschaffte die DRG mehrere unterschiedliche Kleinlokomotiven, die die Hersteller meist in eigener Regie entwickelt hatten.

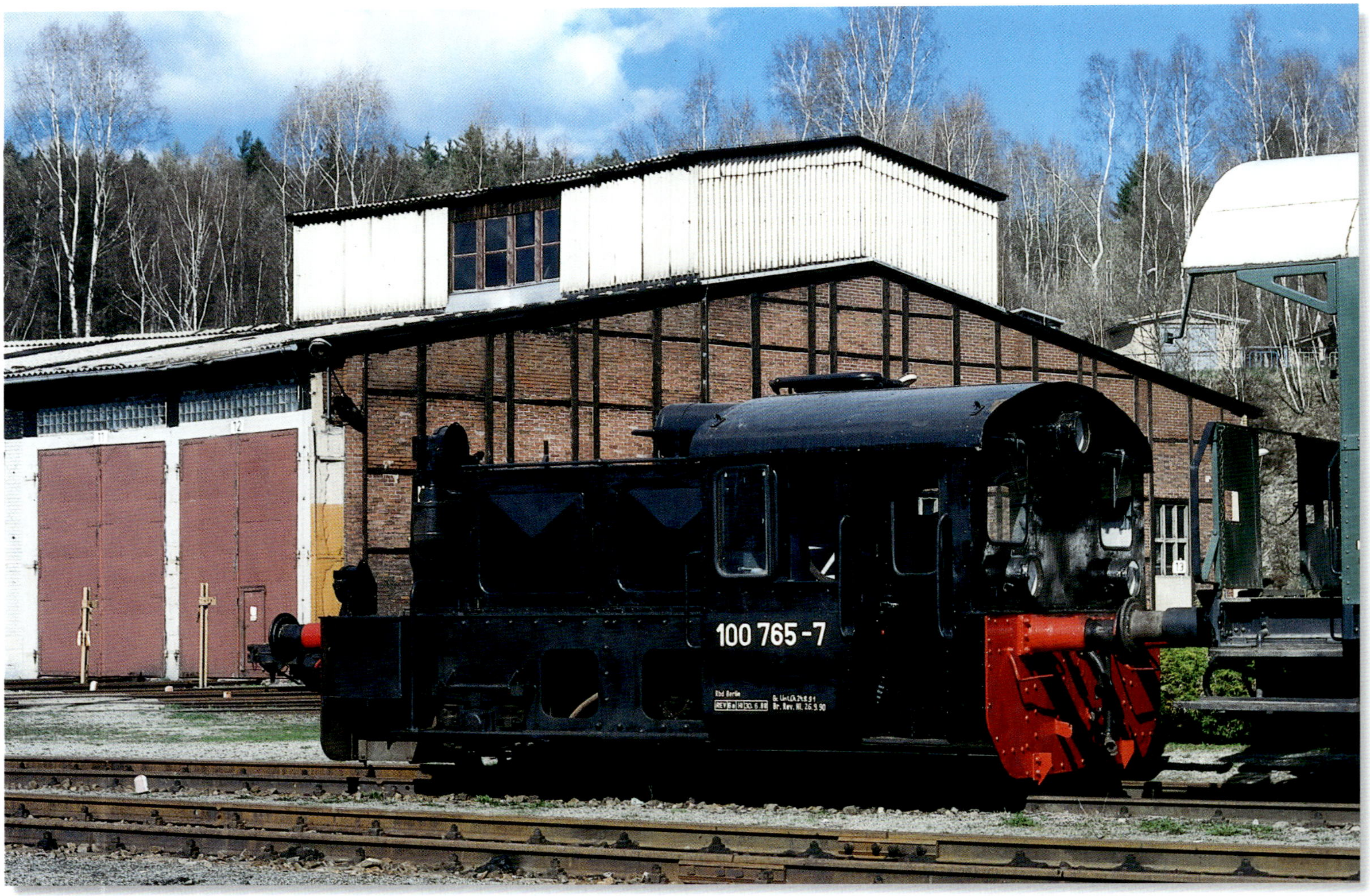

◆ *1933 begann die Serienfertigung der Kleinloks. 100 765-7 (ex Köf 4962) gehört heute zum Bestand des Museums-Bw Adorf. Foto: M. Klaus*

Nach der Auswertung der Versuchseinsätze erstellte die DRG ein umfangreiches Pflichtenheft, auf dessen Grundlage schließlich das Typenprogramm entstand. Das Pflichtenheft schrieb u.a. den Achsstand (4.500 mm), den Raddurchmesser (850 mm) sowie die Bauart der Motoren und Getriebe vor. Außerdem sollten die Loks leicht zu bedienen und wartungsarm sein. Entsprechend ihrer Motorleistung unterteilte die DR die Kleinloks in den Gruppen I (bis 39 PS; Betriebs-Nr. 0001 bis 3999) und II (bis 150 PS; Betriebs-Nr. 4000 bis 9999). Bereits 1929 erhielt die DRG die ersten Prototypen. Bis 1931 folgten weitere Erprobungsmuster. Die dabei gesammelten Erfahrungen mündeten in den 1932/33 konstruierten »Kleinlokomotiven der Einheitsbauart«, deren Serienfertigung 1933 begann. Bis 1943 stellte die Reichsbahn insgesamt 1.300 Exemplare in Dienst. Entsprechend ihrer Motor- und Getriebebauart wurden die Kleinlokomotiven in Fahrzeuge mit Vergaser- und Dieselmotoren unterschieden (Kb bzw. Kö). Einige Loks besaßen auch eine Dampfmaschine (Kd) oder eine Akkumulatorenanlage (Ks). Fahrzeuge die anstelle des einfachen mechanischen Getriebes eine hydraulische oder eine elektrische Kraftübertragung besaßen, erhielten noch den Zusatz »f« bzw. »e«.

Nach dem Zweiten Weltkrieg verblieben in den westlichen Besatzungszonen rund 700 Kleinloks. Nach Ausmusterung der kriegsbeschädigten Exemplare zählte die Deutsche Bundesbahn am 1. Oktober 1950 noch 144 Maschinen der Leistungsklasse I und 530 Exemplare der Leistungsklasse II in ihrem Bestand. Da der Bedarf an Kleinloks deutlich höher war, beschaffte die DB in den folgenden Jahren noch einmal 736 weitere Kleinloks. Mit der Einführung neuer EDV-gerechter Betriebs-Nr. am 1. Januar 1968 wurden die Kö I/Kb I zur Baureihe 311 umgezeichnet. Die Maschinen der Leistungsklasse II wurden auf die Baureihen 321 (30 km/h Höchstgeschwindigkeit und mechanische Bremse), 322 (30 km/h Höchstgeschwindigkeit und Druckluft-Bremse) und 323/324 (45 km/h Höchstgeschwindigkeit und Druckluft-Bremse) umgezeichnet.

Die 1945 bei der Deutschen Reichsbahn (DR) in der sowjetischen Besatzungszone (SBZ) verbliebenen Kleinloks befanden sich Ende der 1940er-Jahre in einem desolaten Zustand. Durch die

◆ Auf zahllosen Bahnhöfen in Deutschlang waren Kleinloks stationiert. 100 617-0 (ex Kö 4617) stand 1991 in Gernrode. Foto: Slg. D. Endisch

Übernahme von rund 50 ehemaligen Werkbahn-, Wehrmachts- und Privatbahnmaschinen vergrößerte sich die Typenvielfalt. Durch Ausmusterungen schrumpfte der Bestand bis 1955 auf 82 Loks der Leistungsklasse I und 345 Maschinen der Leistungsklasse II. Zwischen 1957 und 1968 baute das Reichsbahnausbesserungswerk (Raw) Dessau insgesamt 42 Kleinloks neu auf. 1970 führte die DR noch 39 Loks der Leistungsklasse I (jetzt Baureihe 100.0) und 369 Exemplare der Leistungsklasse II (jetzt Baureihen 100.1–7 und 100.8) in ihren Unterlagen.

Bei der Gründung der Deutschen Bahn AG (DB AG) am 1. Januar 1994 gehörten 166 ehemalige DR-Kleinloks (Baureihe 310) und 137 ehemalige DB-Kleinloks (Baureihe 323/324) zum Betriebsbestand. Drei Jahren später waren nur noch 47 bzw. 84 von ihnen vorhanden. Erst 1999 musterte die DB AG mit der 323 460 in Mannheim die letzte Kleinlok aus. In Eisenbahn-Museen sowie bei Werk-, Privat- und Museumsbahnen finden aber viele Kleinloks bis heute Verwendung.

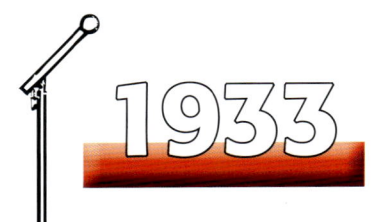

Beginn der Serienfertigung der Baureihe E 44

Die Baureihe E 44 ist der Urahn aller modernen Drehgestell-Elektroloks. Ihre Entwicklung fiel mitten in die Weltwirtschaftskrise Ende der 1920er-Jahre. Mit dem Zusammenbruch der deutschen Wirtschaft und dem damit einhergehenden Rückgang der Beförderungsleistungen musste die Deutsche Reichsbahn-Gesellschaft (DRG) ihre Investitionen in die Elektrifizierung der Hauptstecken und die Beschaffung neuer Elektroloks erheblich einschränken. Die deutsche Schienenfahrzeug-Industrie blieb aber nicht untätig. Sie entwickelte nun auf eigene Kosten Prototypen für eine universell einsetzbare Elektrolok, die möglichst einfach und robust sein sollte. Die Siemens-Schuckert-Werke (SSW) entwickelten die erste deutsche Drehgestell-Elektrolok ohne Laufachsen. Dabei konnten die Ingenieure der SSW auf die Erfahrungen mit der 1927 gebauten E 15 01 und der ein Jahr später fertig gestellten E 16 101 zurückgreifen. Die 1930 als E 44 001 gebaute neue Maschine besaß einen geschweißten Brückenrahmen, einen symmetrischen Kastenaufbau, einen luftgekühlten Transformator und Drehgestelle mit Tatzlager-Antrieb. Die Fahrmotorspannung wurde mit Hilfe einer elektromagnetischen Schützensteuerung mit 19 Fahrstufen geregelt.

Parallel dazu entwickelten die Bergmann-Elektrizitäts-Werke (BEW) und die Berliner Maschinenbau-AG (BMAG), vormals Louis Schwartzkopff, die E 44 201, die 1931 in Dienst gestellt wurde. Außerdem war die BMAG noch an der Konstruktion und der Fertigung der E 44 90 (später E 44 501) beteiligt, bei der es sich ebenfalls um eine Drehgestell-Maschine handelte, deren elektrische Ausrüstung von den Maffei-Schwartzkopff-Werken stammte. Die DRG untersuchte alle drei Baumuster gründlich. Während E 44 001 hauptsächlich in Bayern getestet wurde, kam E 44 90 zunächst zur Reichsbahndirektion Breslau, bevor sie ab Mai 1931 auf der Strecke Salzburg–Freilassing–Berchtesgaden ihre Probeeinsätze absolvierte. E 44 201 musste sich auf den elektrifizierten Strecken in Schlesien und in Mitteldeutschland bewähren.

◆ *Die Baureihe E 44 ist der Urahn aller modernen Drehgestell-Elloks, hier E 44 150 und E 44 002 im Juli 1984 in Würzburg. Foto: J. Krantz, Slg. D. Endisch*

Nach der gründlichen Auswertung der Versuchsergebnisse entschied sich die DRG für die E 44 001 der SSW. Für die Serienlieferung, die 1933 begann, wurde die Konstruktion jedoch gründlich überarbeitet. Die 90 km/h schnelle E 44, die eine Dauerleistung von 1.830 kW entwickeln konnte, besaß zwei vollständig geschweißte Drehgestellrahmen. Der Transformator befand sich in der Fahrzeugmitte. Die 15 Dauerfahrstufen konnten mit Hilfe einer Nockenschaltsteuerung mit Kommutator-Feinsteller eingestellt werden.

Die ersten 20 Maschinen verteilte die DRG auf die Bahnbetriebswerke München Hbf, Ulm und Stuttgart. Dort entwickelten sich die E 44 binnen kürzester Zeit zur ersten elektrischen Universallok. Mitte 1930er-Jahre setzte die DRG die Beschaffung der E 44 fort, von der 1939 insgesamt 100 Maschinen vorhanden waren. Davon wurden 27 Maschinen für den Einsatz auf den elektrifizierten Strecken im annektierten Österreich mit einer Widerstandsbremse ausgerüstet. Die Maschinen trugen an der Betriebs-Nr. den Zusatz »w«. Bis 1945 wurden 175 Maschinen gebaut, von denen aber nur 173 abgenommen werden konnte.

In den westlichen Besatzungszonen verblieben nach Kriegsende rund 110 Maschinen, von denen aber 30 beschädigt waren. Die Deutsche Bundesbahn (DB) konzentrierte die E 44 in Bayern und Württemberg. Für den Einsatz im Wendezugdienst im Großraum München wurden einige Elektroloks mit einer Wendezugsteuerung ausgerüstet. Die Loks trugen an ihrer Betriebs-Nr. den Zusatz »G«. Mit der Einführung der EDV-gerechten Betriebs-Nr. am 1. Januar 1968 wurden die mit einer Widerstandsbremse ausgerüsteten Loks zur Baureihe 145 umgezeichnet. Alle anderen E 44 gehörten fortan zur Baureihe 144. Dank ihres breiten Einsatzspektrums war die E 44 über Jahrzehnte

hinweg unverzichtbar. 1973 führte die DB noch 108 Loks in ihren Unterlagen. Erst Ende der 1970er-Jahre lichteten sich die Reihen schlagartig. Zuletzt setzte nur noch das Bw Würzburg die E 44 ein. Damit war am 31. März 1984 Schluss.

Der Deutschen Reichsbahn (DR) in der sowjetischen Besatzungszone (SBZ) verblieben zunächst 52 Loks, von denen aber 49 als Reparationsleistung 1946 in die Sowjetunion verbracht wurden. Erst 1952/53 konnte die DR 46 Maschinen zurückerwerben. Anschließend wurden die Maschinen im Reichsbahnausbesserungswerk (Raw) Dessau bis 1961 mühevoll instandgesetzt. Ab Mitte der 1960er-Jahre konzentrierte die DR den Bestand der E 44, die ab 1. Juni 1970 die Baureihen-Nr. 244 trug, in den Bahnbetriebswerken Halle P und Leipzig Hbf West. Ab 1976 trennte sich die DR schrittweise von ihrem Bestand, da Ersatzteile zunehmend Mangelware wurden. 1980 waren nur noch 24 Maschinen vorhanden, von denen einige als Heizloks dienten oder sich als Rangierlok (z.B. in Braunsbedra, Gaschwitz, Halle, Schwerin und Wismar) nützlich machten. Am 23. September 1989 endete schließlich der planmäßige Einsatz der E 44 bei der DR, die bis 1991 die noch vorhandenen Maschinen ausmusterte. Einige der Drehgestell-Elektroloks blieben als Schaustücke erhalten oder werden noch bei Sonderfahrten eingesetzt.

◆ E 44 048 verblieb nach dem Zweiten Weltkrieg bei der DR. Dort hatte die Baureihe E 44 erst 1989 ausgedient. Foto: Slg. K.-J. Kühne

Indienststellung des Henschel-Wegmann-Zuges

Zu Beginn der 1930er-Jahre entwickelten sich moderne Dieseltriebwagen auch im hochwertigen Reiseverkehr zu einer ernsthaften Konkurrenz für die bisher eingesetzten lokbespannten Züge, wie der 1933 in Dienst gestellte »Fliegende Hamburger« (siehe S. 82 f.) eindrucksvoll bewies. Angesichts dieser Entwicklung sahen sich die deutschen Lokomotivfabriken zum Handeln gezwungen. Als Alternative zu den Schnelltriebwagen schlugen die in Kassel ansässigen Unternehmen Henschel & Sohn GmbH und die Waggonfabrik Gebrüder Wegmann AG der Deutschen Reichsbahn-Gesellschaft (DRG) die Entwicklung eines leichten Schnellzuges vor. Dieser sollte aus einer stromlinienverkleideten Tenderlokomotive und vier Wagen bestehen. Das Konzept des späteren »Henschel-Wegmann-Zuges« bot im Vergleich zum Schnelltriebwagen zwei entscheidende Vorteile: Zum einen besaß der lokbespannte Zug ein variableres Platzangebot und zum anderen konnte einheimische Kohle als Brennstoff verwendet werden.

Bei der Entwicklung der benötigten Schnellzug-Tendermaschine konnten die Ingenieure der Firma Henschel & Sohn auf die Erfahrungen mit den stromlinienverkleideten Dampfloks der Baureihen 03 und 05 (siehe S. 92) aufbauen. Die als Baureihe 61 vorgesehene 2'C2'-Maschine erhielt 2.300 mm große Kuppelräder und eine Zweizylinder-Triebwerk, das problemlos die geforderte Leistung erzeugen konnte.

Aufgrund der beschränkten Platzverhältnisse erhielt die Maschine eine lange, schmale Feuerbüchse. Damit das zeitraubende Drehen der Lok an den Endbahnhöfen entfallen konnte, wurden die Rückseite des Führerstandes ebenfalls mit Regler, Steuerung und Bremsarmaturen ausgerüstet.

Im Frühjahr 1935 lieferte die Firma Henschel & Sohn die 61 001 zum Preis von 234.850 Reichsmark (RM) an die DRG. Etwa zeitgleich stellte die Wegmann AG die Wagen fertig. Jeder Wagen besaß einen Geschwindigkeitsmesser für die Information der Reisenden. Der beige-violett lackierte Henschel-Wegmann-Zug war eine der Attraktionen auf der Nürnberger Ausstellung »100 Jahre deutsche Eisenbahnen« (siehe S. 90 f.). Erst Anfang 1936 begann die Lokomotiv-Versuchsabteilung (LVA) Grunewald (siehe S. 98 f.) mit der messtechnischen Untersuchung der Lokomotive. Dabei zeigte sich, dass der Henschel-Wegmann-Zug eine Alternative zu den Schnelltriebwagen war. Die 61 001 konnte den 130 t schweren Zug innerhalb von drei Minuten auf 100 km/h beschleunigen. Nach nicht einmal acht Minuten wurden 160 km/h erreicht. Nach Abschluss der Messfahrten setzte das Bahnbetriebswerk (Bw) Dresden-Altstadt ab 15. Mai 1936 die 61 001 im Plandienst ein. Die DRG bestritt mit dem Henschel-Wegmann-Zug die Schnellzüge (D) 53/54 und D 57/58 auf der Verbindung Dresden–Berlin. Sie benötigten für die 176 km

◆ *Der Henschel-Wegmann-Zug überquerte am 11. Mai 1936 die Elbebrücke bei Dresden-Neustadt. Foto: C. Bellingrodt, Slg. H.-G. Kleine, Archiv transpress*

lange Strecke lediglich Fahrzeiten zwischen 95 und 100 Minuten. Der D 53 war dabei mit einer Durchschnittsgeschwindigkeit von 111,2 km/h einer der schnellsten lokbespannten Züge der Reichsbahn. Allerdings offenbarte der Einsatz zwei gravierende Mängel: Die Wasser- und Kohlevorräte der 61 001 waren zu knapp dimensioniert. Außerdem überzeugte die Laufruhe im oberen Geschwindigkeitsbereich nicht.

Dies führte letztlich zur Entwicklung der 61 002. Diese besaß nun anstelle eines Zwei- ein Dreizylinder-Triebwerk und deutlich größere Vorräte, die ein hinteres dreiachsiges Drehgestell erforderten. Die Firma Henschel & Sohn lieferte schließlich 1939 die 61 002 zum Preis von 232.000 RM an die Reichsbahn. Nach einigen Testfahrten und einer längeren Abstellzeit in Berlin kam die Lok erst Ende 1940 nach Dresden-Altstadt.

Nach dem Zweiten Weltkrieg verblieb 61 001 gemeinsam mit dem Henschel-Wegmann-Zug in den westlichen Besatzungszonen. Ab 11. März 1946 gehörte die Lok zum Bw Hannover Ost, bevor sie ab 23. Oktober 1948 in Bielefeld stationiert war. Das Bw Bielefeld setzte die Maschine meist als Triebwagenersatz auf der Strecke Münster–Herford–Altenbeken ein. Nach einem Unfall in Münster wurde die Lok am 4. November 1951 abgestellt und ein Jahr später ausgemustert. Erst 1957 wurde 61 001 in Braunschweig verschrottet. Der Henschel-Wegmann-Zug wurde hingegen 1952/53 modernisiert, durch einen fünften Wagen verstärkt und ab 1954 als Fernschnellzug »Blauer Enzian« zwischen Hamburg und München eingesetzt. Doch 1959 hatten die Wagen bereits ausgedient.

61 002 verblieb hingegen 1945 in der sowjetischen Besatzungszone. Ab 1947 gehörte die Tenderlok zum Bestand des Bw Berlin Schlesischer Gbf (ab 01.10.1950: Berlin Ostbahnhof). Nach zeitweisen Beheimatungen in Lichtenberg und Rummelsburg setzte das Bw Berlin Ostbahnhof die 61 002 im Schnellverkehr auf der Relation Berlin–Liepzig ein. Im

August 1955 wurde die Maschine aber abgestellt. Auf dem Fahrwerk der 61 002 baute das Raw Meiningen 1960/61 die Schnellfahrlok 18 201 (siehe S. 130) auf, die bis heute erhalten blieb.

◆ *61 002 wurde 1939 als zweite Maschine für den Henschel-Wegmann-Zug in Dienst gestellt. Foto: Slg. H.-G. Kleine, Archiv transpress*

◆ *Als D 53 Dresden–Berlin verließ der Henschel-Wegmann-Zug 1937 die sächsische Landeshauptstadt. Foto: W. Hubert, Slg J. Töpelmann, Archiv transpress*

Technische Daten			
		61 001	61 002
Bauart		2´C2´h2t	2´C3´h3t
Betriebsgattung		St 37.18	St 38.18
Länge über Puffer	mm	18.475	18.825
Höchstgeschwindigkeit v/r	km/h	175/175	175/175
Zylinderdurchmesser	mm	460	390
Kolbenhub	mm	750	660
Treib- und Kuppelraddurchmesser	mm	2.300	2.300
Laufraddurchmesser v/h	mm	1.100/1.100	1.100/1.100
Kesselüberdruck	kp/cm²	20[1]	20[1]
Rostfläche	m²	2,75	2,79
Verdampfungsheizfläche	m²	151,65	149,82
Dienstmasse (2/3 Vorräte)	t	121,8	137,3
Brennstoffvorrat	t	5,0	6,0
Wasserkasteninhalt	m³	17,0	21,0
indizierte Leistung	PSi	1.450	1.450
indizierte Zugkraft	Mp	11,04[2]	10,48[3]
Anmerkungen:			
[1] später auf 16 kp/cm² verringert [2] bei 16 kp/cm² Kesselüberdruck: 8,83 Mp [3] bei 16 kp/cm² Kesselüberdruck: 8,38 Mp			

100-Jahr-Feier der deutschen Eisenbahn

Im Jahr 1935 jährte sich die erste Fahrt der Ludwigseisenbahn von Nürnberg nach Fürth am 7. Dezember 1835 zum hundertsten Mal (siehe Seite 8). Die Deutsche Reichsbahn-Gesellschaft (DRG) galt in diesem Jubiläumsjahr nicht nur als das größte, sondern auch als das modernste Verkehrsunternehmen der Welt. Rund 600.000 Eisenbahner verrichteten auf dem großen Streckennetz jeden Tag ihren anspruchsvollen Dienst. Auf den Gleisen der DRG unternahmen Schnelltriebwagen und Stromlinienlokomotiven, die elektrische Schnellzuglok der Baureihe E 18 und der Henschel-Wegmann-Zug (siehe Seite 88) ihre ersten Fahrten.

Neben zahlreichen Publikationen aus Anlass des Eisenbahn-Jubiläums stellte die DRG 1935 in Nürnberg zwei außergewöhnliche Großveranstaltungen auf die Beine, die bis heute einen legendären Ruf haben. Eine große Ausstellung in Nürnberg präsentierte die neuen Fahrzeugtypen und eine eindrucksvolle Parade auf dem Rangierbahnhof führte sie in Bewegung vor. Diese Veranstaltungen zeugten nicht nur von der Leistungsfähigkeit der Reichsbahn, sondern dienten natürlich auch den nationalsozialistischen Machthabern für ihre Propagandazwecke.

Weil keine originalen Fahrzeuge der Ludwigsbahn mehr existierten, ließ die Reichsbahn für diese Feierlichkeiten eine Replik der Lokomotive »Adler« sowie fünf dazu passende Wagen in eigenen Werkstätten nachbauen. Während die Lok im Reichsbahn-Ausbesserungswerk Kaiserslautern entstand, baute das Reichsbahn-Ausbesserungswerk Nürnberg die Wagen.

Am 14. Juli 1935 eröffnete die DRG eine umfangreiche Ausstellung, in der sie sich als modernes Verkehrsunternehmen präsentierte. Den passenden Ausstellungsort hatte man in einer leerstehenden

◆ *Das Raw Kaiserslautern fertigte für das große Jubiläum 1935 den Nachbau der ersten Dampflok »Adler«, der auf dem Ausstellungsgelände in Nürnberg seine Runden drehte. Am Regler stand dabei in historischem Kostüm der Lokomotivbetriebsrevisor Schnitzenberger. Foto: Archiv transpress*

Umladehalle aus dem Jahr 1934 mit großem Freigelände am Rangierbahnhof im Süden Nürnbergs gefunden. Von den rund 1000 Meter überdachten Gleisen hatte man jeweils eines der Doppelgleise abgedeckt, um die Fahrzeuge gut von beiden Seiten besichtigen zu können. In einem Anbau hatten die Aussteller eigens Zwischenwände eingezogen, um zwölf weitere Ausstellungsräume zu erhalten. Dort konnten die Besucher vor allem Bilder und Modelle besichtigen.

Auf dem Freigelände präsentierte man zahlreiche Fahrzeuge, die die Leistungsfähigkeit der deutschen Schienenfahrzeugindustrie unter Beweis stellten. Einige Fahrzeuge waren direkt aus den Werkhallen auf das Ausstellungsgelände gerollt, wie z.B. die Diesellok V 16 101 – die erste Streckendiesellok der Welt mit hydraulischer Kraftübertragung –, die ihre Jungfernfahrt direkt vom Herstellerwerk Krauss-Maffei in München zum Ausstellungsgelände nach Nürnberg unternahm. Höhepunkt und Abschluss jedes Ausstellungsbesuches war eine Fahrt mit dem Adler über eine eigens für diesen Zweck errichtete, etwa 2 km lange Strecke, die rund um das Ausstellungsgelände führte. Als die Ausstellung am 13. Oktober 1935 ihre Pforten schloss, hatte der Adler auf seinem Rundkurs 5.400 km zurückgelegt und über 200.000 Fahrgäste befördert, darunter auch den Reichsverkehrsminister und Generaldirektor der Reichsbahn Julius Dorpmüller.

Zusammen mit der Ausstellung wurde das vollständig neu eingerichtete Verkehrsmuseum in Nürnberg ebenfalls wiedereröffnet. Die Eintrittskarten für die Ausstellung galten auch für das Museum. Anlässlich der Eröffnung der Nürnberger Ausstellung gab die Deutsche Reichsbahn eine Sonderausgabe ihres amtlichen Nachrichtenblattes »Die Reichsbahn« heraus.

Ein weiterer Höhepunkt war die große Fahrzeugparade am 8. Dezember 1935, die von einem eindrucksvollen Lokzug aus zehn fabrikneuen Einheits-Schnellzuglokomotiven der Baureihen 01 und 03 eröffnet wurde, an deren Spitze die mit großen Hakenkreuzen dekorierte 01 150 rollte. Auch diese Veranstaltung sollte vor allem die Leistungsfähigkeit der Reichsbahn und ihrer Lieferanten demonstrieren. Zu den Zuschauern der Parade zählten die zeitgenössische Politprominenz, ausländische Ehrengäste und verdiente Eisenbahner.

Niemals wieder hat die Eisenbahn in Deutschland mit einem solch großen Aufwand ihren Geburtstag gefeiert. Allerdings war dieser Aufwand auch den politischen Verhältnissen in Deutschland geschuldet, denn den nationalsozialistischen Machthabern diente das Jubiläum der Eisenbahn als Propagandaveranstaltung für die eigenen Ziele.

◆ *Anlässlich des Jubiläums veröffentlichte das Reichsverkehrsministerium 1935 das Buch »Hundert Jahre Deutsche Eisenbahnen«. Auf über 500 Seiten berichtete das Buch in Sprache und Duktus der Zeit über die Geschichte der Eisenbahnen. Eine 21-seitige Geschichtstafel enthält die wichtigsten Etappen dieser Entwicklung. Im Anhang finden sich drei großformatige Karten, die das deutsche Eisenbahnnetz in den Jahren 1885, 1914 und 1935 mehrfarbig darstellen.*

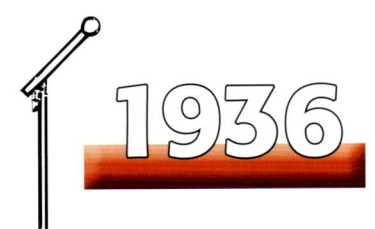

Weltrekordfahrt der 05 002

Anfang der 1930er-Jahre benötigte die Deutsche Reichsbahn-Gesellschaft (DRG) für die Erprobung neuer Reisezugwagen bei 150 km/h eine spezielle Schnellfahr-Maschine. Da Erfahrungen mit Dampflokomotiven in diesem Geschwindigkeitsbereich fehlten, schrieb die DR die Entwicklung der gewünschten Type aus. Grundlegende Arbeiten in diesem Bereich leistete die Firma Borsig, die 1933 schließlich den Zuschlag für die Konstruktion und den Bau der 2´C2´h3-Maschinen der Baureihe 05 erhielt. Beide Lokomotiven erhielten eine Stromlinienverkleidung. Dadurch konnten höhere Leistungen im oberen Geschwindigkeitsbereich erzielt werden. Die Konstrukteure der Firma Borsig hatten zuvor mit Hilfe von Modellen im Windkanal der Technischen Hochschule (TH) Berlin-Charlottenburg die optimale Form für die Stromlinienverkleidung ermittelt. Am 8. März 1935 übergab die Firma Borsig die 05 001

Mit dem Inkrafttreten des Sommerfahrplans 1936 setzte das Bahnbetriebswerk (Bw) Altona die Baureihe 05 im Schnellzugdienst auf der Strecke Hamburg–Berlin ein. Nach dem Zweiten Weltkrieg verblieben 05 001 und 05 002 sowie die 1937 gebaute 05 003 in den westlichen Besatzungszonen. In den Jahren 1950/51 ließ die Deutsche Bundesbahn (DB) die drei Maschinen wieder aufarbeiten. Dabei wurde jedoch die Stromlinienverkleidung entfernt. Anschließend übernahm das Bw Hamm die drei Loks und setzte sie vor leichten Fernschnellzügen ein. Doch nach nur wenigen Jahren hatte die Baureihe 05 bei der DB ausgedient. Die Maschinen wurden 1958 ausgemustert. Lediglich 05 001 blieb der Nachwelt erhalten. Sie wurde in den Jahren 1960/61 halbseitig mit einer Stromlinienverkleidung ausgerüstet und gehört seither zur Sammlung des Verkehrsmuseums Nürnberg.

◆ *Die weinrot lackierte 05 002 stellte am 11. Mai 1936 den Geschwindigkeitsrekord für deutsche Dampfloks auf.*
Foto: Archiv transpress

an die DRG. Wenige Wochen später, am 17. Mai 1935, folgte 05 002. Beide Maschinen übernahm die Lokomotiv-Versuchsabteilung (LVA) Grunewald (siehe S. 100 f.), die mit der Baureihe 05 ein umfangreiches Testprogramm absolvierte. Dabei bestachen die weinrot lackierten Stromlinienmaschinen durch ihre Leistung und Laufruhe.

1936 sorgte die Baureihe 05 für Aufsehen in der Fachwelt: Während einer Demonstrationsfahrt von Hamburg Hbf nach Berlin-Spandau stellte 05 002 am 11. Mai 1936 den Geschwindigkeitsrekord für deutsche Dampfloks auf. Mit einem 197 t schweren Zug erreichte die Maschine 200,4 km/h.

Technische Daten		05 001, 002	05 003
Bauart		2´C2´h3	2´C2´h3
Betriebsgattung		S 37.19	S 37.19
Länge über Puffer (Tender 2´3´T 37 St)	mm	26.265	27.000[3]
Höchstgeschwindigkeit v/r	km/h	175/50	175/50
Zylinderdurchmesser	mm	450	450
Kolbenhub	mm	660	660
Treib- und Kuppelraddurchmesser	mm	2.300	2.300
Laufraddurchmesser v/h	mm	1.100/1.100	1.100/1.100
Kesselüberdruck	kp/cm²	20[1]	20[1]
Rostfläche	m²	4,71	4,40
Verdampfungsheizfläche	m²	255,52	226,52
Dienstmasse (2/3 Vorräte)	t	201,5	215,0[4]
Brennstoffvorrat	t	10	124
Wasserkasteninhalt	m³	37	38,54
indizierte Leistung	PSi	2.360	2.400
indizierte Zugkraft	Mp	13,95[2]	13,95[2]
Anmerkungen:			

[1] später auf 16 kp/cm² verringert

[2] bei 16 kp/cm² Kesselüberdruck: 11,16 Mp

[3] mit Tender 2´3 T 35 St; nach Umbau 1945: 26.765 mm mit Tender 2´3 T 38,5

[4] mit Tender 2´3 T 38,5

Eröffnung des Rügendamms

Bereits seit dem 1. November 1863 besaß die Hansestadt Stralsund einen Bahnanschluss. Auf Rügen, der größten deutschen Insel, begann das Eisenbahnzeitalter am 1. Juli 1883 mit der Eröffnung der 1,8 Millionen Mark teueren Strecke Altefähr–Bergen. Zwei Tage später, am 3. Juli 1883, wurde der Trajektverkehr zwischen Stralsund und Altefähr aufgenommen. Mit der Inbetriebnahme der Strecke Bergen–Sassnitz am 1. Juli 1891 und der Aufnahme des Fährverkehrs zwischen Rügen und Skandinavien nahm das Verkehrsaufkommen deutlich zu. Die Fähren über den Strelasund genügten bald nicht mehr den betrieblichen Belangen. Aus diesem Grund ließ bereits 1896 das preußische Ministerium der öffentlichen Arbeiten (MdöA) die Möglichkeiten für eine Schienenverbindung zwischen Rügen und dem Festland prüfen. Neben der Errichtung einer zweigleisigen Hochbrücke stand auch der Bau eines Tunnels zur Debatte. Doch mit dem Beginn des Ersten Weltkrieges musste das Vorhaben zu den Akten gelegt werden. In den 1920er-Jahren fehlte der Deutschen Reichsbahn-Gesellschaft (DRG) das notwendige Kapital, um eine Schienenverbindung zwischen Stralsund und Rügen zu bauen. Erst 1930 entschied sich die DRG für den Bau einer eingleisigen Strecke über den Strelasund. Parallel dazu sollte eine 6 m breite Straße zwischen Stralsund und der Insel Rügen entstehen.

Drei Jahre später begann im Rahmen der so genannten Notstandsarbeiten der Bau des Rügendamms. Auf der gewaltigen Baustelle waren rund 1.200 Männer beschäftigt, die zuvor arbeitslos gemeldet waren. Zunächst wurde ein 1.840 m langer Damm aufgeschüttet. Dabei wurde auch die kleine Insel Dänholm zwischen dem Festland und Rügen genutzt. Dann folgte die Brückenkonstruktion, die aus drei Teilen bestand. Dazu gehörten die Ziegelgrabenbrücke, die Klappbrücke, die Schiffsfahrten in und aus dem Hafen Stralsund ermöglichte, und die Strelasundbrücke. Bei ihrer Fertigstellung 1936 war die Brücke des Rügendamms die größte Schweißkonstruktion der Welt. Am 5. Oktober 1936 konnte die Strecke zwischen Stralsund und Altefähr endlich ihrer Bestimmung übergeben werden. Das imposante Bauwerk hatte rund 25 Millionen Reichsmark (RM) gekostet. Es mussten 2,6 Millionen Kubikmeter Erde bewegt werden. Außerdem wurden 11.800 t Stahl und rund 48.000 t Beton verbaut. Die Straßen- und Fußgängerbrücke des Rügendamms konnte am 13. Mai 1937 eröffnet werden.

◆ *Mit einem langen Reisezug verließ 03 242 im Juni 1964 den Bahnhof Stralsund-Rügendamm. Foto: Slg. K.-J. Kühne*

Aufnahme des Wendezugbetriebes Hamburg–Travemünde bei der LBE

Die Lübeck-Büchener Eisenbahn-Gesellschaft (LBE) gehörte zu den ältesten und größten Privatbahnen in Deutschland. Bereits am 16. Oktober 1851 hatte das Unternehmen den Betrieb auf seiner Stammstrecke aufgenommen. Am 1. August 1865 folgte die Hauptbahn Hamburg–Lübeck. Doch das einst blühende Unternehmen geriet in den 1920er-Jahren durch die Inflation und die Weltwirtschaftskrise in ernste finanzielle Probleme. Einerseits wuchsen die Betriebsausgaben, andererseits war ein Großteil der Fahrzeuge und Strecken verschlissen. Der Direktor der LBE, Adolf Gerteis (1886–1957), und der maschinentechnische Dezernent, Baurat Paul Mauck, sahen nur einen Ausweg aus der Misere – es mussten neue Fahrzeuge beschafft und in die Modernisierung der Infrastruktur investiert werden. Beide wollten vor allem den Reiseverkehr attraktiver gestalten. In 40 Minuten sollte der Fahrgast von Hamburg nach Lübeck fahren können. Die Fahrt von der Alster zur Ostsee sollte maximal eine Stunde dauern.

Dieses ehrgeizige Ziel war aber mit den vorhandenen Fahrzeugen nicht zu erreichen. Für den geplanten Schnellverkehr zwischen Hamburg und Travemünde war der Einsatz von 120 km/h schnellen Doppelstock-Wendezügen vorgesehen. Die dafür benötigten spurtstarken, stromlinienverkleideten Tenderloks entwickelte die LBE in Zusammenarbeit mit der Firma Henschel & Sohn. Den Bau der zweiteiligen Doppelstockeinheiten übernahmen die Linke-Hofmann-Busch-Werke in Breslau und die Waggon- und Maschinenbau AG in Görlitz (Wumag). Am 7. April 1936 stellte die LBE ihren neuen Zug bestehend aus einer 650 PS starken Maschine und einem klimatisierten Doppelstockwagen stolz der Presse vor. Der Erfolg des neuen Angebots überraschte die LBE. Als diese am 15. Mai 1936 den planmäßigen Einsatz der Doppelstock-Wendezüge zwischen Hamburg und Travemünde aufnahm, waren die Wagen oft bis auf den letzten Platz besetzt. Binnen kürzester Zeit stiegen die Fahrgastzahlen um rund 25 % an. Die Wendezüge der LBE wurden schnell zu einem Markenzeichen des Unternehmens. Ihre graue Lackierung brachte den Tenderloks den Spitznamen »Mickymaus« ein.

Dank der steigenden Fahrgastzahlen konnte die LBE ihr 1935 begonnenes Modernisierungsprogramm weiter vorantreiben. Bis 1937 hatte das Unternehmen rund 10 Millionen Mark investiert. Die Früchte dieser Arbeit konnte die LBE aber nicht mehr ernten. Bereits seit Jahrzehnten sah die Staatsbahn in der LBE einen ernsthaften Mitbewerber im Fernverkehr in Norddeutschland. Doch die Aktionäre der LBE behielten ihre Wertpapiere, für die sie über Jahrzehnte hinweg ansehnliche Dividenden erhielten. Erst als die LBE in den 1920er-Jahren rote Zahlen schrieb, konnte die Reichsbahn schrittweise die Unternehmensanteile erwerben. 1937 gehörten ihr schließlich 86 % der Aktien der Privatbahn. Zum 1. Januar 1938 verlor die LBE ihre Eigenständigkeit und das 159,9 km lange Streckennetz wurde von der Deutschen Reichsbahn (DRB) übernommen.

◆ *Für den Wendezugdienst zwischen Hamburg und Travemünde beschaffte die LBE drei stromlinienverkleidete 1´B1´ h2-Tenderloks. Foto: Archiv transpress*

Rückführung der DRG in die Verfügungsgewalt des Deutschen Reiches

Die Ernennung Adolf Hitlers zum Reichskanzler am 30. Januar 1933 hatte auch für die Deutsche Reichsbahn-Gesellschaft (DRG) gravierende Folgen. Bis zum Frühjahr 1933 festigten die Nationalsozialisten ihre Machtposition. Dazu gehörte vor allem die Zentralisierung und die Gleichschaltung aller staatlichen Behörden und Institutionen, zu denen auch die DRG zählte. Die juristische Sonderstellung der DRG war den Nationalsozialisten schon in den 1920er-Jahren ein Dorn im Auge. Daher begannen sie umgehend damit, die Reichsbahn wieder in die unmittelbarer Verfügungsgewalt der Reichsregierung zu bringen. Bereits 1934 führten sie wieder die Bezeichnung »Deutsche Reichsbahn« ein. Der formal juristisch korrekte Begriff »Deutsche Reichsbahn-Gesellschaft« wurde nur noch in rechtsverbindlichen Unterlagen und bei Schriftwechseln mit Dritten benutzt.

Zeitgleich begann innerhalb der Deutschen Reichsbahn ein Zentralisierungsprozess. In diesem Zusammenhang wurde u.a. am 31. Dezember 1933 die Gruppenverwaltung Bayern aufgelöst. Deren Aufgaben übernahmen die Reichsbahndirektionen Augsburg, München, Nürnberg und Regensburg sowie die Oberbetriebsleitung Süd. Im Gegenzug entstand bereits am 1. Oktober 1933 das neue Reichsbahn-Zentralamt (RZA) München, das u.a. für die Entwicklung neuer Diesel- und Elektrotriebfahrzeuge verantwortlich war.

Auf Anweisung der neuen Machthaber musste die DRG das Tochterunternehmen »Reichsautobahnen« gründen, das am 7. August 1935 seine Tätigkeit aufnahm. Die DRG musste nun mit einem Teil ihres Personal und ihrer Gelder den Fernstraßenbau im Deutschen Reich finanzieren.

Nach vier Jahren hatten die Nationalsozialisten ihr Ziel erreicht: Am 30. Januar 1937 verkündete Adolf Hitler die uneingeschränkte Hoheit des Deutschen Reiches über seine Staatsbahn. Das dazu erlassene »Gesetz über die Neuregelung der Verhältnisse der Reichsbank und der Deutschen Reichsbahn« trat am 10. Februar 1937 in Kraft. Damit wurde die DRG aufgelöst und die Staatsbahn als Sondervermögen des Reiches wieder unmittelbar dem Reichsverkehrsministerium (RVM) unterstellt. Der bisherige Generaldirektor der Reichsbahn, Julius Dorpmüller (1869–1945), der die DRG seit 1926 leitete, wurde außerdem zum neuen Reichsverkehrsminister berufen. Bereits einige Tage zuvor, am 2. Februar, hatte das RVM die neue Bezeichnung »Deutsche Reichsbahn« eingeführt. Das neue Kürzel »DRB« wurde aber nur im internen Schriftwechsel gebraucht. An den Lokomotiven und Wagen fand sich entweder die Abkürzung »DR« oder der Schriftzug »Deutsche Reichsbahn«. Das Hoheitszeichen – also der Reichsadler mit dem Hakenkreuz – wurde bei der Reichsbahn erst 1939 verbindlich eingeführt. Die dazu notwendige Verfügung 61 W 6 Fkld trat am 30. Oktober 1939 in Kraft.

◆ *Ab 1939 mussten die Loks der Deutschen Reichsbahn mit dem Hoheitszeichen ausgerüstet werden. 03 1081 trug den Adler am Tender. Foto: Archiv transpress*

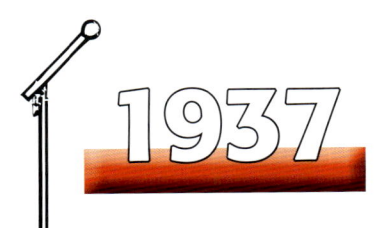

Einführung der Indusi

Ende der 1930er-Jahre galt die Deutsche Reichsbahn (DRB) weltweit als das Eisenbahn-Unternehmen mit der höchsten Betriebssicherheit. Diesen Ruf hatte sich die Reichsbahn aber hart erarbeiten müssen. Zehn Jahre zuvor sah es auf den Schienen ganz anders aus: Mitte der 1920er-Jahre verzeichnete die Hauptverwaltung der Reichsbahn jährlich zwischen 600 und 1.000 Unfälle. Die meisten Entgleisungen und Zusammenstöße verliefen zwar glimpflich, doch die schweren Havarien, wie z.B. der Zusammenstoß zweier Züge in Dinkelscherben am 31. Juli 1928 mit 16 Toten oder die Entgleisung des Schnellzuges (D) 47 Dortmund–München bei Siegelsdorf mit 24 Toten lösten in der Öffentlichkeit eine heftige Debatte über die Sicherheit bei der damaligen Deutschen Reichsbahn-Gesellschaft (DRG) aus. Vielfach wurde der DRG unterstellt, sie vernachlässige die Sicherheit zu Gunsten des Gewinns, den die DRG im Rahmen der deutschen Reparationsverpflichtungen (siehe S. 68 f.) abzuführen hatte. Um in der öffentlichen Diskussion nicht weiter in die Defensive zu geraten, wurde am 1. August 1928 der »Arbeitsausschuß zur Untersuchung der Betriebssicherheit bei der Deutschen Reichsbahn« eingesetzt. Die Mitglieder des Gremiums verschafften sich in den folgenden Wochen einen gründlichen Überblick über den Dienst der Eisenbahner, die vorhandene Sicherungstechnik und die Organisation des Betriebsdienstes. Ihre Erkenntnisse

und Empfehlungen fassten sie in einer 34-seitigen Denkschrift zusammen. Dabei stellte der Ausschuss fest, dass die Eisenbahner stets pflichtbewusst ihren Dienst erfüllten. Die gravierendsten Schwachpunkte im System waren jedoch die zahllosen, noch aus der Länderbahnzeit stammenden Vorschriften und die vielerorts nicht mehr zeitgemäße Sicherungstechnik. Die DRG handelte umgehend: Sie vereinheitlichte die Dienstvorschriften und beschäftigte sich mit der Entwicklung neuer Technologien. Vorrang besaß dabei die Beschaffung einer Zugsicherung, die das Überfahren »Halt!« zeigender Hauptsignale wirksam verhindern sollte. Das dazu unter der Leitung von Reichsbahnrat Kraußkopf eingerichtete Sonderdezernat im Reichsbahn-Zentralamt (RZA) beschäftigte sich dabei mit zwei unterschiedlichen Systemen – der Optischen Zugsicherung (Opsi) und der Induktiven Zugsicherung (Indusi). Nach umfangreichen Versuchen mit beiden Sicherungstechniken entschied sich die Reichsbahn 1937 endgültig für die Indusi, da sie die Forderungen des Betriebes hinsichtlich der Funktionsfähigkeit bei jedem Wetter und einer einfachen Bedienung durch das Lokpersonal am besten erfüllte. Bei der Indusi mussten die Lokomotiven und Triebwagen neben einem Magneten mit einer entsprechenden Stromversorgung und einer Steuerung für die Bremsanlage ausgerüstet werden. Die Signale erhielten einen so genannten Gleismagneten. Der ab Mitte

◆ *Die DRG rüstete zunächst die im Schnellzugdienst eingesetzten Loks mit einer Indusi aus. Dazu gehörte auch 03 273. Foto: C. Bellingrodt, Slg. K.-J. Kühne*

der 1930er-Jahre verwendete Lokomotivmagnet konnte drei Felder mit einer Frequenz von 500, 1.000 und 2.000 Hz aussenden. Jeder Frequenz war ein bestimmtes Signalbild zugeordnet. Hauptsignale besaßen Gleismagneten mit 2.000 Hz (Fahrsperre). Vorsignale waren meist mit 1.000 Hz-Magneten ausgerüstet, die eine Wachsamkeitsprüfung ermöglichten. 500 Hz-Magneten dienten zur Geschwindigkeitsüberprüfung vor dem Hauptsignalen oder an ausgewählten Gefahrenpunkten (z.B. bei Langsamfahrstellen in Gefälleabschnitten oder Kurven). Die Indusi funktionierte nach dem so genannten Wachsamkeitsprinzip. Das bedeutete, es wurde die Aufmerksamkeit des Lokführers zum Zeitpunkt der Vorbeifahrt am Signal bzw. Magneten geprüft. Fuhr ein Lokführer an einem Vorsignal vorbei, musste er innerhalb von zehn Sekunden die Wachsamkeitstaste der Indusi betätigen. Erfolgte dies nicht, wurde eine Zwangsbremsung ausgelöst. Passierte die Lok einen 500 Hz-Magneten zu schnell, ertönte eine Warnsignal. Wurde die Geschwindigkeit in den folgenden 15 Sekunden nicht verringert, folgte eine Zwangsbremsung. Bei der Vorbeifahrt an einem »Halt!« zeigenden Hauptsignal wurde sofort eine Schnellbremsung ausgelöst.

Schon Mitte der 1930er-Jahre hatte die Reichsbahn versuchsweise 2.600 km ihrer Hauptstrecken mit der Indusi ausgerüstet. Bis 1944 waren es bereits rund 6.700 km. Außerdem besaßen etwa 870 Maschinen eine Indusi-Anlage.

In den 1950er-Jahren forcierte die Deutsche Bundesbahn (DB) die Umrüstung ihrer Strecken und Fahrzeuge mit der Indusi. 20 Jahre später waren nahezu alle Strecken entsprechend umgebaut.

Bei der Deutschen Reichsbahn (DR) waren in den 1960er-Jahren nur wenige Hauptstrecken mit einer Zugsicherung ausgerüstet. Erst ab Ende der 1970er-Jahre trieb die DR den Einbau der »Punktförmigen Zugbeeinflussung« (PZB), wie die Indusi nun genannt wurde, weiter voran. Die PZB 80, die 1983 auf etwa 600 km Strecke lag, besaß im Gegensatz zur alten DRG-Technik zwölf Fahrprogramme. Heute müssen alle Triebfahrzeuge, die die Strecken der Deutschen Bahn AG befahren wollen, über eine PZB verfügen.

◆ *Heute gehörte die Indusi zur Standardausrüstung eines jeden Triebfahrzeuges, das auf den Strecken der DB AG eingesetzt werden soll. Foto: D. Endisch*

Gründung des LVA-Grunewald

Das Lokomotiv-Versuchsamt (LVA) Grunewald der Deutschen Reichsbahn-Gesellschaft (DRG) setzte seit Ende der 1920er-Jahre bei der Erprobung neuer Triebfahrzeuge international Maßstäbe. Die Grundlage dafür schuf bereits die Preußische Staatsbahn, die am 1. April 1907 das Eisenbahn-Zentralamt (EZA) schuf. Das EZA besaß ein Dezernat für die Entwicklung neuer Lokomotiven und eines für die Erprobung neuer Fahrzeuge. Doch das Versuchswesen bei der Eisenbahn war noch im Anfangsstadium. Neue Lokomotiven wurden meist vor einem vorher verwogenen Zug untersucht. Weil die jeweils genutzten Züge ein unterschiedliches Gewicht hatten, wiesen die Messwerte noch erhebliche Abweichungen auf.

Die DRG erkannte die Bedeutung des Versuchswesens. Mit der Übernahme der Länderbahnen durch das Deutsche Reich entstand im Berliner Zentralamt das Dezernat 22, »Versuche mit Dampflok«, das ab 1922 von Hans Nordmann (1879–1957) geleitet wurde. Diesem Dezernat unterstand direkt die Lokomotiv-Versuchsabteilung (LVA) Grunewald, die von 1922 bis 1931 von Karl Günther (1888–1967) geleitet wurde. Die LVA hatte ihr Domizil in der ehemaligen Richthalle der Dampflokfertigung des Reichsbahnausbesserungswerks (RAW) Grunewald. Dank der großzügigen Unterstützung von Friedrich Fuchs (1871–1958) aus der Reichsbahn-Hauptverwaltung konnten Nordmann und Günther die LVA binnen weniger Jahre zu einer der führenden Versuchseinrichtungen in Europa entwickeln.

Dies war nur möglich, da es den Mitarbeitern der LVA gelang, das Versuchswesen auf eine wissenschaftliche Basis zu stellen. Besondere Verdienste erwarb sich dabei der junge Ingenieur Karl Koch (1893–1983), der gemeinsam mit Nordmann und Günther die Grundlagen für die moderne Fahrzeugerprobung schuf. Um genaue und vergleichbare Verbrauchs- und Leistungszahlen gewinnen zu können, definierten sie den so genannten Beharrungszustand. Diesen hatte die Lok erreicht, wenn die Beschleunigung endete und sich das Fahrzeug mit einer konstanten, vorgegebenen Geschwindigkeit bewegte. Für die Erprobung einer Lok mussten bis zu 210 Fahrten im Beharrungszustand erfolgen. Da dies mit den bisher üblichen Versuchzügen nicht möglich war, schlug Karl Koch den Einsatz so genannter Bremslokomotiven vor. Diese ersetzten schließlich den Messzug.

Doch die LVA Grunewald, die ab 1931 von Walther Helberg (1899–1991) und ab 1935 von Werner Weber geführt wurde, sorgte nicht nur durch ihre neuen Messverfahren in der Fachwelt für Aufsehen. Auch in der technischen Ausrüstung setzte sie Maßstäbe. Für die Ermittelung der benötigten Werte hielt die LVA Grunewald Messwagen vor. Darüber hinaus gab es in Grunewald mehrere Prüfstände, auf denen u.a. Lichtmaschinen, Pumpen, Rohre und Ventile auf ihre Leistung, Zuverlässigkeit und Wirtschaftlichkeit hin überprüft werden konnten. Der ganze Stolz der LVA Grunewald war jedoch ihr am 17. Juni 1930 eingeweihter Fahrzeug-Prüfstand, auf dem Dampf- und Dieselloks bis zu einer Geschwindigkeit von 100 km/h erprobt werden konnten. Für das Fundament der 41 m langen, 11,5 m breiten und 11,2 m hohen Halle mussten 46 Beton-Pfähle in den Boden gerammt werden. Die Bodenplatte für den eigentlichen Prüfstand war 3 m breit und bis zu 2 m stark. Zu den wichtigsten Baugruppen des Prüfstandes zählten die Fundamentbrücke mit der Auffahrvorrichtung, die Bremsanlage, der Bedienungsgang, die

◆ Die Mitteldrucklok 44 012 wurde von der LVA Grunewald 1933 gründlich messtechnisch untersucht. Foto: Slg. J. Töpelmann, Archiv transpress

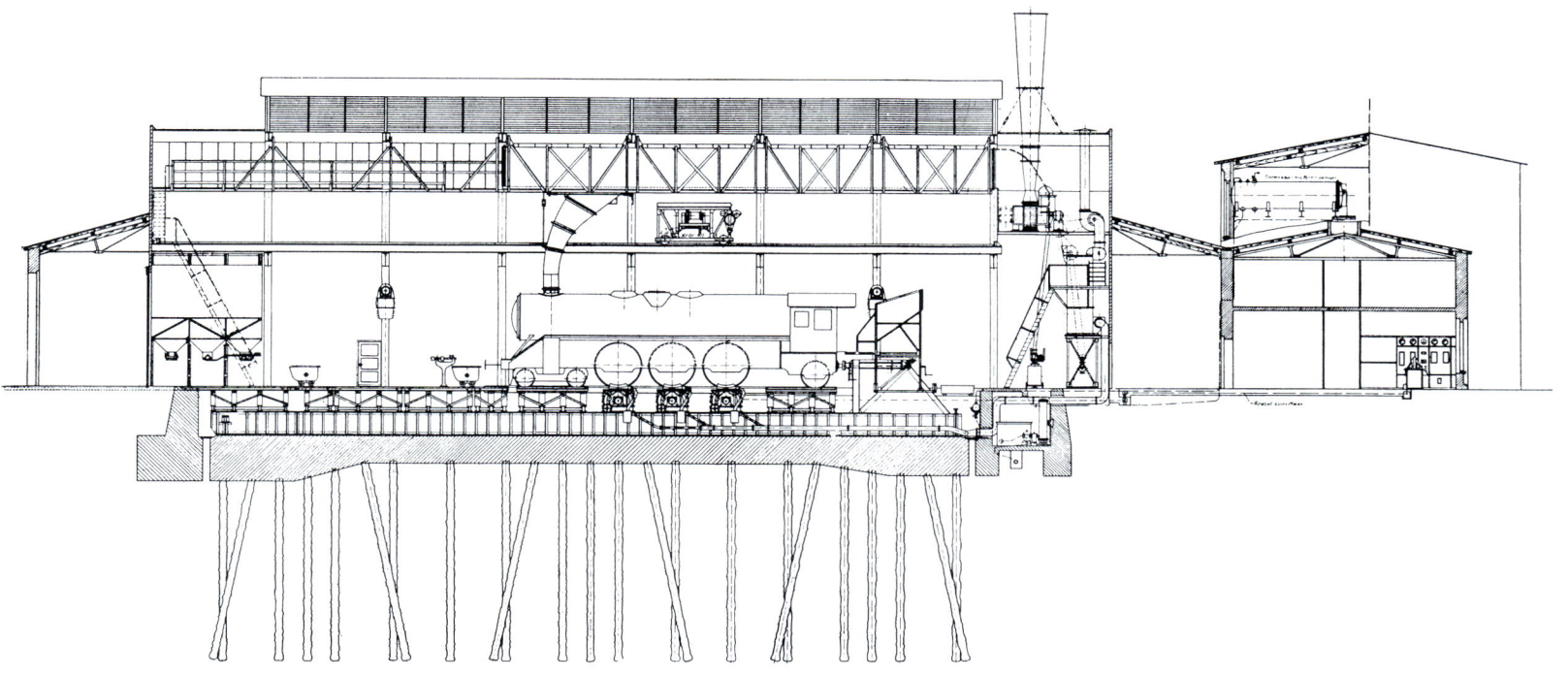

◆ *Viel Geld hatte die DRG in den Bau des Fahrzeug-Prüfstandes für die LVA Grunewald investiert. Abbildung: Slg. K.-J. Kühne*

Besandungs- und Sandabsauganlage und der Messraum. Außerdem besaß der Prüfstand zahlreiche Hilfseinrichtungen, wie den Kohlebunker, die Speisewasserversorgung, die Entschlackungsanlage und die Rauchgasabführung. Doch der Prüfstand erfüllte nicht die in ihn gesetzten Erwartungen. Dampfloks konnten hier nur bedingt untersucht werden, da Teile des Triebwerks aufgrund der fehlenden Kühlung durch den Fahrtwind schneller zum Heißlaufen neigten. Für die Erprobung von Dieselloks und Triebwagen war er hingegen bestens geeignet.

Ab Mitte der 1930er-Jahre räumte die LVA Grunewald, die ab 2. Februar 1938 als »Lokomotiv-Versuchsamt« bezeichnet wurden, auch Untersuchungen zu den Laufeigenschaften der Lokomotiven breiten Raum ein. Dafür hatte man 1935 einen so genannten Schwingungsmesswagen entwickelt. Vor diesem wurden nicht nur Schnell- und Personenzugloks erprobt. Auch das Laufverhalten der Güterzugloks war Gegenstand der Versuchsarbeit.

Während des Zweiten Weltkrieges setzte das LVA Grunewald, dem ab 1. Dezember 1939 Friedrich Röhrs (1901–1981) vorstand, seine Tätigkeit fort. Erst die zahlreichen Bombenangriffe auf Berlin schränkten die Arbeit des LVA ein. Einige Arbeitsgruppen wurden daher in andere Regionen verlegt. Mit dem Näherrücken der Front

im Frühjahr 1945 ordnete Friedrich Witte (1900–1977), der seit 1942 das Konstruktionsdezernat leitete, die Demontage aller Anlagen und Instrumente an. Diese wurden verladen und nach Göttingen gebracht. Als schließlich die Rote Armee Berlin erobert hatte, war das LVA Grunewald bereits Geschichte.

◆ *89 001 stand im Juni 1935 auf dem Gelände der LVA Grunewald. Die Lok war für geplante Messfahrten mit allerlei Gerät versehen. Foto: Slg. K.-J. Kühne*

Unfall von Genthin

Der 22. Dezember 1939 ging als der dunkelste Tag in die deutsche Eisenbahngeschichte ein. Beim Zusammenstoß zweier Schnellzüge im Bahnhof Genthin starben 186 Menschen.

Im Dezember 1939 waren die Fernzüge der Deutschen Reichsbahn überfüllt. So auch an jenem Tag, als der D 10 nach Köln in Berlin seine Reise begann. Durch die Verzögerungen beim Ein- und Aussteigen hatte der D 10 bereits in Brandenburg zwölf Minuten Verspätung. An der Blockstelle Kade musste der Zug halten, da der Blockabschnitt davor noch nicht frei war. Nun belief sich die Verspätung des D 10 bereits auf 27 Minuten.

Hinter dem D 10 folgte der D 180 Berlin–Neunkirchen (Saar), der den Abschnitt Potsdam–Magdeburg planmäßig ohne Halt durchfuhr. Doch die Verspätung des D 10 wirkte sich auch auf den D 180 auf – dieser wurde nun immer wieder »gestutzt«. Die Vorsignale zeigten »Warnstellung«, was den Lokführer zum Bremsen zwang. An den »Fahrt frei!« zeigenden Hauptsignalen konnte der Zug wieder mit Höchstgeschwindigkeit vorbeifahren. Diese Fahrweise kostete natürlich deutlich mehr Dampf. Routinierte Personale fuhren deshalb ohne zu Bremsen an den Vorsignalen vorbei, in der Hoffnung, dass das Hauptsignal die Fahrtstellung anzeigen werde. So tat es auch der Lokführer des D 180, der in Großwusterwitz und Kade »gestutzt« wurde. Hinter Kade folgte eine Nebelbank. Wenig später dann die verhängnisvolle Fehlreaktion des Lokführers – er übersah das »Halt!« zeigende Signal der Blockstelle Belicke. Warum, ist bis heute nicht zweifelsfrei geklärt.

Der Wärter der Blockstelle Belicke informierte sofort die Eisenbahner an der Schrankenbude 89 und auf dem Stellwerk Genthin Ost (Go). Doch der Schrankenwärter hatte keine Möglichkeit mehr, den D 180 anzuhalten. Der Stellwerkswärter griff nach dem Anruf aus Belicke die elektrische Handlampe, blendete diese mit der roten Scheibe ab und gab das Schutzhaltesignal. Doch als er dieses Signal gab, fuhr nicht der D 180 sondern der noch vor ihm liegende D 10 in Genthin ein. Der Heizer des D 10 erkannte das Signal rund 100 m vor dem Stellwerk. Der Lokführer leitete sofort die Schnellbremsung ein. Wenige Minuten später, um 0.53 Uhr fuhr dann der D 180 mit etwa 100 km/h auf den D 10 auf.

◆ In den Trümmern des D 10 starben 186 Menschen. Foto: Slg. Preuß

Den Rettungskräften bot sich an der Unglücksstelle ein Bild des Grauens: Durch die Wucht des Aufpralls wurden die beiden letzten Wagen des D 10 völlig zerstört. Außerdem entgleisten vier Wagen des D 10 und sechs des D 180. Neben den 186 Toten waren auch 106 Verletzte zu beklagen.

Der Prozess über das Unglück von Genthin begann am 6. Juni 1940 vor der großen Strafkammer in Magdeburg. Der Lokführer des D 180 wurde zu drei Jahren Gefängnis verurteilt. Heute erinnert ein schlichtes Denkmal vor dem Bahnhof Genthin an das schwerste Zugunglück in Deutschland.

Indienststellung der ersten Kriegsdampflok

Die Baureihe 52 ist die meist gebaute deutsche Dampflok. Ihre Entstehung ist eine Folge des Zweiten Weltkrieges. In den strategischen Planungen der Deutschen Wehrmacht spielte die Eisenbahn zunächst nur eine untergeordnete Rolle. Während der »Blitzkriege« zwischen 1939 und 1941 wurde der überwiegende Teil der Truppen und des Nachschubs mit Kraftfahrzeugen transportiert. Doch während des so genannten Russland-Feldzuges ab Sommer 1941 erwies sich diese Strategie als völlig ungeeignet. Die immer länger werdenden Transportwege konnten nur noch mit Hilfe der Eisenbahn bewältigt werden. Doch die Deutsche Reichsbahn (DRB) war fahrzeugtechnisch auf den Krieg kaum vorbereitet. Es fehlten nicht nur Lokomotiven, sondern die meisten Typen waren auch nicht für den Einsatz in den besetzten Gebieten der Sowjetunion geeignet. Dies zeigte sich vor allem im Winter 1941/42, als zahlreiche Maschinen mit Frostschäden ausfielen.

Die DRB versuchte zunächst den Bedarf an robusten aber leistungsstarken Maschinen durch die Vereinfachung der Baureihen 44, 50 und 86 zu decken. Doch die so genannten Übergangs-Kriegslokomotiven genügten nicht, zumal das Oberkommando der Wehrmacht (OKW) deutlich höherer Produktionszahlen verlangte. Im Dezember 1941 erhielt die Industrie schließlich den Auftrag, eine spezielle Kriegsdampflok zu entwickeln. Diese sollte leistungsmäßig der Baureihe 50 entsprechen, jedoch deutlicher einfacher gebaut sein. Die Kriegsloks waren für eine Einsatzdauer von etwa fünf Jahren vorgesehen. Nach der Einbeziehung des Lokbaus in das deutsche Rüstungsprogramm im März 1942 wurde die Entwicklung der Baureihe 52 mit Hochdruck vorangetrieben. Im September 1942 konnte die Firma Borsig schließlich den Prototypen 52 001 ausliefern. Durch die Vereinfachung der Konstruktion konnten bei der Baureihe 52 im Vergleich zur Baureihe 50 rund 1.000 Einzelteile und 6.000 Arbeitsstunden eingespart werden. Typisch für die Kriegslok waren u.a. der Blechrahmen, der fehlende Vorwärmer, der Frostschutz, die im Gesenk geschmiedeten Treib- und Kuppelstangen, das geschlossene Führerhaus und der Wannentender. 1943 begann die Serienfertigung der Baureihe 52. Für den Einsatz in den Steppengebieten der Sowjetunion wurden einige Maschinen mit Kondenstendern ausgerüstet.

Erst nach dem Zweiten Weltkrieg endete die Produktion. Über 6.700 Maschinen haben die Werkhallen verlassen. Nicht nur die Reichsbahn in Ost und West setzte die Kriegsloks nach 1945 beim Wiederaufbau ein. Auch in Belgien, Bulgarien, der ČSSR, Jugoslawien, Luxemburg, Norwegen, Österreich, Polen, Rumänien, der Sowjetunion, der Türkei und Ungarn kamen die Maschinen teilweise über Jahrzehnte hinweg zum Einsatz. Erst in den 1990er-Jahre hatten die letzten von ihnen ihre Schuldigkeit getan.

◆ *52 001 wurde am 12. September 1942 abgeliefert. Nach dem Zweiten Weltkrieg verblieb sie bei der DB und wurde 1954 ausgemustert. Foto: Slg. K.-J. Kühne*

Technische Daten			BR 52	BR 52Kon[3]	BR 52Kon[4]
Bauart			1´E h2	1´E h2	1´E h2
Betriebsgattung			G 56.15	G 56.15	G 56.15
Länge über Puffer (Tender 2´2´T 30)	mm		22.975	27.535	26.205
Höchstgeschwindigkeit v/r	km/h		80[1]/50	80[1]/50	80[1]/50
Zylinderdurchmesser	mm		600	600	600
Kolbenhub	mm		660	660	660
Treib- und Kuppelraddurchmesser	mm		1.400	1.400	1.400
Laufraddurchmesser v	mm		850	850	850
Kesselüberdruck	kp/cm²		16	16	16
Rostfläche	m²		3,89	3,89	3,89
Verdampfungsheizfläche	m²		177,83	177,83	177,83
Dienstmasse (2/3 Vorräte)	t		129,42	155,1	147,3
Brennstoffvorrat	t		10	9	9
Wasserkasteninhalt	m³		30	16	13,5
indizierte Leistung	PSi		1.620	1.520	1.520
indizierte Zugkraft	Mp		21,72	21,72	21,72
Anmerkungen:					

[1] nur für Loks mit Achsstellkeilen; sonst 70 km/h
[2] mit Barrenrahmen: 129,8 t
[3] gültig für 52 1850–52 1986 mit Kondenstender 3´2´T 16
[4] gültig für 52 1987–52 2027 mit Kondenstender 2´2´T 13,5

Bildung der Lokomotiv-Kolonnen

Nach der bedingungslosen Kapitulation der deutschen Wehrmacht am 8. Mai 1945 waren die Anlagen der Deutschen Reichsbahn (DR) in der sowjetischen Besatzungszone (SBZ) vielerorts zerstört. Die Bestandsaufnahme der Hauptverwaltung (HV) der DR sprach für sich: Danach waren u.a. 13,8 % der Strecken, 14 % der Bahnhofsgebäude, 19 % der Stellwerke und 66 % der Reichsbahnausbesserungswerke (Raw) zerstört. Ähnlich katastrophal war der Zustand des Fahrzeugparks. Hier waren 56 % der Lokomotiven und Triebwagen, 59 % der Reisezugwagen und 20 % der Güterwagen beschädigt. Angesichts des Ausmaßes der Zerstörungen gelang es den Eisenbahnern nur langsam, die Anlagen von den Trümmern zu befreien und wieder den Betrieb aufzunehmen.

Dabei waren die Eisenbahner aber in ihrem Entscheidungsspielraum erheblich eingeschränkt. Bereits unmittelbar nach dem Ende der Kampfhandlungen hatte die Transportabteilung der Sowjetischen Militäradministration in Deutschland (SMAD) die Leitung des Verkehrswesens in ihrer Besatzungszone übernommen. Für die SMAD besaß zunächst die Aufrechterhaltung der Nachschub- und Militärtramsporte absoluten Vorrang. Außerdem setzte die SMAD bereits ab Sommer 1945 die sowjetischen Reparationsforderungen in Höhe von 10 Milliarden Dollar in ihrer Besatzungszone rigoros um. Noch vor der Potsdamer Konferenz (17.07.–02.08.1945), auf der die alliierten Siegermächte über die weitere Zukunft verhandelten, begann in der SBZ die Demontage ganzer Industriekomplexe und Unternehmen. Diese Demontage betraf natürlich auch die DR. Hier wurden etwa 1.000 km Nebenbahnen, der größte Teil des 6.000 km langen zweiten Streckengleises auf Hauptbahnen sowie zahllose Nebengleise auf Bahnhöfen demontiert. Darüber hinaus beschlagnahmte die SMAD zahlreiche Triebfahrzeuge – meist handelte es sich um erste wenige Jahre alte Maschinen der Baureihen 42, 50 und 52 – sowie ungezählte Personen- und Güterwagen. Auch Werkstätten, wie z.B. das Raw Brandenburg West und das Raw Rostock, mussten abgebaut werden. 1946 wurden auch nahezu alle Elektroloks nach Osten und die Einrichtungen für die elektrische Zugförderung in die Sowjetunion gebracht.

◆ *Die Kolonnenloks besaßen russische und deutsche Anschriften. Die Kolonne 28 war von 1945 bis 1947 in Staßfurt und Güsten stationiert. Foto: Slg. D. Endisch*

♦ *50 1433 stand längere Zeit in Diensten der Lokkolonne 7 des Bw Berlin-Karlshorst. Foto: Slg. D. Endisch*

♦ *52 7749 gehörte zu den zahlreichen Kolonnenloks. Von 1949 bis 1954 gehörte sie zur Kolonne 10 (Bw Cottbus). Foto: P. Gericke, Slg. D. Endisch*

Doch die DR musste auch Reparationsleistungen in Form von Dienstleistungen erbringen. Dazu ordnete die SMAD zum 4. August 1945 die Bildung von so genannten Lokomotiv-Kolonnen an. Dafür musste die DR die Maschinen und Personale stellen, die ausschließlich in Diensten der SMAD standen. Die Lokkolonnen bespannten in der SBZ sowie zwischen der SBZ und der polnisch-sowjetischen Grenze Militär-, Nachschub- und Güterzüge. Diese waren aber nicht nur mit Beutestücken, so genannten Trophäen, oder Reparationsgut beladen. Zu den Aufgaben der Lokkolonnen gehörten auch Züge mit Kriegsgefangenen. Für diese Transportbrigaden musste die DR ihre besten Maschinen zur Verfügung stellen. Die Lokkolonnen setzten meist die Baureihen 50 und 52 ein. Aber auch die Schnellzugloks der Baureihe 01 standen zeitweise in Diensten der Besatzungsmacht.

Laut einer Aufstellung der Generaldirektion (GD) der DR vom 31. Dezember 1946 gehörten insgesamt 943 Dampfloks der Baureihen 01, 41, 42, 43, 44, 50, 52 und 58 zu den Lokkolonnen, die ihren Sitz in ausgewählten Bahnbetriebswerken hatten. Da die Einsätze in Richtung Sowjetunion meist Tage, mitunter sogar Wochen dauerten, musste die DR für jede eingesetzte Kolonnenlok noch einen Begleiterwagen für das Lok- und Zugpersonal zur Verfügung stellen. Die Transportverwaltung der SMAD ordnete am 30. Dezember 1946 die Umstrukturierung der Lokkolonnen an. Fortan wurden die Tramsportbrigaden in so genannte Nah- und Fernkolonnen unterteilt. Die Nahkolonnen übernahmen nur noch Einsätze innerhalb einer Direktion bzw. in der SBZ. Die Fernkolonnen fuhren hingegen weiter in Richtung Osten. Letztere waren in den folgenden Bahnbetriebswerken stationiert:

Berlin-Gesundbrunnen	(Kolonne 6),
Berlin-Grunewald	(Kolonne 16),
Berlin-Karlshorst	(Kolonne 7),
Berlin-Ostbahnhof	(Kolonne 4),
Berlin-Pankow	(Kolonne 3),
Berlin-Rummelsburg	(Kolonnen 1 und 8),
Berlin-Schöneweide	(Kolonne 5),
Chemitz Hbf	(Kolonne 13),
Cottbus	(Kolonnen 24 und 25),
Dresden-Friedrichstadt	(Kolonne 10),
Falkenberg	(Kolonne 19),
Güstrow	(Kolonne 22),
Hoyerswerda	(Kolonne 23),
Senftenberg	(Kolonne 20),
Stendal	(Kolonne 29),
Lutherstadt Wittenberg	(Kolonne 18)
Zwickau	(Kolonnen 14 und 15)

Im Frühjahr 1947 wurden die ersten Kolonnen aufgelöst bzw. zusammengefasst. Bis 1949 verringerte sich die Anzahl der Lokkolonnen auf 14, die nur noch in die Direktionen Berlin, Cottbus und Greifswald stationiert waren. Dafür musste die DR am Ende 1949 noch 23 Maschinen der Baureihe 01, 87 Maschinen der Baureihe 50 und 267 Maschinen der Baureihe 52 vorhalten. Mehr als 2.100 Eisenbahner gehörten noch zu den Transportbrigaden. Erst vier Jahre später verzichtete die sowjetische Besatzungsmacht auf die Kolonnen, die am 1. Juli 1954 ausgelöst wurden. Heute erinnern nur noch die Stempel »Transportbrigade« oder »Lokkolonne« in den erhalten gebliebenen Betriebsbüchern an dieses Kapitel der Eisenbahngeschichte.

Gründung der Deutschen Bundesbahn

Auch nach der bedingungslosen Kapitulation der Deutschen Wehrmacht am 8. Mai 1945 bestand die Deutsche Reichsbahn in den vier Besatzungszonen weiter. Zwar sah das am 2. August 1945 veröffentlichte Kommuniqué der Potsdamer Konferenz u.a. gemeinsame Verkehrseinrichtungen für das besetzte Deutschland vor, doch mit den sich verschärfenden Spannungen zwischen den westlichen Besatzungsmächten und der Sowjetunion zerfiel die gemeinsame Verwaltung der Reichsbahn. Die Sowjetische Militäradministration in Deutschland (SMAD) hatte bereits am 27. Juli 1945 die Gründung von elf so genannten Deutschen Verwaltungen angeordnet. Diese nahmen am 10. August 1945 unter sowjetischer Aufsicht ihre Arbeit auf. Dazu gehörte auch die Deutsche Zentralverwaltung des Verkehrs (DZVV), der die Hauptverwaltung (HV) der Deutschen Reichsbahn (DR) in der sowjetischen Besatzungszone unterstand.

Auch in den drei westlichen Besatzungszonen entstanden eigene Verwaltungseinheiten. Der Chef des Transportwesens der amerikanischen Truppen in Europa setzte für seinen Zuständigkeitsbereich einen Generaldirektor ein. Auf dessen Verfügung hin wurde am 19. Juli 1945 in Frankfurt (Main) die »Oberbetriebsleitung United States Zone« gegründet, der die Reichsbahndirektionen (RBD) Augsburg, Frankfurt (Main), Kassel, München, Nürnberg, Regensburg und Stuttgart sowie das Reichsbahn-Zentralamt (RZA) München unterstanden. Die britische Militärregierung bestellte einen General zum Generaldirektor der Reichsbahn in ihrer Zone. Dieser ordnete am 20. August 1945 die Bildung der »Reichsbahn-Generaldirektion in der Britischen Zone« in Bielefeld an. Ihr waren die Direktionen Essen, Hamburg, Hannover, Köln, Münster und Wuppertal sowie das RZA Göttingen unterstellt. Die DR-Verwaltung für die französische Zone entstand

◆ *Der Buchillustrator und Grafiker Eduard Ege entwarf 1954 den bekannten »DB-Keks«. Foto: U. Miethe*

entsprechend eines Befehls der Militärregierung vom 8. Januar 1946 in Speyer. Dort nahm am 27. Mai 1946 die »Oberdirektion der Deutschen Eisenbahn in der französisch besetzten Zone« ihre Arbeit auf. Ihr Zuständigkeitsbereich erstreckte sich auf die Reichsbahndirektionen Karlsruhe, Mainz und Saarbrücken. Entsprechend eines Beschlusses der Regierungen der Länder Rheinland-Pfalz, Baden und Württemberg-Hohenzollern vom 25. Juni 1947 wurde die Verwaltung in Speyer am 1. November 1947 in die Generaldirektion der Südwestdeutschen Eisenbahnen umgewandelt. Erst 1952 wurde diese Verwaltung wieder aufgelöst. Zwar hatten die Besatzungsmächte im Sommer 1945 vereinbart, die wirtschaftliche Einheit Deutschlands wiederherzustellen, dies scheiterte jedoch an dem sich kontinuierlich vertiefenden Gegensatz zwischen den östlichen und westlichen Besatzungsmächten. Bereits im Frühjahr 1946 verhandelten Vertreter der amerikanischen und der britischen Militärverwaltung über eine engere Zusammenarbeit, die schließlich in der Bildung des so genannten »Vereinigten Wirtschaftsgebietes«, der Bi-Zone, münden. Dazu wurden zwischen dem 10. September und 1. Oktober 1946 Abkommen über die Bildung von Verwaltungen für Ernährung (Stuttgart), Verkehr (Bielefeld), Wirtschaft (Minden), Finanzen (Bad Homburg) und Post (Frankfurt/Main) unterzeichnet. Dadurch entstand die »Hauptverwaltung der Eisenbahnen in der Britischen und US-Zone«, die ihren Sitz in Bielfeld hatte und ab 11. Dezember 1946 als »Hauptverwaltung der Eisenbahnen des amerikanischen und britischen Besatzungsgebietes« bezeichnet wurde. Mit Wirkung vom 11. Dezember 1947 hatte diese Verwaltung ihren Sitz in Offenbach (Main). Geführt wurde die Behörde von einem »Präsidenten der Deutschen Reichsbahn im Vereinigten Wirtschaftsgebiet«.

Erst mit der Gründung der Bundesrepublik Deutschland durch die konstituierende Sitzung des Bundestages und des Bundesrates am 7. September 1949 hatte auch der Name »Deutsche Reichsbahn« für die Staatsbahn im Westen Deutschlands ausgedient. Bereits am Abend des 6. September 1949 teilte die Offenbacher Verwaltung per Telegramm mit, dass das Unternehmen fortan als »Deutsche Bundesbahn« bezeichnet wird, obwohl es dafür noch gar keine gesetzliche Grundlage gab. Erst ein Erlass des Bundesverkehrsministeriums vom 11. Oktober 1949 führte den Begriff »Deutsche Bundesbahn« (DB) offiziell ein. Mit dem Inkrafttreten des Bundesbahn-Gesetzes am 18. Dezember 1951 wurden die ehemalige Reichsbahn im Vereinigten Wirtschaftsgebiet und die Südwestdeutschen Eisenbahnen zusammengefasst. Die Eisenbahnen im Saarland wurden hingegen erst am 1. Januar 1957 der DB unterstellt. Dabei besaß die Bundesbahndirektion (DB) Saarbrücken jedoch noch eine gewisse Autonomie, die erst am 5. Juli 1959 endete.

◆ *Das bis heute bekannteste DB-Plakat befasste sich mit den Auswirkungen des Wetters auf den Eisenbahnverkehr. Abbildung: Slg. Reiners*

Zu diesem Zeitpunkt hatte das Flügelrad als Symbol für die Staatsbahn im Westen ausgedient. Der Bundesbahn-Präsident Edmund Frohne schrieb 1954 ein neues Logo für die Bundesbahn aus. Den Wettbewerb gewann der Grafiker und Buchillustrator Eduard Ege (1893–1978). Dieser umgab die beiden mehrfach abgerundeten Initialbuchstaben mit einer ebenfalls abgerundeten Umrandung. Ab 1955 zierte das charakteristische DB-Signet die Fahrzeuge, Gebäude und Papiere der Bundesbahn. Erst 1994 hatte es ausgedient.

Aufnahme des Interzonenverkehrs

Mit der bedingungslosen Kapitulation der Deutschen Wehrmacht am 8. Mai 1945 brach auch der Eisenbahnverkehr im Deutschen Reich zusammen. Da die Eisenbahn aber nicht nur für die Versorgung der Bevölkerung, sondern auch für den Nachschub der Besatzungsmächte unverzichtbar war, begannen die Eisenbahner entsprechend den Anweisungen der lokalen Militärbefehlshaber damit, den Betrieb schrittweise wieder aufzunehmen.

Die endgültige Aufteilung Deutschlands in vier Besatzungszonen hatte erhebliche Folgen für den Bahnverkehr. Anfang Juli 1945 marschierte die Roten Armee in die zuvor von Briten und US-Amerikanern besetzten Gebiete in Brandenburg, Sachsen-Anhalt, Thüringen und Sachsen ein. Die neue Demarkationslinie zwischen der sowjetischen Besatzungszone (SBZ) sowie den Gebieten der britischen und amerikanischen Zone unterbrach 39 Strecken der Deutschen Reichsbahn, neun Klein- und Privatbahnen sowie eine Werkbahn. Obwohl die meisten dieser Verbindungen befahrbar waren, durften vorerst keine Züge die Demarkationslinie passieren. Die Besatzungsmächte ordneten zunächst die Verwaltung der Reichsbahn in ihren Bereichen. In Frankfurt (Main) nahm am 11. August 1945 die Oberbetriebsleitung der United States Zone ihre Arbeit auf. In Bielefeld saß ab 20. August 1945 die Reichsbahn-Generaldirektion der britischen Zone. In der sowjetischen Besatzungszone wurde am 27. Juli 1945 die Zentralverwaltung des Verkehrs in Berlin errichtet. Für die Besatzungsmächte besaß zunächst der Güterverkehr zwischen den Westzonen und den Westsektoren Berlins oberste Priorität. Die Züge von und nach Berlin nutzten dabei die Strecken Oebisfelde–Vorsfelde und Marienborn–Helmstedt. Der Personen- und der zivile Güterverkehr zwischen Ost und West ruhten weiterhin.

Erst am 1. Oktober 1945 konnten sich Amerikaner, Briten und Sowjets auf einen Austausch von Lokomotiven, Güter- und Personenwagen sowie Dienstfahrzeugen, die nicht zu den Direktionen in ihrem Bereich gehörten, verständigen. Der Fahrzeugaustausch fand in den Bahnhöfen Lübeck, Büchen, Oebisfelde, Helmstedt, Jerxheim, Eichenberg, Bebra, Ludwigstadt und Hof statt. Ab Ende 1945 gab es wieder einen durchgehenden Reiseverkehr zwischen der amerikanischen und britischen Besatzungszone. Als Kontrollstation diente dabei bis 1949 der Bahnhof Eichenberg. Zwischen den

◆ 03 2117-4 stand am 24. August 1980 mit dem Interzonenzug D 443 Köln–Dresden in Magdeburg Hbf. Foto: Slg. D. Endisch

westlichen Besatzungszonen und Berlin verkehrte hingegen lediglich das Schnellzugpaar FD 111/112 Berlin–Hannover–Paris. Erst im Sommer 1946 erlaubten die Militärs die Wiederaufnahme eines Güterverkehrs zwischen den westlichen Zonen und der SBZ. Die einzigen Reisezüge verkehrten zur Leipziger Messe über Ludwigstadt und Probstzella. Erst im Sommer 1947 konnten sich die Befehlshaber der Besatzungszonen auf eine Ausweitung des Interzonenverkehrs verständigen. So verkehrte am 15. August 1947 der erste Reisezug zwischen Schwanheide und Büchen. Bis zum 3. Oktober 1947 einigten sich die Besatzungsmächte über den Umfang des Güterverkehrs zwischen den Zonen. Als Übergabebahnhöfe wurden Herrnburg, Schwanheide, Oebisfelde, Helmstedt, Ellrich, Gerstungen, Sonneberg, Probstzella und Gutenfürst festgelegt. Die größte Bedeutung für den Interzonenverkehr besaßen dabei Oebisfelde (16 Zugpaare), Helmstedt (12 Zugpaare) und Gerstungen (20 Zugpaare). Der Personenverkehr zwischen Ost und West spielte bei den Verhandlungen der Besatzungsmächte keine Rolle.

Mit dem Beginn der Berlin-Blockade durch die Roten Armee endete am 24. Juni 1948 der Güterverkehr zwischen den Besatzungszonen. Erst im Mai 1949 verhandelten Vertreter der Reichsbahn aus Ost

◆ *Der D 442 Görlitz–Aachen war am 27. Juli 1991 mit der 132 032 des Bw Magdeburg bei Eilsleben unterwegs. Foto: F. Köhler, Slg. D. Endisch*

und West über die Wiederaufnahmen eines Interzonenverkehrs. Die mühsam ausgehandelten Bedingungen wurden schließlich am 11. Mai 1949 auf einer gemeinsamen Besprechung in Helmstedt in einem Vertrag festgehalten. Für Unmut bei den Vertretern der westlichen Besatzungszonen sorgte dabei die plötzliche Forderung der Sowjetunion, die Züge für die Westsektoren Berlins mit Loks der DR zu bespannen. Da die für den 12. Mai 1949 geplante Wiederaufnahme des Interzonenverkehrs zu scheitern drohte, gaben die Vertreter aus den Westzonen nach und unterzeichneten den als »Helmstedter Abkommen« bezeichneten Vertrag, der für die nächsten 20 Jahre die Grundlage des Interzonenverkehrs bildete. Für den Güterverkehr standen nun die Verbindungen Herrnburg–Lübeck, Schwanheide–Büchen, Oebisfelde–Vorsfelde, Marienborn–Helmstedt, Ellrich–

Walkenried, Gerstungen–Bebra, Sonneberg–Neustadt, Probstzella–Ludwigstadt und Gutenfürst–Hof zur Verfügung. Der Reiserverkehr blieb nach wie vor auf den FD 111/112 beschränkt.

Ab Sommer 1949 verhandelten Vertreter DRw und der DRo schließlich über die Ausweitung des Reiserverkehrs zwischen Ost und West. Erst am 3. September 1949 konnten sich beide Seiten auf den Einsatz weiterer fünf Zugpaare auf den Relationen Frankfurt (Main)–Berlin-Friedrichstraße, Hamburg-Altona–Berlin-Friedrichstraße, Köln–Berlin-Friedrichstraße und München–Berlin-Friedrichstraße einigen.

In den folgenden Jahren wurde der Interzonenverkehr schrittweise ausgebaut. Erst mit der deutschen Wiedervereinigung endete dieses Kapitel des Ost-West-Verkehrs.

1949

Beginn des Umbaus von Kohlenstaub-Dampfloks

Seit Sommer 1945 stand der Deutschen Reichsbahn (DR) in der sowjetischen Besatzungszone (SBZ) so gut wie keine Steinkohle mehr zur Verfügung. Die Heizer mussten nun die Roste der Dampfloks mit Braunkohlenbriketts oder Rohbraunkohle beschicken. Doch der Heizwert der Braunkohle lag mit ca. 2.000 bis 4.600 kcal/kg deutlich unter jenem der Steinkohle (7.000–7.600 kcal/kg). Die Feuermänner mussten daher doppelt soviel schippen, um die gleiche Wärmemenge zu erreichen. Vor diesem Hintergrund erinnerte sich die DR Ende der 1940er-Jahre der Kohlenstaubfeuerung. Bereits 1945 hatte Hans Wendler (1905–1983) den Umbau einiger Dampfloks vorgeschlagen. Erst Ende 1947 gab Erwin Kramer (1902–1979), der Leiter der Hauptabteilung Maschinenwesen in der Generaldirektion (GD) der DR, entsprechende Vorarbeiten in Auftrag. Die Voraussetzungen dazu waren günstig, denn in der SBZ waren die in den 1920er-Jahren umgebauten Kohlenstaubloks der Bauarten AEG und STUG verblieben. 1948 begann das Reichsbahnausbesserungswerk (Raw) Tempelhof schließlich damit, die ersten AEG- und STUG-Maschinen der Baureihe 58 instandzusetzen. Allerdings waren die mechanischen Fördereinrichtungen und Gebläse zu kompliziert und wartungsaufwändig. Nun schlug die Stunde von Hans Wendler, der im Herbst 1948 den Auftrag für die Entwicklung einer betriebstauglichen Kohlenstaubfeuerung erhielt. Bei der von ihm entwickelten pneumatische Kohlenstaubfeuerung wurde der Brennstoff gemeinsam mit der Verbrennungsluft durch den in der Rauchkammer erzeugten Unterdruck den beiden neu konstruierten Wirbelbrennern zugeführt. Diese befanden sich unterhalb der Stehkesselrückwand in der luftdicht mit Schamottesteinen ausgemauerten Feuerbüchse. Die Brennstoff- und Luftmenge wurde mithilfe eines Drehschiebers reguliert. Der Staubtransport im Tender erfolgte mittels Druckluft. Dazu mussten die Maschinen mit einer zweiten Luftpumpe und einem weiteren Hauptluftbehälter ausgerüstet werden. Zwar offenbarten die ersten Tests mit der 58 1353 noch erhebliche Mängel, prinzipiell zeigte sich aber, dass die Kohlenstaubfeuerung der Bauart Wendler für den Bahnbetrieb geeignet war. Noch bevor die erste Kohlenstaublok im Einsatz war, wurden Hans Wendler und seine Mitarbeiter am 25. August 1949

◆ *44 528 wurde im Frühjahr 1958 mit einer Wendler-Kohlenstaubfeuerung ausgerüstet. 1968 wurde die Lok ausgemustert. Foto: Slg. K.-J. Kühne*

mit dem ersten »Nationalpreis für Wissenschaft und Technik«, der höchsten Auszeichnung in der SBZ und der späteren DDR, geehrt. 1950 beschloss die DR ein groß angelegtes Umbauprogramm. Zunächst war die Ausrüstung von 300 Maschinen der Baureihen 03.10, 17.10–12, 44 und 58 geplant. Im Juli 1951 stand der Umbau von rund 1.800 Dampfloks zur Diskussion. Doch dieses Vorhaben scheiterte an den enormen Kosten für den Bau der benötigten Tender und stationären Bunkeranlagen für die Kohlenstaubversorgung. 1952 stoppte schließlich die Staatliche Plankommission (SPK) die Umrüstung weiterer Maschinen. Zu diesem Zeitpunkt standen insgesamt 84 kohlenstaubgefeuerte Dampfloks der Baureihen 03.10, 17.10–12, 44 und 58 in Diensten der DR.

Gleichwohl setzte sich Hans Wendler weiterhin für den Umbau weiterer Maschinen ein. Doch angesichts der beschränkten Investitionsmittel und der Versorgungsprobleme bei Braunkohlenstaub rüstete die DR bis 1954 nur noch einige Exemplare der Baureihen 44 und 52 sowie die Einzelgänger 07 1001, 08 1001 und 36 457 um. Bei der 36 457 wurde eine Kohlenzertrümmerungseinrichtung erprobt, die sich jedoch im Alltagsbetrieb nicht bewährte. Ab 1956 ließ die DR neben den mit einer Wendler-Feuerung ausgerüsteten Neubau-Dampfloks der Baureihen 25.10 und 65.10 noch einige Maschinen der Baureihe

◆ *58 1722 erhielt als eine der ersten Dampfloks der DR eine Wendler-Kohlenstaubfeuerung. Foto: Slg. K.-J. Kühne*

44 und 52 umbauen. Mit der Abnahme der 52 716 am 25. Januar 1958 stellte die DR ihre letzte Kohlenstaublok in Dienst. Insgesamt 118 Maschinen hatte die DR seit 1949 umrüsten lassen. Bereits Mitte der 1960er-Jahre hatten die ersten Kohlenstaub-Maschinen ausgedient. Zunächst trennte sich die DR von den Einzelgängern sowie den Baureihen 17.10–12 und 58^{Kst}. Ab 1967 setzten nur noch die Bahnbetriebswerke (Bw) Arnstadt und Senftenberg die Baureihen 44^{Kst} bzw. 52^{Kst} im schweren Güterzugdienst ein. Im Dezember 1974 endete die Ära der Baureihe 44^{Kst} im Thüringer Wald. Ein Jahr später zeichnete sich auch das Ende der Baureihe 52^{Kst} im Bw Senftenberg ab. Zwar gehörten 1977 noch 13 Exemplare zum Betriebspark, doch nur noch wenige Maschinen standen unter Dampf. Im Winter 1978/79 dienten noch vier als Betriebsreserve. Die letzten von ihnen quittierte am 28. September 1979 den Dienst. Nahezu alle Kohlenstaubloks gingen den Weg des alten Eisens. Lediglich 52 4900 (ab 1970: 52 9990-3) blieb erhalten und gehört heute zum Bestand der Außenstelle Halle (Saale) des Verkehrsmuseums Nürnberg.

Gründung des BZA Minden

Friedrich Witte (1900–1977) hatte am 1. Oktober 1942 von Richard Paul Wagner (1882–1953) die Leitung des Dezernats für die Bauart der Dampf- und Öllokomotiven übernommen. In dieser Funktion veranlasste er im Februar 1945 die Räumung des Lokomotiv-Versuchsamtes (LVA) Grunewald. Alle noch vorhandenen Fahrzeuge, Messgeräte und Unterlagen wurden in Räumzügen nach Göttingen zum dortigen Reichsbahnausbesserungswerk (RAW) transportiert. Schon während des Krieges hatte das LVA Grunewald einige Arbeitsgruppen zu anderen Standorten versetzt. Bereits wenige Wochen später nahm das neue Reichsbahn-Zentralamt (RZA) Göttingen und das ihm unterstellte Versuchsamt für Lokomotiven in den Räumen des RAW Göttingen seine Arbeit auf. Der 1948 zum Dezernenten für Versuche und Betriebserprobungen an Dampflokomotiven berufene Carl Theodor Müller (1903–1970) musste zunächst die in den westlichen Besatzungszonen verbliebenen Messwagen nach Göttingen holen und hier aufarbeiten lassen. Außerdem galt es, neues Personal für das Versuchsamt, das ab 1948 von Theodor Düring (1912–1985) geführt wurde, auszubilden. Doch kaum hatten das RZA und das Versuchsamt 1948 ihrer Arbeit aufgenommen, zeichneten sich gravierende Änderungen in der Organisation der Reichsbahn in der britischen Besatzungszone ab. Auslöser dafür war das 1948 in Kraft getretene »Gesetz über die Vereinigung des Landes Lippe mit dem Lande Nordrhein-Westfalen«. Mit Rücksicht auf die Befindlichkeiten im ehemaligen Land Lippe wurde die bis dato in Minden ansässige Verwaltung des Regierungsbezirks nach über 300 Jahren nach Detmold verlegt. Darüber hinaus verlor Minden noch die Oberpostdirektion, die Oberfinanzdirektion sowie die Industrie- und Handelskammer. Der damit verbundene Abbau von Arbeitsplätzen sorgte im westfälischen Minden für erheblichen Unmut. So entstand schließlich die Idee, dass in Göttingen ansässige RZA, das nach der Gründung der Deutschen Bundesbahn (DB) im Herbst 1949 (siehe S. 104 f.) als »Bundesbahn-Zentralamt« (BZA) bezeichnet wurde, und das Versuchsamt nach Minden zu verlegen. Dafür sprachen die beengten Verhältnisse in den Räumlichkeiten des Ausbesserungswerks (Aw) und der Status Göttingens als Universitätsstadt, für die der Verlust der beiden Bahn-Dienststellen kaum wirtschaftliche Folgen hatte. Bereits Ende 1948 begann die Verlegung der ersten Diensteinheiten ins Westfälische. Das BZA Minden (Westf) und das ihm unterstellte Versuchsamt nahmen offiziell am 2. Mai 1950 ihre Arbeit am neuen Standort auf.

◆ *45 010 diente zusammen mit ihrer Schwesterlok 45 019 dem BZA als Brems- und Versuchslok. Am 16. Oktober 1965 stand sie im Bw Minden. Foto J. Krantz*

Für die Stadt Minden hatte dies erhebliche Folgen, denn dank der DB waren so rund 1.450 neue Arbeitsplätze entstanden.

Das BZA Minden gliederte sich Anfang der 1960er-Jahre in die Abteilungen I (Oberbau- und Betriebstechnik), IV (Dampflokomotiven) V (Wagen), VI (Maschinen), VII (Werkstoffe, Kohle, Bürogeräte) und VIII (Verwaltung). Diesen Abteilungen unterstanden wiederum rund 50 Einkaufs- und Konstruktionsdezernate. Das wohl bekannteste dürfte das Dezernat 23 »Bauart der Dampflokomotiven« sein, das zunächst von Friedrich Witte geleitet wurde, der 1950 zum Abteilungspräsidenten im BZA Minden berufen wurde. Erst 1965 ging er in den Ruhestand.

Dem BZA Minden unterstanden in den 1950er-Jahren mehrere Versuchsämter. In Minden hatten die Versuchsämter für Dampf- und Diesellokomotiven, Wagen und Bremsen ihren Sitz. In Göttingen verblieb das Versuchsamt für Lager und Lagergießereien. Auch das Chemische- und das Mechanische Versuchsamt arbeiteten in Göttingen weiter, bevor sie nach Bückeburg bzw. Minden verlegt wurden. Diese Struktur erwies sich jedoch auf die Dauer als unwirtschaftlich. Daher wurden diese Versuchsämter 1962 in der neuen Versuchsanstalt (VersA) Minden zusammengefasst. Die bestand nun aus den Abteilungen Lauf- und Schwingungstechnik (L), Bremsen (B), Mechanik (M), Schweißtechnik (S) und Chemie (C). Mitte der 1970er-Jahre gab es seitens der DB Überlegungen, das BZA Minden aufzulösen. Diese wurden jedoch nicht umgesetzt. Lediglich die Abteilung Chemie des VersA Minden wurde zum 1. November 1975 aufgelöst. Dessen Aufgaben übernahm das VersA München, das dafür seine Abteilung Mechanik schloss. Ende der 1970er-Jahre waren im VersA Minden rund 530 Eisenbahner beschäftigt.

Erst mit der Gründung der Deutschen Bahn AG (DB AG; siehe S. 150) kam es zu grundsätzlichen Änderungen in der Organisation. Die ehemaligen Versuchsämter wurden unter der Bezeichnung »Forschungs- und Technologiezentrum« (FTZ) zusammengefasst. Heute firmiert der Forschungsbereich der DB AG als »DB Systemtechnik – Systemverbund Bahn«, der noch Niederlassungen in Brandenburg-Kirchmöser, Minden und München mit insgesamt zehn Fachbereichen betreibt. Im ehemaligen VersA Minden sind heute noch rund 260 Mitabeiter in den Fachbereichen Fahrzeugtechnik und Fahrtechnik (TZF 2), Bremse und Kupplungen (TZF 8) sowie Konformität und Zertifizierung (TZK) beschäftigt.

◆ *Drei badische IV h nutzte das BZA Minden als Bremslok, darunter auch die 18 316. Foto: Slg. H.-G. Kleine, Archiv transpress*

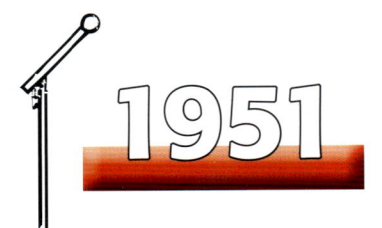

Eröffnung der ersten Teilstrecke des Berliner Außenrings

Der rund 125 km lange Berliner Außenring (BAR) war das größte Bauvorhaben der Deutschen Reichsbahn (DR) in der DDR. Die ersten Ideen für einen Außenring um Berlin gab es jedoch bereits Ende des 19. Jahrhunderts. Das Militär forderte aus logistischen Gründen eine Verbindung zwischen den einzelnen Hauptstrecken, die Berlin strahlenförmig in alle Himmelsrichtungen verließen. Da ein solcher Ring auch für den Güterverkehr Vorteile brachte, nahm die Preußische Staatsbahn bereits 1902 die so genannte Umgehungsbahn zwischen den Bahnhöfen Wildpark (heute Potsdam Park Sanssouci), Wustermark und Nauen in Betrieb. 1908 folgte der Abschnitt Wildpark–Beelitz. 1915 konnte der Abschnitt Oranienburg–Kremmen–Nauen eingeweiht werden. Mit der Inbetriebnahme des Rangierbahnhofs Seddin entstand bis 1926 eine Verbindung von Michendorf über Saarmund nach Großbeeren. 1940/41 wurde schließlich der so genannte Güteraußenring im Osten Berlins seiner Bestimmung übergeben.

Mit der Teilung Berlins in vier Besatzungszonen änderten sich die politischen und wirtschaftlichen Rahmenbedingungen für den Schienenverkehr grundlegend. Die sowjetische Besatzungsmacht und die Regierung der 1949 gegründeten DDR wollten ihren eigenen Eisenbahnverkehr aus Westberlin herausnehmen. Dazu bedurfte es jedoch einer leistungsfähigen Umgehungsstrecke – des Berliner Außenrings (BAR). Bereits 1948 wurden Verbindungskurven zwischen Werder und Golm sowie bei Berlin-Grünau in Betrieb genommen. 1950 folgte die Verbindung zwischen Berlin Karow und Basdorf und Wensickendorf.

Zeitgleich wurde mit dem Bau des ersten Abschnitts des BAR, dem Südring zwischen Ludwigsfelde und Grünau, begonnen. Trotz der erheblichen Probleme, die Moorgebiete und der märkische Sand bei der Errichtung von Fundamenten und Bahndämmen verursachten, konnte bereits am 8. Juli 1951 der Abschnitt Genshagener Heide–Schönefeld seiner Bestimmung übergeben werden. Bis 1955 konnte die DR den BAR weitgehend fertig stellen. Nach der Eröffnung des Abschnitts Abzweig Wustermark–Abzweig Elstal am 11. Dezember 1955 fehlte lediglich noch die Teilstrecke Saarmund–Golm. Dieser stellte jedoch die DR vor enorme Schwierigkeiten, da hier der Templiner See überquert werden musste. Nach Abwägung aller Varianten entschied sich die DR für den Bau eines rund 1.300 m langen Dammes und die Errichtung von 15 Brücken. Für den Damm mussten rund 3 Millionen m³ Erde bewegt werden. Am 30. September 1956 konnte hier der Verkehr aufgenommen werden. Damit war der BAR geschlossen.

◆ 65 1021 war 1965 mit einem »Sputnik-Zug«, der aus zwei vierteiligen Doppelstockeinheiten bestand, auf dem Außenring unterwegs. Foto: Slg. K.-J. Kühne

Vorstellung der Baureihe V 200 der DB

Als am 20. Juni 1953 die Deutsche Verkehrsausstellung in München ihre Tore öffnete, sorgte ein Exponat für besonderes Aufsehen – die fabrikneue Großdiesellok V 200 001 der Deutschen Bundesbahn (DB). Mit ihr setze sich nicht nur die hydraulische Kraftübertragung durch, die V 200 wurde auch Markenzeichen des technischen Fortschrittes bei der DB. Diese hatte bereits 1949 die ersten Überlegungen für die Beschaffung neuer Diesel-Triebfahrzeuge angestellt. Zunächst waren Triebwagen und eine Diesellok für den Nebenbahndienst in der Diskussion. Von letztere konnte bereits 1951 der Prototyp der Baureihe V 80 in Dienst gestellt werden. Die V 80 war die erste dieselhydraulische Drehgestell-Maschine der Welt. Mit ihrem Gelenkwellen-Antrieb eröffnete sie völlig neue Möglichkeiten. Bereits kurze Zeit später plante die DB die Entwicklung einer zweimotorigen Diesellok für den Einsatz auf Hauptbahnen. Diese war jedoch zunächst nur als Prototyp gedacht, da Dieselkraftstoff Anfang der 1950er-Jahre noch sehr teuer war und die DB die wichtigsten Hauptbahnen elektrifizieren wollte. Um Kosten zu sparen, sollten für die neue Streckendiesellok möglichst viele Baugruppen von der V 80 übernommen werden. Mit der Fertigung der als Baureihe V 200 bezeichneten Type beauftragte die DB schließlich die Firma Krauss-Maffei in München, die 1953 vier und 1954 eine weitere Baumuster-Maschine ablieferte. V 200 001 absolvierte im Mai 1953 ihre ersten Probefahrten, bevor sie bis zum 11. Oktober auf der Verkehrsausstellung gezeigt wurde.

Ab 1954 setzte das Bahnbetriebswerk (Bw) Frankfurt-Griesheim die fünf Prototypen zunächst im leichten Personenzugdienst ein. Später übernahmen sie Eil- und Schnellzüge, wo sie sich hervorragend bewährten. Die DB gab 1955 zunächst 50 Serienmaschinen in Auftrag. 1957 folgte eine Nachbestellung über weitere 30 Loks, die alle bis zum August 1959 in Dienst gestellt wurden. Mit ihren Einsatz im hochwertigen Reisezugdienst auf den nicht elektrifizierten Hauptbahnen wurde die V 200 binnen weniger Monate eines der Prestige-Objekte der DB. Erst mit der fortschreitenden Elektrifizierung verloren die formschönen Dieselloks in der zweiten Hälfte der 1950er-Jahre langsam an Bedeutung. Ab Mitte der 1970er-Jahre sank der Stern der Baureihe 220, wie die V 200 seit 1. Januar 1968 bezeichnet wurde. 1981 gehörten nur noch 45 Maschinen zum Betriebsbestand, die in Lübeck und Oldenburg stationiert waren. 1984 musterte die DB die letzten Exemplare der Baureihe 220 aus. Einige von ihnen wurden anschließend als Bauzugloks nach Italien und als Hilfszugmaschinen an die Schweizer Bundesbahnen (Am 4/4) verkauft. Neben den Museumsstücken V 200 001, V 200 007, V 200 009, V 200 018, V 200 033, V 200 058 und V 200 071 blieben in Deutschland noch fünf weitere Exemplare der DB-Kultlok erhalten.

◆ *Die ehemaligen V 200er verbrachten ihre letzten Jahre in Norddeutschland, hier 220 019 am 18. Mai 1980 in Lübeck Hbf. Foto: J. Krantz, Slg. D. Endisch*

Einführung des Dispatcher-Dienstes bei der DR

Der Begriff stammte aus dem Englischen, die Idee aus der Sowjetunion – der »Dispatcher«. Das Lexikon »Deutsche Reichsbahn von A bis Z« aus dem transpress-Verlag (1984) definierte den »Dispatcherdienst« als *Leitungsorgan zur operativen Leitung der Betriebsführung der DR. Der Dispatcherdienst wurde (…) zur strafferen Leitung des Zugverkehrs, Triebfahrzeug- und Güterwageneinsatzes (…) eingeführt. Er ist durchgehend von den örtlichen Dienststellen bis zur Zentralen Leitung der DR im MfV (Ministerium für Verkehrswesen) organisiert.* Doch so neu war die Erfindung nicht. Bereits lange vor dem Zweiten Weltkrieg hatte die Deutsche Reichsbahn-Gesellschaft (DRG) die drei Oberbetriebsleitungen Ost (Berlin), West (Essen) und Süd (Würzburg) eingerichtet, die den Betriebsablauf überwachten und auch bei der Verteilung und dem Einsatz von Fahrzeugen Weisungsbefugnisse besaßen. Doch das System der Oberbetriebsleitungen genügte nach dem Zweiten Weltkrieg auf den Strecken der Deutschen Reichsbahn (DR) in der sowjetischen Besatzungszone (SBZ) kaum noch den Erfordernissen. Durch die Kriegsschäden und die Demontage des zweiten Streckengleises auf den meisten Hauptbahnen hatte die DR erheblich Ressourcen verloren. Die alten teilweise unterschiedlich angewendeten Zugleitungs- und Wagenverteilungsmethoden sollten nun durch ein neues Leitungsprinzip ersetzt werden. Als Vorbild dazu diente das bereits bei den Sowjetischen Eisenbahnen (SZD) angewendete Dispatchersystem. Die Dispatcher besaßen Kontroll- und Weisungsbefugnisse. Sie überwachten den Betriebsablauf und griffen bei Problemen umgehend ein. Wie dies in der Praxis funktionierte erlebten ausgewählte Reichsbahner im Spätsommer 1953 in der Sowjetunion. Nach Auswertung der dabei gesammelten Erfahrungen nahm am 14. Juni 1954 die erste Dispatcherleitung im Reichsbahnamt (Rbd) Erfurt ihre Arbeit auf. Die Einführung des Dispatcherdienstes dauerte bis 1956. Die Dispatcher waren aber nicht nur für den reinen Betriebsdienst zuständig, sondern besaßen auch Weisungsbefugnisse gegenüber dem Wagen- und dem Betriebsmaschinendienst. Ihre Rechte und Pflichten waren in einer 1955 erlassenen Dienstvorschrift geregelt.

Die wichtigsten Bahnhöfe besaßen eine Bahnhofsdispatcherleitung. Diese unterstanden der Dispatcherleitung (DI) im Reichsbahnamt, dessen Streckennetz in Dispatcherkreise unterteilt war. Auf Direktionsebene gab es die Oberdispatcherleitung (Odl), die in jeder Schicht mit einem Bezirks-, einem Oberlok- und einem Oberwagendispatcher besetzt war. Neben den acht Odl bei den Reichsbahndirektionen gab es noch eine neunte Odl für die S-Bahn in Berlin. Die Hauptdispatcherleitung (Hdl) beim MfV überwachte schließlich als oberste Instanz den gesamten Betriebsablauf bei der DR.

◆ *Die Dispatcher überwachten den Betriebsablauf. 62 015 war Mitte der 1960er-Jahre mit einem Reisezug im Berliner Umland unterwegs. Foto: Slg. K.-J. Kühne*

Wiederaufnahme der elektrischen Zugförderung bei der DR

Nach dem Ende des Zweiten Weltkrieges konnte die Deutsche Reichsbahn (DR) in der sowjetischen Besatzungszone schrittweise wieder die elektrische Zugförderung auf den Strecken Probstzella–Naumburg–Leipzig, Magdeburg–Köthen–Halle (Saale)–Leipzig und Leipzig–Bitterfeld–Dessau–Magdeburg aufnehmen. Doch bereits am 8. März 1946 teilte die Sowjetische Militäradministration in Deutschland (SMAD) der Reichsbahndirektion (Rbd) Halle (Saale) mit, dass sämtliche Anlagen und elektrischen Triebfahrzeuge zu den Repartionsgütern zählten. Am 29. März 1946 erteilte schließlich der Chef der SMAD, Marschall Georgi Konstaninowitsch Shukow (1896–1974) den Befehl, die elektrischen Anlagen zu demontieren und einschließlich der Fahrzeuge in die Sowjetunion abzutransportieren.

◆ E 04 23 kehrte 1952 aus der Sowjetunion zurück. Erst fünf Jahre später wurde sie im Bw Halle P wieder in Dienst gestellt. Foto: Slg. K.-J. Kühne

Die Umsetzung dieses Befehls dauerte bis Oktober 1946.

Fünf Jahre später begann die DR mit den Vorbereitungen zur erneuten Elektrifizierung ihrer wichtigsten Hauptbahnen. Die Weichen dazu wurden im März 1952 mit der Unterzeichnung des streng geheimen »Abkommens über den Verkauf von Elektrolokomotiven und Kraftwerksausrüstungen« geschlossen. Die Sowjetunion überließ der DDR die 1945/46 in Mitteldeutschland und Schlesien beschlagnahmen Fahrzeuge und Anlagen, dafür musste die DDR aber 355 vierachsige Weitstrecken-Personenwagen liefern. Die ersten Fahrzeuge trafen im Juni 1952 in Frankfurt (Oder) ein. Anschließend begann das Reichsbahnausbesserungswerk (Raw) Dessau mit der Instandsetzung der ersten Fahrzeuge. Priorität besaßen dabei zunächst die universell einsetzbaren Maschinen der Baureihe E 44 (siehe S. 86 f.).

Die ersten Planungen der DR sahen eine Elektrifizierung von rund 950 km Hauptstrecke vor. Dies war jedoch angesichts der beschränkten Ressourcen utopisch. Der Ministerrat der DDR beschloss daher am 27. Juli 1953 zuerst die Elektrifizierung der Strecke Leipzig–Halle (Saale)–Köthen–Magdeburg und des nördlichen Güterrings in Leipzig.

1955 war es dann endlich soweit. Als erste instandgesetzte Elektrolok verließ E 44 143 am 7. März 1955 das Raw Dessau. Zeitgleich gingen die Arbeiten an der Fahrleitung zwischen Halle (Saale) und Köthen sowie an den Anlagen für die Bahnstromversorgung ihrem Abschluss entgegen. Am 26. Juli 1955 bewegte sich schließlich E 44 051 das erste Mal mit eigener Kraft im Bahnhof Köthen. Nach weiteren Probe- und Einweisungsfahrten erfolgte am 1. September 1955 die offizielle Wiederaufnahme des elektrischen Betriebes auf der Strecke Halle (Saale)–Köthen. Nach den obligatorischen Ansprachen rollte um 13.55 Uhr der Eröffnungszug, bestehend aus 13 Maschinen der Baureihe E 44, in den Hallenser Hauptbahnhof ein. In der Folgezeit baute die DR ihr elektrisches Netz schrittweise aus. Nach der Aufnahme der elektrischen Zugförderung zwischen Freiberg (Sachsen) und Dresden am 23. September 1966 waren rund 615 km Strecke elektrifiziert. Mit dem 1966 gefassten Verdieselungsbeschluss (siehe S. 131) räumte die DDR-Regierung aber der Dieseltraktion gegenüber der elektrischen Zugförderung Vorrang ein.

1955

Umstellung der Hamburger S-Bahn auf Gleichstrom

Am 22. Mai 1955 fuhr die letzte Wechselstrom-S-Bahn in Hamburg. 47 Jahre hatten die grünen Triebwagen mit den preußischen Abteiltüren und den brummenden Fahrmotoren zum Stadtbild der Hansestadt gehört. Nun endete eine Ära, allerdings später als geplant, denn eigentlich sollten die Wechselstrombahnen bereits in den 1940er-Jahren aufs Abstellgleis rollen und durch Gleichstromtriebwagen ersetzt werden.

Die »Hamburg-Altonaer Stadt- und Vorortbahn«, die spätere Hamburger S-Bahn, war am 5. Dezember 1906 zusammen mit dem neuen Hauptbahnhof der Elbmetropole eröffnet worden. Mit Dampfzügen verkehrte die Stadt- und Vorortbahn auf der Strecke der 1867 eröffneten Altona-Blankeneser Eisenbahn, den Nahverkehrsgleisen der so genannten Verbindungsbahn zwischen Altona und Hauptbahnhof und einer zweigleisigen Neubaustrecke nach Hasselbrook und Ohlsdorf. Gemäß eines Vertrages zwischen Hamburg und der Preußischen Staatsbahn von 1904 wurde die gesamte Strecke mit Oberleitung versehen und für den Betrieb mit Einphasenwechselstrom mit einer Spannung von 6,3 kV und einer Frequenz von 25 Hz ausgestattet. Die Wahl des einphasigen Wechselstromes für den Betrieb hatte der Geheime Oberbaurat Gustav Wittfeld (1855–1923) durchgesetzt, damals elektrotechnischer Referent im preußischen Ministerium der öffentlichen Arbeiten. Er wollte Vollbahnen nur mit hoher Spannung und einpoliger Oberleitung elektrifizieren und

in Hamburg Erfahrungen bei der geplanten Elektrifizierung von Fernstrecken mit dem neuen System machen. Am 1. Oktober 1907 rollten die ersten Elektrotriebzüge durch die Hansestadt, ab dem 29. Januar 1908 wurde zwischen Blankenese und Ohlsdorf nur noch elektrisch gefahren.

Nach fast 30-jährigem Betrieb machte sich die Deutsche Reichsbahn (DR) in 1930er-Jahren darüber Gedanken, Anlagen und Fahrzeuge der S-Bahn zu sanieren. Weil sich bei der Berliner S-Bahn der Gleichstrombetrieb mit seitlicher Stromschiene bewährt hatte, entschied die DR 1937, das System auch an Alster und Elbe zu übernehmen und den Wechselstrombetrieb aufzugeben. Um eine höhere Anfahrbeschleunigung zu gewährleisten, wählte man für Hamburg eine Spannung von 1.200 Volt gegenüber den in Berlin verwendeten 750 Volt. Die ersten mit Gleichstrom betriebenen Züge der neuen Baureihe ET 171 (ab 1968 : Baureihe 471) wurden 1939 geliefert; am 22. April 1940 begann der fahrplanmäßige Betrieb zwischen Ohlsdorf und Poppenbüttel parallel zu den weiterhin verkehrenden Wechselstromzügen. Dem ersten Abschnitt folgte am 15. Juli desselben Jahres die Strecke zwischen Blankenese und Altona, am 10. April 1941 wurde schließlich der durchgehende Betrieb von Blankenese nach Poppenbüttel aufgenommen. Bis 1943 konnten insgesamt 47 Gleichstromzüge der Baureihe ET 171 ausgeliefert werden. Während des Zweiten Weltkrieges wurden auch die Fahrzeuge der S-Bahn durch die Luftangriffe beschädigt. Bei Kriegsende waren 55 der 145 Wechselstrom-Einheiten zerstört. Von den 47 Gleichstrom-Einheiten wurden lediglich vier stärker beschädigt, drei von ihnen konnten repariert werden. Doch sollte es noch zehn Jahre dauern, bis die Wechselstromzüge endgültig aufs Abstellgleis rollten. Und so kam es zu einer in Deutschland bis heute einmaligen Betriebsform: Bis 1955 verkehrten die betagten Wechselstrom-Fahrzeuge mit den modernen Gleichstrom-Triebzügen im Mischverkehr!

◆ *Die Wechselstromzüge der S-Bahn verkehrten in Hamburg bis 1955: Ein Triebzug der Reihe ET 99 (elT 1562) hat im Jahr 1938 den Bahnhof Altona in Richtung Barmbeck (heute Barmbek) verlassen. Foto: RVM (Hollnagel)*

Die 3. Wagenklasse wird abgeschafft

Anfang der 1950er-Jahre gab es bei den gab es bei den europäischen Bahnverwaltungen erste Bestrebungen, das bisher übliche System der drei Wagenklassen zu vereinfachen und stattdessen nur noch zwei Wagenklassen anzubieten. In Deutschland gab es seit 1928 (siehe S. 80 f.) nur noch drei Wagenklassen im Reiseverkehr. Da die Wagen der 3. Klasse meist mit einfachen Banken ausgerüstet waren, wurde sie umgangssprachlich auch als »Holzklasse« bezeichnet. Die 2. Klasse galt aufgrund ihrer meist mit Leder bezogenen Sitze als »Polsterklasse« und die komfortable 1. Klasse besaß vielerorts den Ruf der »Plüschklasse«. Der unterschiedliche Komfort in den Wagen schlug sich auch in den Fahrpreisen nieder. Die Deutsche Reichsbahn in der DDR berechnete für Reisen in der 1. Klasse 17,6 Pfennig pro Kilometer. In der 2. Klasse mussten 11,6 Pfennige pro Kilometer und in der 3. Klasse acht Pfennige pro Kilometer gezahlt werden.

Doch mit dem Inkrafttreten des Sommerfahrplans am 3. Juni 1956 hatte das fast 20 Jahre alte 3.-Klassen-System bei den Personenwagen ausgedient. Dabei wurde die 1. Klasse gestrichen, da deren Nachfrage seit dem Ende des Zweiten Weltkrieges ohnehin bei den meisten Bahnverwaltungen merklich zurückgegangen war. Die 2. Klasse wurde zur neuen 1. Klasse. Die alte 3. Klasse wurde zur neuen 2. Klasse. Die Bezeichnungen »Holzklasse« und »Polsterklasse« verwischten sich in den folgenden Jahren zusehends, da auch die Wagen der ehemaligen 3. Klasse schrittweise mit Polstersitzen ausgerüstet wurden. Gleichwohl gab es noch Anfang der 1970er-Jahre in Ost und West einige vormalige 3. Klasse-Wagen, die noch immer mit den alten Holzsitzen ausgerüstet waren.

Die seitens der Fahrgäste befürchtete Anhebung des Fahrpreises fand nicht statt. Nach der Abschaffung der 3. Wagenklasse betrug der Kilometer-Preis bei der DR für Reisen in der 1. Klasse 11,6 Pfennige und in der 2. Klasse acht Pfennige.

◆ Ab 1956 gab es nur noch zwei Wagenklassen. 41 1132–4 verließ am 12. August 1982 mit P 3226 den Bahnhof Sangerhausen. Foto: P. Gericke, Slg. D. Endisch

Einführung des TEE

Bis heute gelten die drei Buchstaben »TEE« bei den europäischen Eisenbahnen als Synonym für schnelle, luxuriöse Fernzüge. Dabei ist es mehr als ein halbes Jahrhundert her, dass der TEE startete. Bereits im Dezember 1953 hatte der Generaldirektor der Niederländischen Eisenbahnen Franciscus Querien den Hollander (1893–1982) vorgeschlagen, in Westeuropa ein neues, komfortables Netz aus grenzüberschreitenden Verbindungen mit Schnelltriebwagen zu schaffen und damit die schweren, langsamen Schnellzüge abzulösen. Ein solches Netz war dringend nötig, um die Eisenbahn in den 1950er-Jahren gegenüber dem Auto und besonders dem Flugzeug konkurrenzfähig zu halten. Weil die Eisenbahn mit den kurzen Reisezeiten der Flugzeuge nicht konkurrieren konnte, musste sie versuchen, die Reisenden mit anderen Vorteilen für den Schienenverkehr zu gewinnen: Die Eisenbahn brachte ihre Fahrgäste direkt in die Zentren der Städte. Außerdem konnte das größere Platzangebot in den Zügen zum Arbeiten genutzt werden. Dafür richtete man Konferenz-, Schreib- und Funkabteile ein.

Die Verhandlungen der Bahnverwaltungen dauerten mehr als drei Jahre, dann ging die neue Schnellzug-Gattung an den Start. Weil man sich aber nicht auf einen gemeinsamen Fahrzeugtyp einigen konnte, stellte jede Staatsbahn eigene Fahrzeuge, die bestimmten Standards entsprechen mussten. Als Markenzeichen wählte man den Namen »Trans-Europ-Express«. Für das Emblem wurden die Anfangsbuchstaben »TEE« mit drei sich überschneidenden Ringen umrandet. Im Mai des Jahres 1957 präsentierten die Bahngesellschaften Deutsche Bundesbahn (DB), Nederlandse Spoorwegen (NS) Schweizer Bundesbahnen (SBB) und die französische Staatsbahn SNCF mit einer Sternfahrt nach Luxemburg ihre neuen TEE-Züge. Ihr Einsatz begann im Juli desselben Jahres. Über die nächsten drei Jahrzehnte entstanden über 60 internationale TEE-Verbindungen, die die Renommierzüge der westeuropäischen Staatsbahnen waren. Bereits 1971 integrierte die Deutsche Bundesbahn fast alle TEE-Züge in Deutschland in das Zwei-Stunden-Takt-System der damals erstklassigen Intercity-Züge (siehe Seite 135). Im Jahr 1979 ersetzte die DB zahlreiche TEE in Deutschland durch IC-Züge mit zwei Wagenklassen. Schließlich stellte man 30 Jahre nach dem Start 1987 die letzten TEE-Verbindungen ein und führte gleichzeitig mit dem »EuroCity« eine neue europäische Zuggattung für Qualitätszüge mit erster und zweiter Klasse ein.

◆ *Die Deutsche Bundesbahn entwickelte für den TEE-Verkehr eigens den komfortablen Dieseltriebzug der Baureihe VT 11.5. Foto: Slg. K.-J. Kühne*

Beginn des Reko-Programms für Wagen bei der DR

Mitte der 1950er-Jahre befanden sich die Reisezugwagen der Deutschen Reichsbahn (DR) in einem schlechten Zustand, dies galt vor allem für die zwei- und dreiachsigen Fahrzeuge aus der Länderbahnzeit, von denen rund 70 % aus der Zeit vor dem Ersten Weltkrieg stammten. Bei diesem Wagen waren vor allem die hölzernen Aufbauten völlig verschlissen. Die zuständige Hauptverwaltung der Wagenwirtschaft (HvW) beauftragte daher die Versuchs- und Entwicklungsstelle der Wagenwirtschaft (VES-W) in Delitzsch mit der Lösung des Problems. Der Grundgedanke für die so genannten Reko-Wagen war, auf die noch gut erhaltenen Untergestelle einen geschweißten Wagenkasten mit neuer Inneneinrichtung zu setzen. Dabei sollten möglichst viele Baugruppen von Neubaufahrzeugen verwendet werden. Der erste Musterwagen entstand bereits ab Ende 1956 im Reichsbahnausbesserungswerk (Raw) »Einheit« Leipzig und wurde im Februar 1957 bei der Rbd Halle mit der Betriebs-Nr. 28.701 in Dienst gestellt. Das Untergestell wurde auf 12.920 mm verlängert. Der Wagen besaß vier Schiebetüren. Die Fenster und Sitzbänke (56 Sitzplätze) stammten aus den Doppelstockwagen DGB 12.

Nach der Auswertung der Versuchseinsätze mit dem Prototypen überarbeitete das Raw Halberstadt die Konstruktion und fertigte 1958 zwölf Nullserien-Fahrzeuge. Für die Serienfertigung der zwei- und dreiachsigen Reko-Wagen wurden die Zeichnungen ein weiteres Mal geändert. Die Länge der Untergestelle betrug nun 12.820 mm. Die Fenster wurden von 1.000 auf 1.200 mm verbreitert. Die Anzahl der Sitze verringerte sich auf 48. Die Reko-Wagen besaßen jetzt nur noch eine Schiebetür, die diagonal an den Wagenenden angeordnet war. 1959 lief schließlich die Serienfertigung im Raw Halberstadt an. Neben Sitzwagen wurden ab 1962 Post- und Packwagen rekonstruiert. Am 30. Juli 1965 verließ schließlich der letzte Reko-Wagen das Raw Halberstadt. In den zurückliegenden sechs Jahren hatte das Werk 2302 Personen-, 301 Traglasten-, 350 Pack-, 158 Post- sowie drei Sonderwagen modernisiert.

Die zwei- und dreiachsigen Reko-Wagen waren auf allen Strecken der DR anzutreffen. Der Handgriff an den Sitzbänken, der in der Höhe des Halses verlief, brachte den Fahrzeugen den Beinamen »Genickschuss-Wagen« ein. Erst zu Beginn der 1980er-Jahre konnte sich die DR von den Fahrzeugen schrittweise trennen. 1988 waren sie schon eine Seltenheit. Zuletzt kamen die Wagen u.a. noch planmäßig auf den Nebenbahnen Oschersleben–Gunsleben (Rbd Magdeburg) und Schlettau–Crottendorf (Rbd Dresden) zum Einsatz. 1990 wurden die letzten Fahrzeuge in der Rbd Dresden abgestellt.

◆ *Über Jahre hinweg prägten die zwei- und dreiachsigen Reko-Wagen das Bild im Reisezugdienst. Foto: D. Endisch*

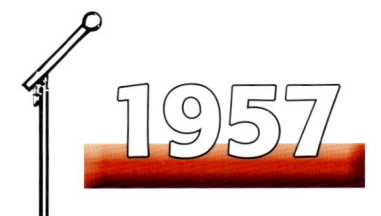

Beginn des Reko-Programms für Dampfloks bei der DR

In der zweiten Hälfte der 1950er-Jahre verschlechterte sich zunehmend der Triebfahrzeug-Bestand der Deutschen Reichsbahn (DR) in der DDR. Er war nicht nur in großen Teilen überaltert, sondern auch viele der vorhandenen, erst wenige Jahre alten Einheitsloks wiesen erhebliche Verschleißerscheinungen auf. Besonders dramatisch war die Lage bei den Baureihen 03.10, 41 und 50. Deren Kessel bestanden größtenteils aus dem hochfesten aber nicht alterungsbeständigen Stahl St 47 K. Dieser Baustoff wurde spröde und konnte nicht mehr geschweißt werden. Die DR brauchte deshalb dringend neue Dampfloks, doch anstelle der benötigten rund 1.100 Maschinen konnte lediglich 318 regelspurige Neubau-Dampfloks (siehe S. 126 f.) in Dienst gestellt werden. Der DR blieb nun nichts anderes übrig, als die wichtigsten Dampflok-Baureihen in den eigenen Reichsbahnausbesserungswerken (Raw) zu modernisieren. Dafür prägte die DR den Begriff »Rekonstruktion«. Dabei wurden jedoch nicht nur die verschlissenen Baugruppen ersetzt, sondern auch

konstruktive Mängel beseitigt. Ziel dieser Modernisierung war es, die Leistung zu steigern, den Wirkungsgrad zu verbessern und den Instandhaltungsbedarf zu verringern. Durch die Rekonstruktion konnte darüber hinaus die Lebensdauer der Fahrzeuge verlängert werden. Kernstück der Rekonstruktion war der Einbau eines geschweißten Verbrennungskammer-Kessels. Dieser Dampferzeuger war für die Verfeuerung von Braunkohlenbriketts ausgelegt und besaß eine deutlich höhere Verdampfungsleistung. Im Interesse einer kostengünstigen Fertigung und Instandhaltung entwickelte die DR drei verschiedene Verbrennungskammer-Kessel (Typen 01E, 39E und 50E). Außerdem wurden nahezu alle späteren Reko-Dampfloks mit einer Mischvorwärmer-Anlage der Bauart IfS und einer Verbund-Mischpumpe (VMP) ausgerüstet. Der Mischkasten vor dem Schornstein gab den Reko-Loks der DR ein unverwechselbares Aussehen.

Bereits am 20. Mai 1956 lag das erste Konzept für die Modernisierung des Dampflokparks der DR vor. Oberste Priorität besaß dabei die Neubekesselung der Baureihen 03.10, 41 und 50. Der

◆ *Krönender Abschluss des Reko-Programms der DR war die Baureihe 01⁵, hier 01 1512-1 im April 1982 in Staßfurt. Foto: P. Gericke, Slg. D. Endisch*

am 17. September 1956 vorgestellte Reko-Plan sah den Umbau der Baureihe 03.10, 39.0–2, 41, 50, 52 und 58 vor.

Parallel dazu hatten im Raw Stendal bereits die Vorarbeiten für den Umbau der Baureihe 50 begonnen. Nach der Fertigstellung der Zeichnungen für den Verbrennungskammer-Kessel des Typs 50E konnte im Herbst 1957 mit der Modernisierung der ersten Maschinen begonnen werden. Die spätere 50 3501 wurde schließlich am 12. November 1957 als erste Reko-Dampflok der DR in Dienst gestellt.

◆ Mit der Baureihe 50^{35} begann das Reko-Programm der DR. 50 3606-6 stand am 6. September 1979 in Oschersleben. Foto: P. Gericke, Slg. D. Endisch

◆ 200 Kriegsloks baute das Raw Stendal zur Baureihe 52^{80} um, hier 52 8172-0 am 18. August 1984 im Bw Salzwedel. Foto: P. Gericke, Slg. D. Endisch

In der Zwischenzeit hatten auch im Raw Zwickau (Sachsen) die Arbeiten an der ersten Reko-Maschine der Baureihe 58.30 (»Reko-G 12«) begonnen. Im Raw Meiningen nahm hingegen die erste Lok der Baureihe 22 (ex Baureihe 39.0–2; auch »Reko-P 10« genannt) Gestalt an. Beide Typen erhielten nicht nur neue Verbrennungskammer-Kessel, sondern sie wurden auch mit neuen Tendern und Druckausgleich-Kolbenschieber der Bauart Trofimoff ausgerüstet. Während 58 3001 am 31. März 1958 abgenommen wurde, verließ 22 001 am 6. Mai 1958 das Raw Meiningen. Beide Typen waren im Vergleich zu ihren Altbau-Schwestern deutlich leistungsfähiger. 1959 folgten die Baureihen 03.10 (Raw Meiningen) und 41 (Raw Karl-Marx-Stadt und Raw Zwickau), bei denen aber im Wesentlichen nur die alten verschlissenen Kessel aus St 47 K ersetzt werden mussten.

1959 geriet das Reko-Programm ins Stocken, da der Reichsbahn nicht genügend Stahl für den Bau der vorgesehenen Tender und Kessel zur Verfügung stand. Die 1957/58 diskutierte Stückzahl von rund 1.100 Reko-Dampfloks erwies sich als nicht mehr realistisch. Daher fanden nur noch die Baureihe 01 und 52 Eingang in das Reko-Programm. Die Modernisierung der Baureihe 52 übernahm abermals das Raw Stendal, das bereits am 23. September 1960 die 52 8001 fertig stellte. Die neue Baureihe 01.5 wurde schließlich der krönende Abschluss des Reko-Programms der DR. Nicht nur in Sachen Leistung setzte diese Type Maßstäbe. Auch die Gestaltung der Schnellzuglok mit der kegeligen Rauchkammertür, der Domverkleidung und der steilen Rauchkammerschürze setzte Maßstäbe. Als erste verließ 01 501 am 30. April 1962 das Raw Meiningen.

Im Rahmen des Reko-Programms ließ auch die Versuchs- und Entwicklungsstelle der Maschinenwirtschaft (VES-M) Halle (Saale) einige ihrer Maschinen modernisieren. Neben der Schnellfahrlok 18 201 (siehe S. 128) betraf dies 18 314 (Raw Zwickau 1960), 19 015 und 19 022 (Raw Meiningen 1964, 1965) und 23 001 (Raw Cottbus/Engelsdorf 1961). Mit der Indienststellung der 52 8200 am 22. Dezember 1967 endete offiziell das Reko-Programm der DR. Einschließlich der Maschinen der VES-M besaß die DR 687 Reko-Maschinen der Baureihen 01.5 (35 Loks), 03.10 (16 Loks), 22 (85 Loks), 41 (80 Loks), 50.35 (208 Loks), 52 (200 Loks) und 58.30 (56 Loks). 1969 erlebte das Reko-Programm eine Nachauflage, als das Raw Meiningen noch Lokomotiven der Baureihe 03 mit altbrauchbaren Reko-Kesseln von ausgemusterten Maschinen der Baureihe 22 ausrüstete. Bis 1975 wurden so 52 Schnellzugloks modernisiert. Die Reko-Dampfer erwiesen sich als äußerst robust. Erst mit dem Ende der Dampftraktion bei der DR (siehe S. 144 f.) hatten die letzten Exemplare von ihnen ausgedient. Zahlreiche Maschinen können heute in Museen bewundert oder bei Sonderfahrten im Einsatz erlebt werden.

Indienststellung der letzten Neubau-Dampflok der DB

Mit der Indienststellung der 23 105 am 4. Dezember 1959 endete die Beschaffung neuer Dampfloks bei der Deutschen Bundesbahn (DB). Gut elf Jahre zuvor, im Frühjahr 1948 hatte der Bauart-Dezernent Friedrich Witte (1900–1977), die Weichen für die Neubau-Dampfloks der DB gestellt. Ende der 1940er-Jahre benötigte die DB dringend neue Fahrzeuge. Für deren Konstruktion hatte Friedrich Witte seine »Neuen Baugrundsätze« formuliert, die im Frühjahr 1948 die Grundlage für die Entwicklung der Neubau-Dampfloks der DB bildeten. Die wichtigsten Merkmale der »Neuen Baugrundsätze« waren der Einbau von Verbrennungskammer-Kesseln, die Verwendung von Blechrahmen und die weitgehende Anwendung der Schweißtechnik im Lokomotivbau. Im Juni 1948 präsentierte Witte schließlich seinen Typenplan, der 15 verschiedene Dampflokomotiven umfasste. Das Spektrum reichte von einer schweren Zweizylinder-Schnellzugmaschine bis hin zu einer kleinen, dreiachsigen Rangierlok. Doch dieses Typenprogramm ließ sich nicht umsetzen. Für die von Witte vorgeschlagenen schweren Schnell- und Güterzugloks bestand angesichts der in ausreichenden Stückzahlen vorhandenen Einheitsmaschinen der Baureihen 01, 03,

41, 44 und 50 kein dringender Bedarf. Außerdem standen der Bahn nur wenige Gelder für Investitionen zur Verfügung, so dass die Hauptverwaltung der Eisenbahnen (HVE) in Offenbach (Main) am 8. Dezember 1948 nur die Beschaffung der so genannten Baureihen 23neu, 78neu, 93neu und 94neu genehmigte und deren Entwicklung ausschrieb. Die Baureihe 78neu wurde jedoch wenig später wieder gestrichen.

Als erste Neubau-Dampflok konnte die DB die Baureihe 82 alias Baureihe 94neu in Dienst stellen. Sie war für den schweren Rangierdienst und den Einsatz auf Bergstrecken vorgesehen. Bereits im Sommer 1949 lagen die fertigen Zeichnungen für die Eh2-Tenderlok vor, deren erstes Exemplar die Firma Henschel & Sohn Anfang 1950 an die DB übergab. Bis 1955 beschaffte die DB insgesamt 41 Exemplare dieser robusten und leistungsfähigen Type.

Ihr folgte die Schlepptender-Maschine der Baureihe 23, die in erster Linie die Personenzugloks der Baureihe 38.10–40 (ex preußische P 8) ersetzen sollte. Zu dieser 1´C1´h2-Maschine lagen bereits im Frühjahr 1949 die ersten Entwürfe vor. Bereits am

◆ *Die Firma Krupp lieferte 1956/57 die beiden Baumuster der Baureihe 10 an die DB. Eine Serienbeschaffung erfolgte aber nicht mehr.*

◆ *Die Baureihe 66 war eine der besten deutschen Dampfloks. Am 28. Juni 1958 stand die 66 002 im Bw Frankfurt (Main) 1.*

10. September 1949 gab das Bundesbahn-Zentralamt (BZA) die ersten Exemplare bei Henschel & Sohn in Auftrag. Mit insgesamt 105 Exemplaren wurde die Baureihe 23 zur meistgefertigten Neubau-Dampflok der DB. Die gedrungen wirkende Type überzeugte durch ihr Leistungsvermögen und konnte im schweren Reisezugdienst sogar Leistungen der Baureihen 01 und 03 übernehmen.

Deutlich weniger Exemplare beschaffte die DB von der Baureihe 65, deren erste Entwürfe, die bereits am 10. September 1949 vorlagen und noch die Bezeichnung »Baureihe 93neu« trugen. Nach dem die DB 1950 das erste Baulos vergeben hatte, konnte die 65 001 am 2. März 1951 in Dienst gestellt werden. Die Baureihe 65 bestach zwar durch ihren leistungsfähigen Kessel und ihr enormes Beschleunigungsvermögen, die Laufeigenschaften im oberen Geschwindigkeitsbereich befriedigten hingegen aufgrund des schlechten Masseausgleichs überhaupt nicht. Gleichwohl bestellte die DB 1952 noch weitere fünf Maschinen, von denen 65 018 ein neues Triebwerk erhielt, das sich bestens bewährte. Mit diesem so genannten Leichtbau-Triebwerk wurden schließlich alle Maschinen der Baureihe 65 ausgerüstet.

Von den beiden letzten Vertretern der Neubau-Dampfloks der DB, den Baureihen 10 und 66, wurden nur jeweils zwei Prototypen geliefert. Die Ideen für die Baureihe 66 reichen zurück bis in das Jahr 1949. Ursprünglich als Ersatz für die Baureihe 64 gedacht, sollte die Neuentwicklung später auch die Baureihen 24 und 78.0–5 (ex preußische T 18) ersetzen. Friedrich Witte entwickelte zusammen mit der Firma Henschel eine 1´C2´h2-Tenderlok, die sich als ungewöhnlich leistungsfähig erwies. Außerdem bestach sie durch hervorragende Verbrauchswerte und exzellente Laufeigenschaften. Doch es blieb bei den 1956 in Dienst gestellten beiden Exemplaren. Als letzte Neubau-Dampflok der DB wurde die Baureihe 10 konstruiert. Zunächst verfolgte die DB das Konzept einer schweren Personenzuglok, bevor sie sich dann für die 2´C1´h3-Schnellzugmaschine der Baureihe 10 entschied. Nach dreijähriger Planung beauftragte die DB schließlich am 27. März 1953 die Friedrich Krupp AG mit dem Bau der beiden Prototypen. Da jedoch zahlreiche konstruktive Details noch nicht geklärt waren, konnte erst im Juni 1955 mit dem Bau der beiden Loks begonnen werden.

Ein gutes Jahr später, im Dezember 1956, fasste die Hauptverwaltung der DB den Beschluss, keine weiteren Neubau-Dampfloks zu beschaffen. 1957 wurden die beiden Prototypen der Baureihe 10 in Dienst gestellt. Die imposanten, mit einer windschnittigen Teilverkleidung ausgerüsteten Maschinen erwiesen sich mit rund 3.000 PS Leistung als wahre Kraftpakete. Doch für einen freizügigen Einsatz waren sie mit einer Achsfahrmasse von 22 t zu schwer. Daher spielte die Baureihe 10 wie auch die anderen Neubau-Typen der DB mit einer Gesamtstückzahl von gerade einmal 168 Exemplaren nur eine untergeordnete Rolle in der Zugförderung der DB. Mit der 23 058 hatte am 22. Dezember 1975 die letzte Neubau-Dampflok der DB ihre Schuldigkeit getan.

1960

Gründung der VES-M Halle (Saale)

Nach dem Zweiten Weltkrieg musste die Deutsche Reichsbahn (DR) in der sowjetischen Besatzungszone (SBZ) in Sachen Versuchswesen völlig neu anfangen, da die Anlagen der Lokomotiv-Versuchsanstalt (LVA) Grunewald (siehe S. 98) im Februar 1945 geräumt worden waren. Lediglich ein Messwagen und einige Unterlagen verblieben in der SBZ. Doch die DR benötigte dringend eine Versuchsanstalt, die nicht nur neue Fahrzeuge und Baugruppen testen sollte. Außerdem sollte diese die verlorengegangenen technischen Dokumentationen neu erstellen.

Vor diesem Hintergrund wies der Generaldirektor der DR, Erwin Kramer (1902–1979), die Gründung einer Lokomotiv-Versuchsanstalt an. Diese nahm offiziell am 1. Juni 1950 in Halle (Saale) ihre Arbeit auf. Die Dienststelle unterstand dem späteren Technischen Zentralamt (TZA) der DR. Zum Chef der Versuchsanstalt berief Kramer Max Baumberg (1906–1978). Die Versuchsanstalt saß zunächst in einem rund 25 m2 großen Büro über der Lokleitung im Bahnbetriebswerk (Bw) Halle P. Dazu kamen noch zwei Gleise im Lokschuppen. Das Personal bestand aus dem Dienstvorsteher, einer Sekretärin, einem Versuchsleiter, einem technischen Zeichner, einem Werkmeister, vier Schlossern und der dreiköpfigen Besatzung des Messwagens. Außerdem stellte das Bw Halle P bei Bedarf noch das Lokpersonal. Im Frühjahr 1951 begannen die ersten messtechnischen Untersuchungen der LVA Halle (Saale), die ab 1952 als Fahrzeug-Versuchsanstalt (FVA) bezeichnet wurde. Neben den Versuchsfahrten mit Fahrzeugen erprobte die FVA weiterhin u.a. das »Tote Feuerbett«, einen auf den Rost aufgeworfenen Schotterschicht, damit glühende Kohlestücken nicht durch die Rostspalten fallen konnten, die innere Kesselspeisewasser-Aufbereitung mit Chemikalien oder Prallbleche zur Verringerung des Funkenfluges.

Im September 1955 konnte die FVA schließlich in der Volkmannstraße in Halle (Saale) ihr neues Dienstgebäude beziehen. Dieses bestand im Wesentlichen aus einer zweigleisigen Fahrzeughalle, die u.a. mit einer Lokwaage zur Ermittelung der Achslasten ausgerüstet war. Eine Werkstatt und eine Bürogebäude ergänzten die baulichen Anlagen.

Mit der Übernahme der bisher zum Raw Dessau gehören Versuchsgruppe für Elektroloks erweiterten sich die Aufgaben der FVA Halle (Saale). Außerdem wurde in Dessau am 1. Juli 1956 die Versuchsanstalt für Motorfahrzeuge (VAMF) gegründet. Dort entstanden bis 1961 ein separates Dienstgebäude und ein elektrisches Prüffeld. Erst 1960 strukturierte die DR ihre Versuchswesen neu. Die Dienststellen in Halle (Saale) und Dessau wurden mit Wirkung zum 1. Januar 1960 zur Versuchs- und Entwicklungsstelle der Maschinenwirtschaft (VES-M) Halle (Saale) zusammengefasst.

Doch die VES-M erprobte nicht nur neue Fahrzeuge und Baugruppen. Sie erwarb sich auch als Konstruktionsbüro große Verdienste. Im Rahmen des Rekonstruktions-Programms (siehe S. 120 f.) entstanden auf den Reißbrettern in Halle (Saale) u.a. der

◆ *23 001 gehörte ab 1954 zum Fahrzeugbestand der VES-M Halle (Saale). 1974 hatte die Lok ausgedient. Foto: Slg. K.-J. Kühne*

◆ *Die aus dem Elsass stammende 79 001 stand ab 1952 in Diensten der Versuchsanstalt in Halle (Saale). Foto: Slg. K.-J. Kühne*

Verbrennungskammerkessel für die Baureihe 01.5 und das Projekt für die Schnellfahrlok 18 201 (siehe S. 128). Das hohe Fachwissen der Eisenbahner brachte der VES-M den respektvollen Beinamen »Tempel der Technik« ein. Der Leiter der VES-M, Max Baumberg, war ein Dampflok-Enthusiast. Für die notwendigen Versuchsfahrten hielt er einen extravaganten Fuhrpark vor. Den Anfang machte die badische Vierzylinder-Verbundmaschine 18 314. Später kamen noch drei Exemplare der als »Sachsenstolz« bekannten Schnellzugloks

der Baureihe 19.0 hinzu. Im Rahmen des Reko-Programms gelang es Baumberg sogar, neben dem Umbau der 18 201 die von der VES-M genutzten 18 314, 19 015, 19 022 und 23 001 gründlich zu modernisieren.

Doch die Versuche mit Dampfloks verloren zu Beginn der 1960er-Jahre immer weiter an Bedeutung. Moderne Diesel- und Elektroloks bestimmten nun das Arbeitspensum der Ingenieure.

Mit dem Eintritt in das Rentenalter verließ Max Baumberg 1971 die VES-M. Zu seinem Nachfolger wurde Horst Stöß berufen. Vier Jahre später hatten auch die Dampfloks ausgedient. Die Dieselloks 130 101 und 130 102 übernahmen ihre Aufgaben. Einzig 18 201 wurde noch für einzelne Schnellfahrversuche vorgehalten.

In den 1970er-Jahren waren rund 250 Männer und Frauen bei der VES-M beschäftigt, davon etwa 80 in der Außenstelle Dessau. Ab 1. Januar 1979 gehörte der »Tempel der Technik« als Sektion Fahrzeuge und Werkstätten zum Institut für Eisenbahnwesen. Ab 1. Januar 1988 wurde die ehemalige VES-M als »Zentrum für Elektrifizierung und Fahrzeuge« (ZET) im Wissenschaftlich-Technischen Zentrum (WTZ) der DR bezeichnet. Daraus ging am 1. Oktober 1990 die Zentralstelle Maschinentechnik (ZM) hervor, die noch rund 220 Mitarbeiter hatte. Doch mit der Zusammenführung von Reichs- und Bundesbahn verlor die ehemalige VES-M immer mehr an Bedeutung. Damit einher ging ein kontinuierlicher Personalabbau. Am 31. Dezember 1996 endete das Versuchswesen offiziell in Halle (Saale). Die letzte Messfahrt mit Hallenser Personal erfolgte jedoch erst am 2. März 1997. Heute erinnern nur noch die beiden Museumsloks 03 1010 und 18 201 mit ihren ovalen Gussschildern und dem Schriftzug »VES –M– Halle (S)« an diese Dienststelle.

◆ *Die ehemals badische 18 314 gehörte neben 18 201 (siehe S. 128) zu den Star–Maschinen der VES-M Halle (Saale). Foto: Slg. K.-J. Kühne*

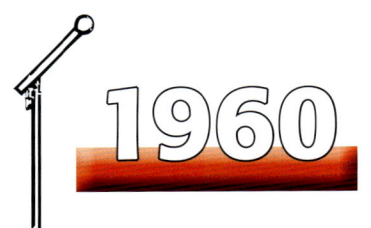

Indienststellung der letzten Neubau-Dampflok der DR

Am 28. Dezember 1960 übergab der VEB Lokomotivbau »Karl Marx« (LKM) Babelsberg mit der 50 4088 offiziell die letzte Neubau-Dampflok an die Deutsche Reichsbahn (DR). Die ersten Überlegungen für den Bau neuer Dampfloks reichen zurück bis in das Jahr 1945.

Dienst stellen. Bis 1957 folgten 23 weitere Maschinen. Die ersten Loks der Baureihe 99.23–24 lieferte der LKM Babelsberg 1955. In zwei Bauserien nahm die DR bis 1957 insgesamt 17 meterspurige Neubau-Dampfloks ab.

Die Entwicklung der dringend benötigten Regelspur-Maschinen ging hingegen nur schleppend voran. Zum einen fehlte der DR noch ein exakter Typenplan, zum anderen gab war die Schienenfahrzeug-Industrie der DDR mit anderen Aufträgen ausgelastet, obwohl ein am 10. Februar 1954 vorgelegter Beschluss des Ministerrates der DR die Beschaffung von 1.100 neuen Dampfloks bis 1960 zubilligte. Zunächst verfolgte die DR das Konzept einer

◆ *Die Baureihe 23^{10} war die beste Neubau-Dampflok der DR. 23 1042 stand 1963 im Bw Berlin-Lichtenberg. Foto: Slg. K.-J. Kühne*

Zunächst plante die DR die Beschaffung einer universell einsetzbaren 1´Dh2-Maschine. Doch deren Bau scheiterte an den fehlenden Produktionskapazitäten in der sowjetischen Besatzungszone (SBZ). Erst 1949 griff die Generaldirektion (GD) der DR das Thema »Neubau-Dampfloks« wieder auf. Zunächst hielt die DR am Konzept einer Universal-Maschine fest. Oberste Priorität besaß jedoch die Beschaffung neuer Schmalspur-Maschinen für die 750 mm-Strecken in Sachsen sowie die Meterspurbahnen in Thüringen und im Harz. Bei der Entwicklung der als Baureihen 99.77–79 und 99.23–24 bezeichneten Typen orientierten sich die Konstrukteure an den bewährten Einheitsmaschinen der Baureihen 99.73–76 und 99.22. Allerdings unterschieden sich die Neubauloks durch die geschweißten Blechrahmen und die für die Verfeuerung von Braunkohle ausgelegten Kessel von den alten Konstruktionen. Bereits 1952 konnte die DR das erste Exemplar der Baureihe 99.77–79 in

Universal-Maschine weiter. Doch bereits 1952 trat diese zu Gunsten einer schweren Tenderlok für den Personenzugdienst (Baureihe 65.10) und einer Maschine für den Einsatz auf Nebenbahnen (Baureihe 83.10) in den Hintergrund. Im Dezember 1952 lag schließlich der erste umfassende Typenplan für Neubau-Dampfloks vor. Er enthielt neben den Baureihen 65.10 und 83.10 noch weitere fünf Gattungen. Doch 1954 strich die Staatliche Plankommission (SPK) die Stahlkontingente für die DR zusammen, die jetzt nur noch für rund 300 Maschinen reichten.

Daraufhin wurden zunächst die Entwicklungsarbeiten an der Baureihe 65.10 beendet. Bereits auf der Leipziger Herbstmesse 1954 wurde das Baumuster vorgestellt. Doch die Versuchsfahrten offenbarten zahllose konstruktive Mängel, die mühevoll beseitigt werden mussten. Gleichwohl begann 1955 die Serienfertigung der Baureihe 65.10, von der bis 1957 in vier Baulosen insgesamt 88

DR noch jeweils einen Prototypen der Baureihen 25 (Kohlefeuerung) und 25.10 (Kohlenstaubfeuerung) in Auftrag gegeben, die 1954 bzw. 1955 geliefert wurden. Da sich die bei 25 001 verwendete mechanische Rostbeschickung (Stoker) nicht bewährte, wurde die Lok bereits 1956 abgestellt und zwei Jahre später analog der 25 1001 mit einer Kohlenstaubfeuerung des Systems Wendler (siehe S. 108 f.) ausgerüstet. Eine Serienbeschaffung der Baureihe 25/25.10 unterblieb, da diese 1´Dh2-Type nicht die in sie gesetzten Erwartungen erfüllte.

Als ausgezeichnete Konstruktion und letztlich die erfolgreichste Neubau-Dampflok der DR erwies sich die Baureihe 23.10. Sie sollte in erster Linie die inzwischen betagten Maschinen der Baureihe 38.10–40 (ex preußische P 8) ersetzen. 1953 begannen die Entwicklungsarbeiten an der 1´C1´h2-Maschine. Dabei berücksichtigte die DR die Erfahrungen die sich vor allem mit den Baureihen 65.10 und 83.10 gemacht hatte. Im Frühjahr 1957 standen schließlich die beiden Prototypen zur Verfügung. Sie bestachen durch ihre ausgezeichneten Leistungen, die sie zur besten Neubau-Dampflok der DR machten. 1958 konnte ohne größere Änderungen mit der Serienfertigung begonnen werden. Bis 1959 stellte die DR insgesamt 113 Exemplare der Baureihe 23.10 in Dienst.

Anschließend begann die Produktion der Baureihe 50.40, die zunächst nicht im Typenplan der DR vorgesehen war. Erst 1954 kristallisierte sich der Bedarf an einer 1´Eh2-Güterzuglok mit 15 t Achsfahrmasse heraus.

Um Zeit und Geld bei der Konstruktion der Baureihe 50.40 zu sparen, wurden zahlreiche Komponenten der Baureihe 23.10, u.a. Kessel, Führerhaus und Tender, für die Güterzuglok übernommen. Die im Herbst 1956 gelieferten beiden Baumuster beeindruckten zwar durch ihre Leistung, doch ihr geschweißter Blechrahmen war zu schwach und wurde für die Serienfertigung auch nicht nennenswert verstärkt. Mit der Ablieferung der 50 4088 im Dezember 1960 endete schließlich die Fertigung von Neubau-Dampfloks in der DDR.

Trotz der nur geringen Stückzahl von 318 Exemplaren konnte die DR mit ihren Neubau-Dampfloks die Situation in der Zugförderung verbessern. Gleichwohl war den Maschinen kein langer Einsatz beschieden. Die Baureihe 25.10 hatte bereits 1967 ausgedient. Die letzten Exemplare der Baureihe 83.10 wurden 1972 abgestellt. Fünf Jahre später endete der Planeinsatz der Baureihe 23.10, die Baureihe 65.10 folgte 1979. Als letzte regelspurige Neubau-Dampflok schied 50 4033 im November 1980 aus der Zugförderung aus. Den Schmalspur-Maschinen der Baureihen 99.23–24 und 99.77–79 blieb dieses Schicksal erspart. Sie bespannen bis heute täglich Reisezüge auf den Schmalspurbahnen im Harz, in Sachsen und auf der Insel Rügen.

◆ *Mit der Baureihe 50⁴⁰ endete offiziell der Dampflokbau in der DDR (50 4033 am 17. Mai 1980 in Wittstock). Foto: P. Gericke, Slg. D. Endisch*

Exemplare beschafft wurden. Die Entwicklung der Baureihe 83.10 stand ebenfalls unter keinem guten Stern. Auch hier waren die Versuchsfahrten mit der 1955 fertig gestellten 83 1001 von zahlreichen Problemen überschattet. Dennoch stellte die DR bis Oktober 1955 insgesamt 27 Exemplare der Nebenbahn-Maschine in Dienst. Die Fehler mussten nun im laufenden Betrieb beseitigt werden.

Trotz der Abkehr vom Konzept der Universal-Dampflok hatte die

◆ *Als erste Neubau-Dampflok wurde die Baureihe 65¹⁰ in Dienst gestellt. 65 1085 stand im Juni 1966 in Magdeburg Hbf. Foto: Slg. D. Endisch*

Indienststellung der Schnellfahrlok 18 201

Die Deutsche Reichsbahn (DR) in der DDR benötigte Ende der 1950er-Jahre für die Erprobung neuer, für den Export bestimmter Reisezugwagen eine Lokomotive, die Geschwindigkeiten von 160 km/h fahren konnte. Da geeignete Diesel- und Elektroloks nicht verfügbar waren und auch in absehbarer Zeit nicht beschafft werden konnten, suchte die Versuchs- und Entwicklungsstelle der Maschinenwirtschaft (VES-M; siehe S. 124 f.) Halle (Saale) nach einer geeigneten Dampflok. Für Höchstgeschwindigkeiten von mehr als 150 km/h hatte die Deutsche Reichsbahn-Gesellschaft (DRG) lediglich die Schnellzug-Maschinen der Baureihen 05 und 61 beschafft. Der Chef der VES-M, Max Baumberg (1906–1978) bemühte sich zunächst um den Ankauf einer Lok der Baureihe 05 von der Deutschen Bundesbahn (DB). Doch die Maschinen waren derart verschlissen, dass ein Erwerb aus Kostengründen keinen Sinn machte.

Der DR war nach dem Zweiten Weltkrieg die 1939 für den Henschel-Wegmann-Zug (siehe S. 88 f.) gebaute Stromlinientenderlok 61 002 verblieben. Die für 175 km/h zugelassene Maschine besaß ein ausgezeichnetes Trieb- und Laufwerk. Allerdings war der Kessel verschlissen und für die Maschinenleistung zu klein dimensioniert. Max Baumberg schlug daher am 27. Januar 1959 vor, die 61 002 im Rahmen des Reko-Programms (siehe S. 122 f.) in eine Schnellfahrlok umzubauen. Die dafür erforderlichen konstruktiven Arbeiten übernahm die VES-M. Auf das Fahrwerk der 61 002 wurde ein Reko-Kessel des Typs »39E« gesetzt. Dafür musste lediglich die Rauchkammer verändert werden. Außerdem wurden von der Versuchslok H 45 024 die Außenzylinder und das hintere Rahmenteil mit der Laufachse verwendet. Der neue Mittelzylinder für die Schnellfahrlok war eine Schweißkonstruktion. Den Umbau selbst übernahm das Reichsbahnausbesserungswerk (Raw) Meiningen (siehe S. 54 f.). Die DR konnte schließlich am 31. Mai 1961 ihre Schnellfahrlok 18 201 in Dienst stellen. Die geschwungenen, kleinen Windleitbleche, die Domverkleidung, die spitze Rauchkammertür sowie die Verkleidung der vorderen Pufferbohle und des Tenders gaben der 18 201 eine windschnittiges Aussehen. Die grüne Lackierung mit den weißen Zierstreifen unterstrich die besondere Stellung der Maschine, die dem Bahnbetriebswerk (Bw) Halle P zugewiesen wurde.

Zunächst setzte das Bw Halle P die Lok im regulären Zugdienst und für Messfahrten ein. Dabei erreichte sie 1964 aus dem Versuchsring in Prag-Velin eine Geschwindigkeit von 176 km/h. Ab Mai 1965 diente 18 201, die von ihren Personalen »Jimmo« genannt wurde und ab 1967 eine Ölhauptfeuerung besaß, nur noch Sonderzwecken. Seit 1980 gehörte die seit 1970 offiziell als 02 0201-0 bezeichnete Lok zu den Museumsfahrzeugen der DR. Heute ist 18 201 die schnellste betriebsfähige Dampflok der Welt und wird im ehemaligen Bw Nossen betreut.

◆ *18 201 ist heute die schnellste betriebsfähige Dampflok der Welt.*
Foto: M. Klaus

Technische Daten		
Bauart		2′C1′h3
Betriebsgattung		S 36.20
Länge ü. Puffer (2′2′ T 34)	mm	25.145
Höchstgeschwindigkeit v/r	km/h	175/50
Zylinderdurchmesser	mm	520
Kolbenhub	mm	660
Treib- und Kuppelraddurchmesser	mm	2.300
Laufraddurchmesser v/h	mm	1.100/1.250
Kesselüberdruck	kp/cm²	16
Rostfläche	m²	4,23
Verdampfungsheizfläche	m²	206,3
Dienstmasse (2/3 Vorräte)	t	176,9 t
Brennstoffvorrat (Heizöl)	m³	13,5
Wasserkasteninhalt	m³	34
indizierte Leistung	PSi	ca. 1.800

Bau der größten deutschen Diesellok V 320 001

Das in den Jahren 1955/56 von der Deutschen Bundesbahn (DB) aufgestellte Typenprogramm für Diesellokomotiven enthielt neben der Baureihe V 200 (siehe S. 113) auch eine Maschine für den schweren Schnell- und Güterzugdienst auf nicht elektrifizierten Hauptstrecken. Die als Baureihe V 320 bezeichnete Type sollte mit zwei 1.800 PS starken Dieselmotoren und einer hydraulischen Kraftübertragung ausgerüstet werden. Bereits 1956 begann die DB in Zusammenarbeit mit der Firma Henschel & Sohn mit der Konstruktion der V 320. Die Arbeiten mussten jedoch immer wieder unterbrochen werden, da die DB anderen Projekten Vorrang einräumte. Erst 1960 lagen die fertigen Zeichnungen vor. In der Zwischenzeit hatten sich jedoch die betrieblichen Rahmenbedingungen bei der DB grundlegend geändert. Mit der fortschreitenden Elektrifizierung der wichtigsten Hauptstrecken sah die DB keine Notwendigkeit mehr für die V 320. Daher fasste die Firma Henschel & Sohn den Entschluss, einen Prototypen auf eigene Kosten (2.291.590 D-Mark) zu bauen. Im Unterschied zu den Planungen wurde das Baumuster aber mit zwei 2.000 PS starken Motoren ausgerüstet. Ende 1962 konnte die Lok die Kassler Werkhallen zu den ersten Probefahrten verlassen. Mit einer Länge über Puffer von 23 m und einer Dauerleistung von 3.800 PS war sie die größte deutsche Diesellok. Die DB mietete die als V 320 001 bezeichnete Maschine. Am 9. Oktober 1963 traf die Lok im Bahnbetriebswerk Hamm P ein, wo sie im schweren Schnellzugdienst eingesetzt wurde. Dabei erreichte die Maschinen nach Änderungen am Getriebe bis zu 180 km/h. Später folgten auch Probefahrten auf der Moselstrecke und der Schwarzwaldbahn.

Knapp zwei Jahre später, am 25. Mai 1964, wechselte die Maschine zum Bw Kempten. Dort bespannte der Einzelgänger in erster Linie Schnellzüge auf der Hauptstrecke München–Lindau und Konstanz–Offenburg. Auch hier überzeugte die V 320 001 durch ihre Zugkraft und Leistung. Die Personale schätzen außerdem die sehr gute Bremsausrüstung und die übersichtliche Einrichtung des Führerstandes. Doch die DB verzichtete auf eine Serienbeschaffung der Baureihe V 320.

Die Bundesbahn gab das Baumuster, das ab 1. Januar 1968 die Betriebs-Nr. 232 001-8 trug, nach Ablauf des Mietvertrages am 28. Juni 1974 an den Hersteller zurück. In Kassel erhielt die Maschine anschließend eine Hauptuntersuchung, bevor sie ab 22. April 1976 in Diensten der Hersfelder Kreisbahn (HEG) stand. Die HEG setzte die als V 32 bezeichnete Lok vor schweren Güterzügen auf der Strecke Bad Hersfeld–Philippsthal ein. Im Oktober 1988 hatte sie hier ausgedient. Ab 10. Februar 1989 war die ehemalige V 320 bei der Teutoburger Wald-Eisenbahnen vor schweren Stahlzügen im Einsatz. Mit Ablauf der Untersuchungsfristen wurde die Lok am 17. Februar 1992 abgestellt. Im August 1994 erwarb eine italienische Gleisbau-Firma die Maschine. Erst 1999 kehrte die Lok nach Deutschlang zurück. Seither wird sie von Firma H. F. Wiebe deutschlandweit für Bauzugtransporte eingesetzt.

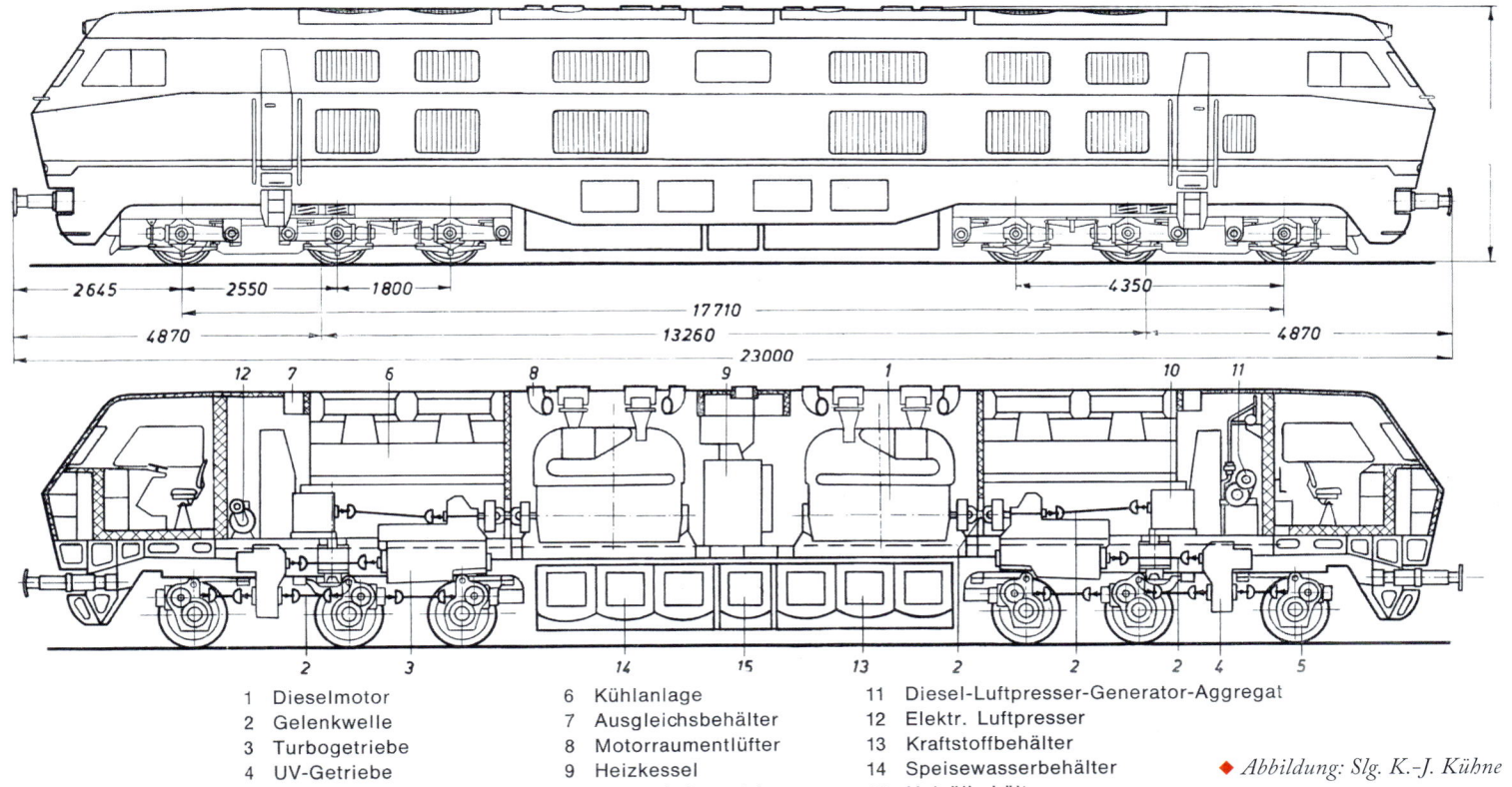

1 Dieselmotor	6 Kühlanlage	11 Diesel-Luftpresser-Generator-Aggregat
2 Gelenkwelle	7 Ausgleichsbehälter	12 Elektr. Luftpresser
3 Turbogetriebe	8 Motorraumlüfter	13 Kraftstoffbehälter
4 UV-Getriebe	9 Heizkessel	14 Speisewasserbehälter
5 Radsatzgetriebe	10 Lichtanlaßmaschine	15 Heizölbehälter

◆ *Abbildung: Slg. K.-J. Kühne*

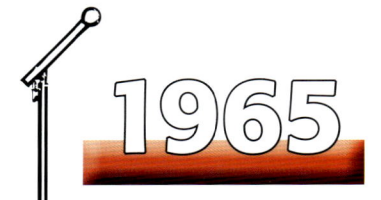

1965

Vorstellung der Baureihe E 03 der DB

Bereits Anfang der 1960er-Jahre begannen im Bundesbahn-Zentralamt (BZA) München die Vorarbeiten für eine schnellfahrende Elektrolok, die die Deutsche Bundesbahn (DB) für den hochwertigen Reisezugdienst benötigte. Entsprechende Versuche dazu führte die DB bereits ab Sommer 1963 mit zwei eigens dafür umgerüsteten Maschinen der Baureihe E 10 (ab 1968: Baureihe 110) durch. Dabei wurden am 28. Oktober 1963 erstmals 200 km/h erreicht. Auf der Grundlage dieser Erfahrungen beschloss die DB im August 1964 vier Prototypen der Baureihe E 03 zu beschaffen. Mit deren Lieferungen wurden die Firmen Henschel (mechanischer Teil) und Siemens-Schuckert (SSW; elektrischer Teil) beauftragt. Die Maschinen besaßen jedoch unterschiedliche Antriebe: E 03 001 und E 03 003 hatten den so genannten Henschel-Verzweigerantrieb. Die beiden anderen Baumuster besaßen den von SSW entwickelten Gummiringfeder-Kardan-Hohlwellenantrieb.

Bereits am 10. Februar 1965 verließ die erste Maschine die Werkhallen in Kassel. Dabei handelte es sich jedoch nicht um E 03 001, sondern um die Schwesterlok E 03 002. Diese erhielt ihre richtigen Lokschilder erst nach der Fertigstellung der E 03 001 am 26. März 1965. Bis zum 1. Juni 1965 folgten die beiden anderen Prototypen. Die DB präsentierte die E 03 anschließend auf der Internationalen Verkehrsausstellung in München. Für die Besucher der Ausstellung veranstaltete die DB mit der E 03 001 zwischen München und Augsburg Hochgeschwindigkeitsfahrten mit bis zu 200 km/h.

Anschließend folgte die messtechnische Untersuchung der vier Baumuster, die sich im Wesentlichen als ausgereifte Konstruktionen erwiesen. Lediglich die Leistung war für das vorgesehene Einsatzgebiet zu gering, so dass für die Serienmaschinen die Dauerleistung von 5.950 kW auf 7.440 kW angehoben wurde. 1970 begann schließlich die Fertigung der als Baureihe 103.1 bezeichneten Type, von der die DB bis 1974 insgesamt 145 Exemplare beschaffte. Dabei wurde der Lokkasten ab 103 216 an den Enden um 700 mm verlängert, um mehr Platz in den recht engen Führerständen zu schaffen. Ab Mai 1971 setzte die DB die Baureihe 103.1 im neuen InterCity-Verkehr (siehe S. 137) ein. Die eleganten und zugstarken Maschinen entwickelten sich schnell zum Inbegriff der modernen Bundesbahn. Über 25 Jahre prägten sie das Bild im Schnellverkehr auf den elektrifizierten Hauptbahnen. Erst 1997 sank der Stern der inzwischen zur »Kult-Lok« avancierten Baureihe 103.1. Sechs Jahre später hatten die letzten Exemplare im Plandienst ihre Schuldigkeit getan. Neben den drei Baumustern E 03 001, E 03 002 und E 03 004 sind noch einige Serienmaschinen als Museumsstücke erhalten geblieben.

◆ *Für Presseaufnahmen wurde E 03 002 als E 03 001 beschildert und zwischen Bamberg und Lichtenfels bei Staffelstein in Position gefahren. Rechts ist die Wallfahrtskirche Vierzehnheiligen zu erkennen. Foto: Werkfoto Siemens*

Verdieselungsbeschluss bei der DR

Bereits Anfang der 1950er-Jahre begann die Deutsche Reichsbahn (DR) in der DDR mit den Planungen für die Beschaffung moderner Triebfahrzeuge. Der wissenschaftlich-technische Beirat der Vereinigung Volkseigener Betriebe des Lokomotiv- und Waggonbaus (VVB LOWA) hatte 1951 die Elektrifizierung der wichtigsten Hauptstrecken empfohlen. Einen groß angelegten Einsatz von Dieseltriebfahrzeugen hielt der Beirat für wenig sinnvoll, da Dieselkraftstoff damals sehr teuer und die Beschaffung in den notwendigen Mengen nicht sichergestellt war. Die DR entschied sich folgerichtig für die Elektrifizierung. Dieselfahrzeuge sollten nur für den Rangier- und Nebenbahndienst beschafft werden. Mit der Aufnahme der elektrischen Zugförderung zwischen Halle (Saale) und Köthen 1955 (siehe S. 115) begann in der DDR der Traktionswechsel. Die Planungen dazu waren Ende der 1950er-Jahre weitgehend abgeschlossen. Spätestens 1975 sollten die Dampfloks ausgedient haben. Doch die Umsetzung dieses Ziels scheiterte an den wirtschaftlichen Rahmenbedingungen in der DDR, die 1963 zum Abbruch des laufenden Siebenjahrplanes führten. Stattdessen bestätigte der Staatsrat der DDR am 15. Juli 1963 das »Neue ökonomische System der Planung und Leitung der Volkswirtschaft« (NÖSPL). Dieses räumte den Betrieben mehr Entscheidungsfreiheit bei der Beschaffung von Material, der Aufnahme von Krediten, der Preiskalkulation und der Absatzplanung ein. Die DR nutzte diese Chance und arbeitete 1964 ein neues Konzept für den Traktionswechsel aus, das am 15. Mai 1965 vorlag. In der ersten Stufe sollten Dieselfahrzeuge den Rangier- und Nebenbahndienst übernehmen und bis 1975 rund 2.670 km Hauptbahnen elektrifiziert werden. Die Kosten dafür wurden auf 7,1 Milliarden Mark veranschlagt. Bis 1980 sollten weitere 813 km mit einer Oberleitung ausgerüstet werden – Kostenpunkt 2,4 Milliarden Mark. Doch das Papier war nach nur wenigen Monaten Makulatur. Mit der Machtübernahme Leonid Breschnews (1906–1982) änderte die Sowjetunion ihre Wirtschafts- und Handelspolitik gegenüber der DDR. Erdöl wurde nun zum wichtigsten Exportgut. Allerdings war Erdöl noch sehr billig, was zu einem Handelsdefizit gegenüber der DDR führte. Dieses musste nun durch zusätzliche Lieferungen ausgeglichen werden. Dazu gehörten u.a. Dieselloks. In der DDR-Regierung führte dies zu erheblichen Auseinandersetzungen. Diese endeten mit dem Abbruch von NÖSPL. In diesem Zusammenhang räumte das Zentralkomitee (ZK) der Sozialistischen Einheitspartei Deutschlands (SED) auf seinem 11. Plenum (13.–18.12.1965) der Dieseltraktion absoluten Vorrang ein. Diese Vorgaben setzte der Ministerrat der DDR mit seinem am 17. März 1966 gefassten Verdieselungsbeschluss um. Fortan stellte die DR Dieselloks in großer Stückzahl in Dienst. 1980 entfielen 71,8 % aller Traktionsleistungen auf Dieselloks.

Als Ende der 1970er-Jahre der Erdölpreis dramatisch anstieg, brachte dies die DDR in ernste wirtschaftliche Schwierigkeiten. Erst der X. Parteitag der SED (11.–16.04.1981) beschloss einen Kurswechsel – nun wurden die Hauptbahnen wieder elektrifiziert.

◆ *V 180 111 wartete im Sommer 1965 beim VEB Lokomotivbau »Karl Marx« Babelsberg auf ihre Endabnahme. Foto: Archiv transpress*

1966

Eröffnung der ersten Museumsbahn

Am 21. November 1964 gründeten einige Eisenbahnfreunde um Harald O. Kindermann den Deutschen Kleinbahn-Verein, aus dem später der heutige Deutsche Eisenbahn-Verein (DEV) hervorging. Es gab zwar Mitte der 1960er-Jahre zahlreiche Eisenbahnfreunde in Ost und West, doch die Idee, eine Strecke für einen authentischen Museumsbetrieb zu erhalten, war neu in Deutschland. Zunächst bemühten sich die Enthusiasten um den Erhalt eines Teils der meterspurigen Steinhuder Meer-Bahn (StMB) in der Nähe von Hannover. Doch dieser Plan konnte nicht verwirklicht werden. Dennoch verhandelten die Eisenbahnfreunde mit den Verkehrsbetrieben der Grafschaft Hoya (VGH) seit Ende 1965 über den Ankauf einer der beiden noch vorhandenen Dampflokomotiven. Während dieser Verhandlungen boten die VGH dem Verein die kostenlose Nutzung der 3,9 km langen meterspurigen Kleinbahn Bruchhausen-Vilsen–Heiligenberg für ihre Zwecke an. Damit war die Eröffnung der ersten deutschen Museumsbahn in greifbare Nähe gerückt. Jetzt fehlte vor allem ein geeigneter Personenwagen. Diesen erwarb der Verein von der Deutschen Bundesbahn (DB). Diese gab den KBi 0141 ab, der zuletzt auf der Strecke Mosbach–Mudau im Einsatz war. Der Wagen traf am 26. März 1966 in Bruchhausen-Vilsen ein. Wenige Monate später, am 2. Juli 1966, setzte sich der erste Museumszug mit der Lok BRUCHHAUSEN an der Spitze in Bewegung. Bereits ein Jahr später pendelten schon an sieben Tagen Dampfzüge zwischen Bruchhausen-Vilsen und Heiligenberg. 1969 konnte der Museumsbetrieb bis nach Asendorf verlängert werden.

In den folgenden Jahren baute der DEV die 7,8 km lange Strecke Bruchhausen-Vilsen–Asendorf zu einer mustergültigen Museumsbahn aus. Ziel des DEV ist es, hier den Kleinbahnbetrieb in seiner Entwicklung zu dokumentieren. Entsprechend diesem Konzept wurde der Fahrzeugpark schrittweise erweitert. Neben Dampfloks gehören heute auch Dieselloks und Triebwagen zur Sammlung.

Die Anliegergemeinden und der ehemalige Landkreis Grafschaft Hoya erkannten sehr schnell die touristische Bedeutung der Museumsbahn. Sie fassten daher am 21. September 1973 den Beschluss, die Strecke zu kaufen. Seit 1983 wickelt der DEV die Betriebsführung in eigener Regie ab. Dazu wurde der Verein zu einer Nichtbundeseigenen Eisenbahn. Außerdem trat der DEV als erster Eisenbahnverein dem Verband Deutscher Verkehrsunternehmen bei. Die Fahrsaison zwischen Bruchhausen-Vilsen und Asendorf beginnt jedes Jahr am 1. Mai. Dann erwacht bis zum Oktober an allen Wochenenden und Feiertagen wieder die Kleinbahnzeit vor den Toren Bremens.

◆ *Von der Plettenberger Kleinbahn übernahm der DEV diese kleine Kasten-Tenderlok, die heute als PLETTENBERG im Einsatz ist. Foto: D. Endisch*

Unfall von Langenweddingen

Langenweddingen – der Name dieses kleinen Bahnhofs in der Magdeburger Börde steht für das schwerste Zugunglück in der Geschichte der Deutschen Reichsbahn (DR) in der DDR. Am Donnerstag, den 6. Juli 1967, verließ der P 852 pünktlich um 7.36 Uhr den Magdeburger Hauptbahnhof. Der Zug bstand aus zwei vierteiligen Doppelstockeinheiten (DBv) und zwei Packwagen. Rund 250 Personen, darunter viele Kinder, die in ein Ferienlager wollten, saßen in dem beschleunigten Personenzug, den 22 002 mit rund 85 km/h in Richtung Thale (Harz) schleppte.

Zur gleichen Zeit fuhr ein Sattelschlepper des VEB Minol, beladen mit 15.000 l Leichtbenzin für das Gummiwerk in Ballenstedt, über die Fernverkehrsstraße (F) 81 durch die Magdeburger Börde. Langsam kam Langenweddingen in Sicht. Die Schranken des Bahnübergangs waren noch offen. Ende der 1960er-Jahre war dies bei der DR nicht ungewöhnlich. Eine Abhängigkeit zwischen Schranken und Signalen war nicht zwingend vorgeschrieben. Inzwischen näherte sich in voller Geschwindigkeit der P 852 dem Bahnhof Langenweddingen. Das Einfahrsignal zeigte »Fahrt frei!«

Erst kurz vor 8 Uhr begann der Fahrdienstleiter damit, die Schranken herunterzukurbeln. Doch ein Schrankenbaum blieb in einem unsachgemäß verlegten Telfonkabel hängen. Der Fahrdienstleiter geriet in Panik – er versuchte mit aller Gewalt das Kabel zu zerreißen. Doch vergebens. Das Lokpersonal des P 852 konnte den Bahnübergang nicht einsehen. Der Fahrer des Sattelschleppers sah die offenen Schranken und beschleunigte.

In diesem Moment traf der rechte Puffer der 22 022 das Führerhaus des Sattelschleppers. Dieser wurde herumgeschleudert. Der Tank flog auf die erste Doppelstockeinheit und explodierte. Binnen weniger Sekunden verwandelten die 15.000 l Leichtbenzin den Bahnhof Langenweddingen in eine Feuerhölle. Zwar trafen die ersten Feuerwehrleute bereits um 8.05 Uhr an der Unglückstelle ein, doch sie konnten gegen das Flammenmeer nur wenig ausrichten. Das Löschwasser verdampfte mit einem lauten Knall, als es auf die heißen Wagen gespritzt wurde. Gegen 11 Uhr waren die Flammen gelöscht und die Aufräumarbeiten konnten beginnen. Den Rettungskräften bot sich ein Bild des Schreckens – 77 Reisende, darunter 44 Kinder, hatten ihr Leben verloren. 17 Schwerverletzte erlagen bis August 1967 ihren schweren Verbrennungen.

Die vom Ministerrat der DDR eingesetzte Untersuchungskommission und die Staatsanwaltschaft begannen umgehend mit ihren Ermittlungen. Noch am Abend des 6. Juli 1967 wurde der Fahrdienstleiter verhaftet. Auch dessen Vorgesetzter, der Dienstvorsteher des Bahnhofs Langenweddingen, wurde wenig später verhaftet, da er seine Dienstpflichten verletzt hatte. Beide wurden am 2. September 1967 vom II. Strafsenat des Bezirksgerichtes Magdeburg wegen fahrlässiger Transportgefährdung in Tateinheit mit fahrlässiger Tötung zu jeweils fünf Jahren Gefängnis verurteilt.

Doch die Katastrophe von Langenweddingen hatte noch andere Konsequenzen: Zwischen Signalen und Bahnhöfen wurde nun generell eine Abhängigkeit hergestellt. Die Straßenverkehrsordnung der DDR schrieb fortan im 80 m-Bereich vor Bahnübergängen als Höchstgeschwindigkeit 30 km/h vor. Omnibusse mussten generell vor Bahnübergängen halten. Ein Denkmal auf dem Magdeburger Westfriedhof erinnert an das schwerste Zugunglück der DR.

Am 7. Juli 1967 berichtete die in Magdeburg erscheinende »Volksstimme« ausführlich über das Unglück von Langenweddingen. Abbildung: Slg. D. Endisch

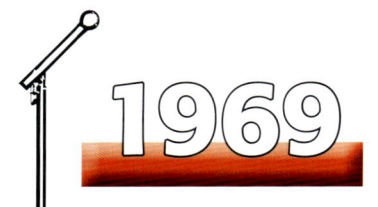

Der Personenzug wird zum Nahverkehrszug

Mit dem Inkrafttreten des Sommerfahrplans am 1. Juni 1969 verschwand aus den Kursbüchern der Deutschen Bundesbahn (DB) eine Institution – der Personenzug (P). Seit den Anfangsjahren der Eisenbahn verkehrte der Personenzug auf Haupt- und Nebenbahnen. Er war die Basis des Reiseverkehrs auf der Schiene. Meist hatten die Personenzüge nur kurze Laufwege und hielten auf jedem Bahnhof. Aufgrund der vielen Halte besaßen die Personenzüge meist nur eine geringe Reisegeschwindigkeit, was ihnen im Volksmund häufig den Spitznamen »Bummelzug« einbrachte. 1969 hatte das Kürzel »P« vor der Zug-Nr. ausgedient. Die DB wandelte den Personenzug zum Nahverkehrszug (N) um, der fortan die niedrigste Zuggattung im Reiseverkehr war.

Die Deutsche Reichsbahn (DR) in der DDR hielt an dem Personenzug auch weiterhin fest. Erst mit der Zusammenführung von Reichs- und Bundesbahn schlug auch zwischen Ostsee und Erzgebirge das letzte Stündlein für den Personenzug. Seit dem 2. Juni 1991 löste im Bereich der DR der Nahverkehrszug den Personenzug ab.

Mit der Gründung der Deutschen Bahn AG (DB AG) am 1. Januar 1994 wurden auch schrittweise neue Zug-Gattungen eingeführt. Im Schienenpersonennahverkehr war dies mit dem Fahrplanwechsel am 28. Mai 1995 der Fall. Der Nahverkehrszug trug fortan die Bezeichnung »Regionalbahn« (RB) und aus dem Eilzug wurde nun der »Regionalexpress« (RE).

◆ *Über Jahre ein gewohntes Bild auf DB-Gleisen: Ein typischer Nahverkehrszug mit »Silberling«-Wagen. Der Steuerwagen besitzt orange Warnbalken. Der Zug wird von einer 141 geschoben und wurde bei Heigenbrücken aufgenommen (September 1980).*

Einführung des IC-Systems bei der DB

Der Begriff »InterCity« (IC) war keine Erfindung der Deutschen Bundesbahn. Bereits in den 1960er-Jahren nutzten die Britischen Eisenbahnen (BR) diese Bezeichnung für schnell fahrende Züge. Die ersten Ideen für das später so erfolgreiche IC-Netz der DB stammten aus dem Jahr 1967. Zunächst sollten die wichtigsten Städte in der Bundesrepublik durch schnellfahrende Züge miteinander verbunden werden. Das erste Konzept für den IC sah die vier Linien Hamburg-Altona–Bremen–Köln–Stuttgart–München, Hannover–Dortmund–Würzburg–München, Hamburg-Altona–Hannover–Frankfurt (Main)–Basel und Bremen–Hannover–Würzburg–München mit einer Streckenlänge von 3.115 km und insgesamt 33 Halten vor. Die Strecken sollten von Zügen, die ausschließlich aus Wagen der 1. Klasse bestanden, im Zwei-Stunden-Takt mit einer Höchstgeschwindigkeit von 160 teilweise auch 200 km/h bedient werden. Der Vorstand der DB stimmte dem Konzept am 1. August 1969 zu. Nach dem die für den IC-Verkehr benötigten Elektroloks der Baureihe 103.1 (siehe S. 130) und klimatisierten Reisezugwagen zur Verfügung standen, verkehrten am 26. September 1971 die ersten IC auf den Strecken der DB.

Doch der erhoffte Erfolg stellte sich zunächst nicht ein. Der IC besaß zwar einen sehr guten Ruf, wurde aber in erster Linie von Geschäftsreisenden genutzt und damit am Ende für die DB ein Verlustgeschäft. Dies wog umso schwerer, da der gesamte Fernverkehr Anfang der 1970er-Jahre immer mehr Reisende verlor. 1974 machte die einst profitable Sparte erstmals Verlust. Der Vorstand setzte daraufhin die Arbeitsgruppe »Neue Produktionskonzeption« ein, die attraktive Angebote für den Fernverkehr erstellen sollte. Nach gründlichen Vorarbeiten lag 1975 ein erstes Konzept vor. Dies sah die Weiterentwicklung des IC-Verkehrs von 1971 zu einem IC-Netz im Stundenstakt mit beiden Wagenklassen vor. Die Idee stieß zunächst bei der Spitze der DB auf Vorbehalte, doch bereits ab 1976 führten einige IC auf der Linie Bremen–München die 2. Wagenklasse. Auf der Strecke Hamburg-Altona–Köln begann am 28. Mai 1978 der Probebetrieb – Stundentakt und beide Wagenklassen – für das Konzept »Intercity '79«. Ein Jahr später war es dann soweit: Mit dem Werbeslogan »Jede Stunde, jede Klasse« nahm die DB am 27. Mai 1979 den Stundentakt im IC-Verkehr auf den bereits vorhandenen vier Linien auf. Der Erfolg ließ nicht lange auf sich warten: Bis zum Dezember 1979 verbuchte die DB einen Anstieg der Fahrgastzahlen um mehr als 9 %. Trotz der höheren Betriebskosten konnte die DB einen Überschuss von 80 Millionen D-Mark im IC-Verkehr erwirtschaften. Angesichts dieses Erfolgs wurde das IC-Netz in den folgenden Jahren schrittweise ausgebaut. Am 31. Mai 1987 startete im internationalen Verkehr der europäischen Staatsbahnen der Euro-City (EC).

◆ *Für den Stundentakt und die 2. Wagenklasse im IC-Verkehr warb die DB mit einem originellen Slogan und besonderen Plakaten. Abbildung: Slg. J. Reiners*

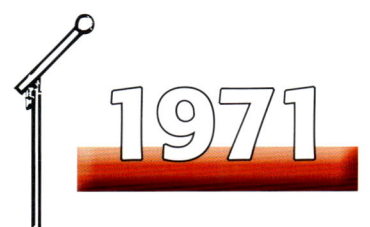

Unfall von Radevormwald

1971 ging als das Unglücksjahr in die Geschichte der Deutschen Bundesbahn (DB) ein. Drei schwere Zugunglücke beherrschten die Schlagzeilen in den Medien. Am 9. Februar 1971 entgleiste bei Aitrang der TEE 56 »Bavaria« wegen überhöhter Geschwindigkeit. Dabei wurden 28 Reisende getötet und 42 verletzt. Ebenfalls überhöhte Geschwindigkeit führte am 21. Juli 1971 zum Unglück bei Rheinweiler zwischen Freiburg und Basel. Der D 370 kippte in einer Kurve aus dem Gleis, stürzte einen Hang hinunter und zerstörte ein Haus. 23 Menschen fanden den Tod, 123 wurden verletzt.

Das schwerste Unglück des Jahres 1971 und die größte Katastrophe in der Historie der DB war jedoch der Zusammenstoß zweier Züge bei Radevormwald, südlich von Wuppertal, am 27. Mai 1971. An jenem Tag verkehrte auf der eingleisigen Nebenbahn außerplanmäßig ein Schülersonderzug, bestehend aus dem Schienenbus 795 375 und Beiwagen 995 325, der um 21.08 Uhr den Haltepunkt Remlingrade passierte. Aus der Gegenrichtung näherte sich der Nahgüterzug (Ng) 16856, dessen Ziel Wuppertal war. Planmäßig konnte der Zug den Bahnhof Dahlerau, der keine Ausfahrsignale besaß, ohne Halt passieren. Doch an diesem Tag sollte der Ng 16856 für die Kreuzung mit dem Schülersonderzug halten. Aber zwischen dem Fahrdienstleiter und dem Lokführer der 212 030, der vom Zugführer des Ng 16856 begleitet wurde, kam es zu einem verhängnisvollen Missverständnis. Die 212 030 hielt nicht, sondern durchfuhr den Bahnhof. Rund 800 m hinter Dahlerau stieß die Diesellok mit dem Schülersonderzug zusammen. Wegen ihrer Masse kletterte die Diesellok auf den Rahmen des Schienenbusses und schob seinen leichten Aufbau auf rund ein Drittel seiner Länge zusammen. Den Rettungskräften bot sich ein Bild des Grauens. 46 Reisende, darunter 41 Schüler, kamen in den Trümmern des Schienenbusses und des Beiwagens um. 25 Personen wurden schwer verletzt. Die Bergung der Verletzten war kompliziert, da die Unglücksstelle an einem steilen Hang zwischen der Wupper und der Landstraße lag. Mit Seilen mussten die Verletzten den verschlammten Hang hinaufgezogen werden.

◆ Bereits am 28. Mai berichtete der »General-Anzeiger für Berg und Mark« über das tragische Unglück.

Trotz der über ein Jahr währenden Ermittlungen kann die Staatsanwaltschaft die Unglücksursache nicht zweifelsfrei klären, da ihr wichtige Beweismittel fehlen. Das verplombte Störungszeichen im Stellwerk Dahlerau, das ein Auffahren der Ausfahrweiche in Richtung Wuppertal belegt hätte, ist nicht auffindbar. Lok- und Zugführer behaupten, der Fahrdienstleiter habe ihnen mittels seines Befehlsstabes einen Durchfahrauftrag erteilt, was dieser jedoch bestreitet. Auch das Gericht kann diese Frage nicht beantworten, da der Fahrdienstleiter noch vor Prozessbeginn an den Folgen eines Autounfalls stirbt. Somit bleibt die Unfallursache bis heute ungeklärt.

Einweihung der größten Hubbrücke der Welt in Hamburg

Als nach rund zwei Jahren Bauzeit die Kattwyk-Brücke für den Eisenbahn- und Straßenverkehr am 21. März 1973 eingeweiht wurde, war sie mit einer Hubhöhe von 46 m die größte Hubbrücke der Welt. Das 290 m lange Bauwerk mit zwei 70 m hohen Endportalen führt über die Süderelbe und verbindet Moorburg mit der Elbinsel Wilhelmsburg. Die Brücke besteht aus zwei Trapezfachwerken über den Seitenöffnungen und einem parallelgurtigen Fachwerkbalken über der Hauptöffnung, der an 32 Stahlseilen aufgehängt ist.

Die Brücke war vor allem für den Eisenbahn-Verkehr errichtet worden, denn auf diesem Weg gelangen die Güterzüge vom Güterbahnhof Hohe Schaar nach Hausbruch. Damit auch der Straßenverkehr die Brücke nutzen kann, verlegte man die Eisenbahnschienen auf der Brücke in Fahrbahnmitte. Für die Durchfahrt eines Güterzuges wird die Brücke mit Hilfe einer Schrankenanlagen für den Straßenverkehr gesperrt. Eine solche Sperrung dauert normalerweise rund zehn Minuten. Für den Schiffsverkehr wird die Brücke an Werktagen alle zwei Stunden geöffnet. Dann müssen die Autofahrer etwa zwanzig Minuten warten. Ein besonderer Service: An den Zufahrtsstraßen zeigen Lichtzeichenanlagen die Dauer der Verkehrsunterbrechung an. Nach mehr als 30 Dienstjahren wurde die Brücke von April bis Oktober 2005 grundlegend saniert. So erneuerte man den Fahrbahnbelag, die Gleise und alle 32 Stahlseile. Die Stahlkonstruktion wurde repariert und erhielt einen neuen Korrosionsschutz. Außerdem unterzog man die Antriebsmotoren der Hubbrücke einer Grundüberholung. Um den Schiffsverkehr während der Arbeiten nicht zu behindern, verkeilte man das 100 Meter lange Brücken-Mittelteil an der höchsten Position von 53 m. In den Monaten März und April des Jahres 2006 wurde die Brücke für Nacharbeiten noch einmal für den Verkehr gesperrt.

Knapp zwei Jahre später lag die Brücke wieder still, diesmal ungeplant: Wegen eines Lagerbruchs an einer der vier Seiltrommeln des beweglichen Trogs war die Brücke von Ende Januar 2008 bis zum 15. Dezember 2008 nochmals außer Betrieb. Sechs Wochen war die Brücke auf einer Durchfahrtshöhe von 17 m bei mittlerem Normalhochwasser blockiert. Anfang März 2008 gelang es, den Brückentrog auf die maximale Höhe anzuheben. Während der langen Ausfallzeit überholte man die komplette Antriebsmechanik der Brücke: Nicht nur das defekte Lager wurde ausgetauscht, sondern man erneuerte auch alle vier Exemplare der spezialgefertigten Seiltrommeln.

Nach Abschluss der Reparaturarbeiten gaben Axel Gedaschko, Wirtschaftssenator der Freien und Hansestadt Hamburg, und Jens Meier, Geschäftsführer der Hamburg Port Authority (HPA), die Brücke am 15. Dezember 2008 wieder für den Straßenverkehr frei.

◆ *Die Hubhöhe der Hamburger Kattwykbrücke beträgt 46 Meter. Foto: G. Ries*

Einführung des neuen Farbkonzepts bei der DB

Die Farben Oceanblau und Elfenbein stehen heute für die Deutsche Bundesbahn (DB) der 1970er- und 1980er-Jahre. Das heute so unverwechselbare Farbkonzept der Bundesbahn fand bei den meisten Eisenbahnfreunden keine positive Resonanz. Erst als die letzten oceanblau-beigen Fahrzeuge aus dem Betriebsdienst ausschieden, erlangten sie ein wenig Kultstatus. 1974 erhielten die beiden fabrikneuen Dielsellok 218 217 und 218 218 jeweils einen neuen Versuchslack. Während 218 217 analog den IC-Wagen und der Baureihe 103.1 ein rot-elfenbeinfarbenes Farbkleid trug, besaß 218 einen oceanblau-elfenbeinfarben Lack. Als erste Neubau-Elektrolok erstrahlte 111 001 in den neuen Farben der DB.

Ein Jahr später, am 14. Mai 1975, wurde im Amtsblatt der DB das neue Farbkonzept, das mit Ausnahme der Güterwagen, für alle Fahrzeuge galt, vorgestellt. Der obere Teil der Lok- und Wagenkästen sowie die Zierstreifen wurden fortan in Elfenbein (RAL 1014) lackiert. Für den unteren Teil war das später DB-typische Oceanblau (RAL 5020) vorgesehen. Die Dachaufbauten wurden umbragrau (RAL 7022), die Rahmen, Untergestelle und Drehgestelle graubraun (RAL 8019) gespritzt. Lediglich die im IC- und TEE-Verkehr eingesetzten Fahrzeuge behielten ihren Anstrich in Purpurrot (RAL 3004).

Die DB ließ nicht nur sämtliche neuen Fahrzeuge in Oceanblau-Elfenbein lackieren. Auch einzelne Altbau-Elektroloks der Baureihen 118, 144 und 194 wurden umgespritzt, was jedoch vor allem bei den Maschinen der Baureihe 144 und 194 gewöhnungsbedürftig war. Auch bei den Dielsellok der Baureihen 220 und 221 wirkten die neuen Farben der DB unvorteilhaft.

Mitte der 1980er-Jahre suchte die DB im Zuge einer Neuausrichtung des Unternehmens wiederum nach einem neuen Farbkonzept. 1987 hieß die neue Farbe der DB-Lokomotiven schließlich Orientrot (RAL 3031).

◆ Ein Jahr nach der Einführung der neuen Farben zeigen sich der Akku-Triebwagen 515 103 und 218 323 in Oceanblau-Beige. Foto: J. Krantz, Slg. D. Endisch

Erster Einsatz der Städte-Expresszüge

Im Jahr 1976 zog die Deutsche Reichsbahn (DR) das große Los – völlig unverhofft verkaufte der VEB Waggonbau Bautzen der Bahn 103 moderne Reisezugwagen des Typs Y/B 70. Dabei handelte es sich um 43 Fahrzeuge der Gattung Ame (1. Klasse) und 60 der Gattung Bme (2. Klasse). Eigentlich waren diese Wagen für die Tschechoslowakischen Staatsbahnen (ČSD) bestimmt, doch die ČSSR konnte nicht zahlen. Also gab die Staatliche Plankommission (SPK) der DDR die Wagen für die DR frei.

Ein Einsatzgebiet war auch schnell gefunden – der so genannte Städte-Express zwischen den Bezirksstädten und der Hauptstadt Berlin. Zwar bot die DR bereits seit 1960 einen Städteschnellverkehr nach Berlin an, doch diese Züge waren Mitte der 1970er-Jahre vor allem montags, freitags und sonntags immer wieder überlastet, da sie von zahlreichen Pendlern genutzt wurden. Zudem rechnete die DR mit weiter steigenden Fahrgastzahlen, da die Kraftstoffkontingente der Betriebe für Dienstfahrten erheblich gekürzt wurden. Als Alternative blieb nur die Bahn. Außerdem rief die Freie Deutsche Jugend (FDJ) 1977 die »Berlin-Initiative« aus. Bauarbeiter aus allen Teilen der DDR sollten bei der Umsetzung der Projekte in der Hauptstadt helfen.

Bereits am 25. Oktober 1976 absolvierte der erste Städte-Express, der Ex 150/157 »Rennsteig« Meiningen–Suhl–Erfurt–Berlin, seine Jungfernfahrt. In den folgenden Wochen folgten der Ex 100/107 »Elstertal« Gera–Berlin (ab 01.11.1976), der Ex 121/126 »Stoltera« Rostock–Berlin (ab 15.11.1976), der Ex 172/175 »Sachsenring« Zwickau–Berlin (ab 22.11.1976), der Ex 141/164 »Börde« Magdeburg–Berlin (ab 29.11.1976) und der Ex 131/136 »Petermännchen« Schwerin–Berlin (ab 06.12.1976). 1977 richtete die DR weitere Verbindungen ein. Die Züge verkehrten lediglich montags bis freitags und waren zuschlagspflichtig. Äußerlich unterschieden sich die Wagen der Städte-Express-Züge durch ihre auffällige orange-beigefarbene Lackierung deutlich von den anderen Reisezugwagen der DR. An Wochenenden und Feiertagen nutzte die DR die Fahrzeuge oft für Sonderfahrten.

Der Städte-Express war ein Prestige-Objekt der DR, die die Pünktlichkeit und die Sauberkeit der Züge besonderes überwachte. Auch das Zug- und Mitropa-Personal war handverlesen. Bei den Reisenden standen die »Städte-Ex«, wie die Züge meist nur genannt wurden, hoch im Kurs.

Mit der politischen Wende in der DDR und der Deutschen Wiedervereinigung hatte der Städte-Express ausgedient. Am 31. Mai 1991 verkehrte der »Städte-Ex« zum letzten Mal.

◆ *Ab 29. November 1976 verkehrte der Städte-Express »Börde«. Die »Volksstimme« berichtete einen Tag später darüber. Abbildung: Slg. D. Endisch*

„Fahrt frei!" für den Börde-Expreß

Magdeburg (EB). „Fahrt frei" hieß es Montag früh, 6.52 Uhr auf dem Magdeburger Hauptbahnhof zum ersten Mal für den Städteexpreß „Börde" in die DDR-Hauptstadt Berlin. Der Präsident der Reichsbahndirektion Magdeburg, Genosse Heinz Gebhardt, wünschte zur Eröffnung der neuen Verkehrsverbindung dem „Börde"-Expreß allzeit gute Fahrt, allen Fahrgästen eine angenehme Reise und der jungen „Zugmannschaft" viel Erfolg bei ihrer verantwortungsvollen Tätigkeit.

Nach der pünklichen Ankunft des Zuges um 17.48 in Magdeburg fragten wir Reisende nach ihrer Meinung über den „Börde"-Expreß.

Erwin Grams: „Unsere Brigade von der Raststätte Gerwisch kommt von einem Berlin-Ausflug. Die schnelle und komfortable Hin- und Rückreise war der I-Punkt zu dem, was wir in Berlin gesehen haben ..."

„Diese schnelle Verbindung kann ich nur weiterempfehlen", erklärte Bauingenieur **Gunter Endisch** aus Halberstadt.

Ulrich Krieger, Neustrelitz: „Seit einigen Wochen nehme ich an einem Lehrgang im Fernsehgerätewerk Staßfurt teil. Während ich vorher schon gegen 11 Uhr von zu Hause wegfahren mußte, brauche ich jetzt erst gegen 13.30 Uhr in den Zug zu steigen. Eine prima Sache."

Christa Baumann, Berlinerin: „Als Studentin in Magdeburg benutze ich ja oft diese Strecke. Am Expreß gefallen mir neben der kürzeren Fahrzeit vor allem der Service, die Bequemlichkeit und die Sauberkeit."

Versandsachbearbeiter **Erich Seume,** Baumechanik Barleben: „Sehr günstig für Dienstreisende der Komfort ist beeindruckend. Die Reisenden sollten auch selbst darauf achten, daß alles so bleibt."

Ende der Dampftraktion bei der DB

Unter dem Slogan »*Wir gewöhnen unseren Lokomotiven des Rauchen ab!*« machte die Deutsche Bundesbahn (DB) seit den 1960er-Jahren mit der Umstellung vom alten Dampfbetrieb hin zum wirtschaftlichen und sauberen Elektro- und Dieselbetrieb Werbung. Der Traktionswechsel war angesichts stetig steigender Kohlepreise und Personalkosten nicht nur eine Frage der wirtschaftlichen Notwendigkeit. Die Instandhaltung der Dampfloks, die Ende der 1960er-Jahre nun die Grenze ihrer normalen Nutzungsdauer erreichten, wurde immer aufwändiger. In den langfristigen Planungen der DB sollte der Traktionswechsel bis 1977 abgeschlossenen sein. Bereits 1970 war der Niedergang der Dampftraktion überall sichtbar. Vielerorts hatten die Dampfloks bereits ausgedient. Fünf Jahre später, im September 1975, setzten nur noch die Bundesbahn-Direktionen (DB) Essen, Hannover, Köln, Nürnberg, Saarbrücken und Stuttgart planmäßig 357 Maschinen der Baureihen 023, 042, 043, 044 und 050–053 ein. Mit einem Planbedarf von 192 Exemplare war dabei die Baureihe 050–053 das Rückgrat im Dampfbetrieb. Das Zeitalter der Schnellzug-Dampfloks war bereits am 31. Mai 1975 zu Ende gegangen, als das Bahnbetriebswerk (Bw) Rheine letztmalig 012 063 eingesetzt hatte.

In den folgenden Monaten setzte sich diese Entwicklung weiter fort. Mit der Aufnahme der elektrischen Zugförderung vor allem im Bereich der BD Hannover standen weitere Dieselloks vor allem der Baureihen 216 und 220 zur Verfügung, die nun weitere Aufgaben der Dampfloks übernahmen. Bis Ende 1975 endete der Dampflokeinsatz in der BD Nürnberg. Die Direktionen Saarbrücken und Stuttgart zogen ihre letzten Maschinen der Baureihe 023 aus dem Verkehr und schränkten die verbliebenen Dienstpläne erheblich ein. Am 1. Mai 1976 benötigte die DB planmäßig nur noch die Baureihen 042 (33 Loks), 043 (23 Loks, 044 (55 Loks) und 050–053 (111 Loks), die in Crailsheim, Duisburg-Wedau, Emden, Gelsenkirchen-Bismarck, Lehrte, Ottbergen, Rheine, Saarbrücken, Stolberg und Ulm stationiert waren. Mit dem Ablauf des Winterfahrplans am 29. Mai 1976 beendete die BD Hannover den Einsatz der Baureihen 044 und 050–053 in Ottbergen und Lehrte. Auch in den Direktionen Köln, Saarbücken und Stuttgart hatte die Dampflok ihre Schuldigkeit getan. Das Ende der Dampftraktion war nur noch eine Frage von Monaten. Dafür gab es im Wesentlichen zwei Gründe: Zum einen hatte am 6. Mai 1976 der Vorstand der DB dem so genannten Dampflok-Verbot zugestimmt. Damit trat eine vom zuständigen Fachbereich Maschinentechnik ausgearbeitete Richtlinie in Kraft, die schwerwiegende Folgen hatte. Nach dem Ende des Dampflokeinsatzes wurde die Instandhaltung der notwendigen Infrastruktur eingestellt. Daraus wurde schließlich abgeleitet, dass es keinen Dampflokeinsatz mehr geben könne. Zum anderen hatte das Ausbesserungswerk (Aw) Braunschweig am 1. Februar 1976 die Dampflok-Reparatur aufgegeben. Die Vorhaltung und Lieferung von Ersatzteilen an die

◆ *Zum Abschluss des Dampfbetriebs am 26. Oktober 1977 im Emsland sollten die ölgefeuerten Güterzugmaschinen der Reihen 042 und 043 unter sich sein. Teils nur noch für ein paar Monate wurde der Bestand des Bw Emden an kohlegefeuerten Jumbos der BR 44 nach Ottbergen verlegt. So erging es auch der 044 534-6, die am 7. Mai 1976 ihren Güterzug aus dem Ertinghäuser Tunnel in Richtung Northeim zieht. Foto: J. Krantz*

letzten Dampflok-Bw endete im Oktober 1976. Fortan mussten die Schlosser die Teile entweder selbst aufarbeiten oder aus abgestellten Maschinen gewinnen. Dies wurde jedoch immer schwieriger, da diese jetzt relativ schnell verschrottet wurden. Darüber hinaus durften ab Herbst 1976 keine Untersuchungsfristen mehr verlängert werden.

Im Sommer 1976 dampfte es nur noch im Ruhrgebiet und im Emsland. Der Kohlebergbau und die Montanindustrie im Ruhrgebiet sicherten den Loks in Gelsenkirchen-Bismarck (Baureihe 044) und Duisburg-Wedau (Baureihe 050–053) noch Leistungen im Güterverkehr. In Duisburg-Wedau zog die DB bis August 1976 die letzten Exemplare der Baureihe 050–053 zusammen. Am. 1. Januar 1977 waren nur noch sechs Maschinen betriebsfähig. Sie wurden am 13. Februar 1977 abgestellt. Wenig später, am 13. März 1977, ging der so genannte Programm-Verkehr der Bismarcker Maschinen auf die Baureihe 216 über. Mit Sonder- und Reservediensten fanden die letzten Dampfloks bis zum Mai 1977 ein Auskommen. Mit einem Abschiedsfest am 21. und 22. Mai 1977 beendete die DB im Ruhrgebiet den Traktionswechsel.

Damit waren nur noch im Bw Rheine einige ölgefeuerte Maschinen der Baureihen 042 und 043 stationiert. Diese wurden aber nur noch für Sonderdienst eingesetzt. Am 30. Juni 1977 standen dafür noch sieben 042er und zwölf 043er zur Verfügung. Die DB verabschiedete sich zwar am 10. und 11. September 1977 offiziell von der Dampftraktion, doch die letzten Maschinen hatten noch eine Gnadenfrist. Mit 043 903 rückt schließlich am Morgen des 26. Oktober 1977 eine DB-Dampflok letztmalig zu einem Einsatz aus. Als sie am Nachmittag wieder ins Bw Emden zurückkehrt, hat die Dampflok bei der DB endgültig ausgedient.

Auch für Dampflok-Sonderfahrten sind die Strecken der DB nun über Jahre hinweg tabu. Erst im Zusammenhang mit den Feierlichkeiten zum 150-jährigen Bahnjubiläum 1985 dürfen wieder Dampfloks auf den Haupt- und Nebenstrecken der westdeutschen Staatsbahn fahren.

◆ *Zum Ende der Dampfära machten die DB-Loks häufig einen ungepflegten Eindruck. Im Juli 1971 steht die 1950 als erste von Henschel & Sohn abgelieferte 023 001-1 in Osterburken. Von dem Glanz vergangener Tage war nichts mehr zu sehen. Foto: J. Krantz*

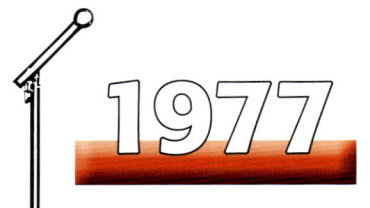

1977 Die OHE stellt den Personenverkehr ein

Durch den Zusammenschluss der Kleinbahnen Celle–Wittingen, Wittingen–Oebisfelde, Celle–Soltau/Munster, Lüneburg–Soltau, Soltau–Neuenkirchen, Winsen–Evendorf–Hützel, Winsen–Niedermarschacht sowie Lüneburg–Bleckede–Alt Garge entstand 1944 die Osthannoversche Eisenbahnen AG (OHE). An ihr waren neben dem preußischen Staat und der Provinz Hannover (später vertreten durch das Land Niedersachsen) auch die Landkreise und Anliegergemeinden beteiligt. Nach dem Zweiten Weltkrieg war die OHE, die den nordöstlichen Teil des Landes Niedersachsen erschloss, die größte nichtbundeseigene Eisenbahn (NE-Bahn) in der Bundesrepublik. Mitte der 1950er-Jahre herrschte auf dem Streckennetz der OHE, die nun als Nebenbahnen betrieben wurden, ein beachtliches Verkehrsaufkommen. Täglich verkehrten rund 130 Personen- und Eilzüge. Dazu kamen noch etwa 130 Güterzüge. Täglich benutzten durchschnittlich 9.000 Reisende die Züge der OHE. Für 1966 wies der Geschäftsbericht der OHE für das über 325 km lange Streckennetz die Beförderung von mehr als 2,377 Millionen Reisenden und 2,6 Millionen Tonnen Güter aus. Doch der Reiseverkehr auf der Schiene verlor immer weiter an Bedeutung. Immer mehr Menschen stiegen nun auf das Auto oder den Omnibus um. Bereits sehr früh hatte die OHE die Bedeutung des Kraftverkehrs erkannt. Bereits 1944 betrieb sie die erste eigene Buslinie. In den folgenden Jahren baute die OHE den bahneigenen Kraftverkehr schrittweise aus. Nicht mehr wirtschaftlich zu betreibende Angebote auf der Schiene wurden ab 1955 durch die Busse der Kraftverkehrstöchter der OHE übernommen. Ab 1961 setzte die OHE im Reiseverkehr planmäßig nur noch Triebwagen bzw. mit Dieselloks bespannte Personenzüge ein. Mit der Aufgabe des Reiseverkehrs auf den Verbindungen Salzhausen–Hützel und Hermannsburg–Munster am 30. Mai 1970 wurde das Ende des Personenverkehr auf den Strecken der OHE eingeläutet. Ab Ende Juni 1975 wurden nur noch die Verbindungen Celle–Hermannsburg–Bergen, Celle–Steinhorst, Lüneburg–Bleckede und Lüneburg–Schwindebeck mit Triebwagen befahren. Ein Jahr später waren davon nur noch die beiden Verbindungen von Lüneburg aus verblieben. Für den Winterfahrplan 1976/77 stelle die OHE letztmalig Reisezug-Fahrpläne für die Strecken Lüneburg–Bleckede und Lüneburg–Schwindebeck auf. Die für die OHE-typischen vierachsigen MaK-Großraumtriebwagen (GDT) mussten bereits am 3. März 1977 außer Betrieb genommen werden, da die OHE die Fahrzeuge nach Italien verkauft hatte. In den letzten Wochen wurden daher noch einmal lokbespannte Reisezüge eingesetzt. Am 21. Mai 1977 verkehrten letztmalig planmäßige Reisezüge auf der OHE.

Die Arbeitsgemeinschaft Verkehrsfreunde Lüneburg e.V. (AVL) hält heute die Erinnerung an die große Zeit der OHE wach. An ausgewählten Tagen bietet die AVL mit ihren historischen Dieselloks und Triebwagen Sonderfahrten auf einzelnen Abschnitten der OHE an.

◆ *Ein GDT der OHE hat Lüneburg-Süd verlassen (2. Mai 1967). Foto: J. Krantz*

Einstellung der letzten DB-Schmalspurbahn

Im Jahr 1983 legte die Deutsche Bundesbahn (DB) ihre letzte Schmalspurstrecke auf dem Festland, das »Öchsle« zwischen Warthausen und Ochsenhausen, still. Bei ihrer Gründung 1949 besaß die DB noch elf Schmalspurbahnen mit 750 und 1.000 mm Spurweite, die eine Gesamtlänge von 233 km hatten. Ab Mitte der 1950er-Jahre arbeiteten die meisten Strecken aber mit Verlust, so dass die DB bereits 1955 den Verkehr auf der 14,65 km langen Verbindung Ludwigshafen–Mundenheim–Meckenheim einstellte. Das gleiche Schicksal ereilte die Strecken Neustadt (Haardt)–Speyer (1956), Ravensburg–Baienfurt (1959) und den Abschnitt Buchau–Riedlingen. In den 1960er-Jahren verzeichnete die DB auf den noch verbliebenen Bimmelbahnen einen dramatischen Rückgang der Fahrgastzahlen, so dass bis 1966 auf den meisten Strecken der Reiseverkehr aufgeben wurde. Am 24. September 1966 verkehrten letztmalig Reisezüge auf der Bottwartalbahn Heilbronn Süd–Marbach. Damit bot die DB jetzt nur noch Personenzüge zwischen Mosbach und Mudau an.

In der zweiten Hälfte der 1960er-Jahre nahm auch das Frachtaufkommen auf den noch vorhandenen Schmalspurbahnen ab. Damit verloren die meisten Strecken endgültig ihre Existenzberechtigung. Eine Ausnahme machte die 20,3 km lange Zabergäubahn zwischen Lauffen (Neckar) und Leonbronn. Sie wurde aufgrund ihres hohen Verkehrsaufkommens 1964 auf Regelspur umgebaut. Das Schicksal der anderen Strecken war hingegen besiegelt. Nach der Stilllegung des 28,1 km »Odenwald-Express« zwischen Mosbach und Mudau am 2. Juni 1973 betrieb die DB nur noch das »Öchsle« in Oberschwaben.

Seit dem 31. Mai 1964 war der Personenverkehr hier Geschichte. Doch das Frachtaufkommen war beträchtlich. Wichtigster Kunde der Schmalspurbahn war das Liebherr-Werk in Ochsenhausen, das Kühlschränke produzierte. Die dafür benötigten Materialien wurden auf der Schiene transportiert. Liebherr ließ auch die Kühlschränke per Bahn abfahren. Die DB hatte bis Ende der 1970er-Jahre den Betrieb auf dem »Öchsle« erheblich rationalisiert. Die regelspurigen Güterwagen wurden schon seit der Eröffnung der Strecke in den Jahren 1899/1900 mit Rollböcken transportiert. Dafür standen die beiden Dieselloks 251 902 und 251 903 zur Verfügung, die in Ochsenhausen stationiert waren. Neben einem Lokführer wurden planmäßig nur noch zwei weitere Eisenbahner benötigt. Das Frachtaufkommen schwankte zwischen 15.000 und 20.000 t im Jahr. Eigentlich schien der Fortbestand des »Öchsle« gesichert, doch 1982 wendete sich das Blatt. Unter Hinweis auf eine notwendige Sanierung der Gleisanlagen – Kostenpunkt rund 21 Millionen D-Mark – verfügte die DB kurzfristig die Stilllegung der 750 mm-Schmalspurbahn. Am 31. März 1983 rollte der letzte Güterzug über die Schmalspurgleise.

Dank des 1982 gegründeten Vereins »Öchsle Schmalspurbahn e.V.« blieb die Strecke Warthausen–Ochsenhausen aber als Nostalgiebahn erhalten. Seit Juni 1985 verkehren hier an ausgewählten Tagen Dampf-Sonderzüge.

◆ *Die Strecke Warthausen–Ochsenhausen blieb als Museumsbahn erhalten. 99 716 bespannt hier die Nostalgiezüge. Foto: D. Endisch*

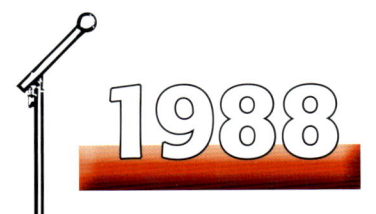

Ende der Dampftraktion bei der DR

Am 29. Oktober 1988 ging um 17.12 Uhr im Bahnhof Halberstadt eine Epoche zu Ende – die letzte regelspurige Dampflok der Deutschen Reichsbahn (DR) hatte mit dem P 8457 ihr Ziel erreicht und nun ausgedient. Damit war der Traktionswechsel bei der DR abgeschlossen, allerdings mit einigen Jahren Verspätung.

Der 1966 vom Ministerrat der DDR gefasste Verdieselungsbeschluss (siehe S. 131) hatte den Traktionswechsel bei der DR erheblich beschleunigt. Entfielen 1965 noch 88,4 % aller Traktionsleistungen auf die Dampflokomotiven, waren es fünf Jahre später nur noch 42,3 %. Die Dieseltraktion übernahm bereits 41,5 % der Aufgaben. Auf die Elektroloks entfielen 16,4 %. Obwohl die Dampflokomotiven immer weiter an Bedeutung verloren, konnte die politische Vorgabe, bis 1975 den Traktionswechsel abzuschließen, nicht umgesetzt werden. Dafür gab es im Wesentlichen zwei Gründe: Zu einem war das Verkehrsaufkommen stärker gestiegen als geplant. Zum anderen standen der DR nicht genügend moderne Fahrzeuge zur Verfügung. Vor allem in zwei Segmenten fehlten entsprechende Traktionsmittel – erstens im schweren Schnell- und Güterzugdienst, wo die Baureihen 01, 01.5, 03, 03.10 und 44.0

eingesetzt wurden. Zweitens fehlte eine leistungsstarke Diesellok mit geringer Achsfahrmasse, die die in großen Stückzahlen vorhandenen Baureihen 50, 50.35, 52 und 52.80 ersetzten konnte. Dies brachte den Zeitplan der DR völlig durcheinander. Jetzt sollten 1980 die letzten Maschinen – die Ölloks der Baureihen 44.0 und 50.0 – aus dem Plandienst ausscheiden. Doch auch dieser Plan scheiterte – diesmal am steigenden Ölpreis.

Am 1. April 1979 wurde in Teheran die Islamische Republik Iran ausgerufen. 1980 begann der iranisch-irakische Krieg. Die Folge: Der Ölpreis erreichte eine bis dahin unvorstellbare Höhe. Dies spürte auch die DDR, die 90 % ihres Erdöls aus der Sowjetunion bezog,

◆ *50 3559 beendete am 29. Oktober 1988 das Dampflokzeitalter bei der DR, hier auf der Drehscheibe in Thale Hbf. Foto: D. Endisch*

die nun die Preise deutlich erhöhte. Bereits 1979 mussten alle Wirtschaftsbereiche in der DDR flüssige Brenn- und Treibstoffe einsparen. Zwei Jahre später stürzte das Land in eine Energiekrise, nach dem die Sowjetunion die Erdöllieferungen von 19 auf 17 Millionen Tonnen pro Jahr gekürzt hatte. Der Ministerrat der DDR strich der DR daraufhin 40 % ihres Dieselkontingents. Außerdem durfte kein schweres Heizöl mehr auf Dampfloks verfeuert werden. Zu guter Letzt wurden alle Gütertransporte über 50 km Entfernung von der Straße auf die Schiene verlagert.

Der DR blieb nun nicht anderes übrig, als allerorten kohlegefeuerte Dampfloks zu reaktivieren. Vor allem die universell einsetzbaren Maschinen der Baureihen 41, 50, 50.35, 52 und 52.80 erlebten eine Renaissance. Außerdem halfen die Museumsloks 23 1113 und 86 001 beim Dieselsparen. Daher entfielen 1982 noch rund 4 % aller Traktionsleistungen auf die Dampflokomotiven. Allerdings war die Bedeutung der Dampftraktion regional höchst unterschiedlich. Während in den Reichsbahndirektionen Erfurt und Greifswald nur wenige Maschinen im Einsatz waren, erbrachten in den Bereichen der Direktionen Cottbus und Magdeburg die Dampfloks noch rund 10 % aller Leistungen. Erst mit der fortschreitenden Elektrifizierung der Hauptbahnen wendete sich das Blatt. Die durch Elektroloks freigesetzten Maschinen der Baureihen 110/112, 118, 120 und 132 ersetzten ab 1984 schrittweise die letzten Dampfloks. Ein Jahr später war der Niedergang der Dampftraktion nicht mehr zu übersehen. Im Herbst 1985 benötigten die Bahnbetriebswerke zwischen Ostseeküste und Erzgebirge planmäßig insgesamt nur noch rund 110 Maschinen für den Einsatz im Personen- und Güterverkehr. Vielerorts bestanden nur ein-, zwei- oder dreitägige Umläufe. Fünf und mehr Maschinen setzten lediglich die Bahnbetriebswerke Angermünde, Brandenburg, Halberstadt und Zittau ein.

Zwei Jahre später spielten Dampfloks bei der DR kaum noch eine Rolle. Im Herbst 1987 endete die Dampflokzeit in Aue (Sachsen), Brandenburg, Cottbus, Falkenberg (Elster), Salzwedel und Staßfurt. Im Januar 1988 hielten nur noch Bautzen, Glauchau, Görlitz, Halberstadt, Haldensleben, Leipzig-Engelsdorf, Oschersleben und Zittau einige Maschine der Baureihen 50 und 52.80 für den Plandienst vor. Außerdem bespannte die Einsatzstelle (Est) Annaberg-Buchholz mit der 86 501 die Züge auf der Nebenbahn Schlettau–Crottendorf.

◆ Mit der 50 3670 wurde am 12. Juni 1988 der Traktionswechsel in der Rbd Dresden vollzogen. Foto: D. Endisch

Bis zum Fahrplanwechsel im Mai 1988 hatten die meisten Maschinen ausgedient. Zum Abschied gab es oft Sonderfahrten und Fahrzeugausstellungen. Die DR feierte das offiziellen Dampflok-Ende am 11. und 12. Juni 1988 in Glauchau. Doch dies war zu früh: Mangels Dieselloks musste die Est Oschersleben des Bw Halberstadt weiterhin mit 50 3559, 50 3606 und 50 3662 Güterzüge in der Magdeburger Börde bespannen. Erst im Herbst 1988 waren genug Maschinen der Baureihe 114 vorhanden, um das Trio zu ersetzen. 50 3559 ging dann festlich mit Girlanden geschmückt und einem Schild an der Rauchkammer am Morgen des 29. Oktober 1988 auf die letzte planmäßige Fahrt einer regelspurigen DR-Dampflok. Zu Feier des Tages durfte sie auf der Strecke Magdeburg–Thale die Reisezüge P 8447, P 8448 und P 8457 bespannen.

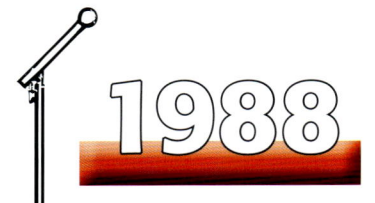

Einführung des InterRegio

Im September 1988 bot die Deutsche Bundesbahn (DB) einen neuen Zug im Fernverkehr an – den InterRegio (IR). Die ersten dieser Züge, die aus fernblau-lichtgrau lackierten Wagen bestanden, verkehrten im Zwei-Stunden-Takt auf der Strecke Hamburg–Kassel/Fulda.

In den 1980er-Jahren benötigte die DB neue Konzepte für den Fernverkehr. Zwar hatte die Bundesbahn mit der Einführung des zweiklassigen InterCity-System 1979 (siehe S. 135) Neuland im hochwertigen Reiseverkehr beschritten, doch die Ausstattung der Züge lag nur geringfügig über dem Niveau des klassischen Schnellzuges. Die Züge bestanden meist aus 26,4 m langen klimatisierten Wagen mit der klassischen Abteil- oder Großraumeinteilung.

Im Laufe der Jahre wurde der D-Zug für die DB ein immer größeres Verlustgeschäft. Mitte der 1980er-Jahre bestand dringender Handlungsbedarf. 1986 wurde erstmals das Konzept des IR diskutiert. In Anlehnung an den IC war auch der IR als ein an Linien gebundenes, im Takt verkehrendes Zugsystem geplant. Insgesamt waren 18 Linien im Zwei-Stundentakt vorgesehen. Da sich einige Linien überschnitten, war auf einigen Teilstrecken, wie z.B. Hamburg–Hannover oder Köln–Koblenz, ein Stundentakt möglich. Als Höchstgeschwindigkeit waren bis zu 200 km/h vorgesehen. Der mittlere Haltestellenabstand sollte zwischen 20 und 50 km betragen.

Oberste Priorität besaß für die Planer die Inneneinrichtung, die völlig neu gestaltet wurde und bei den Reisenden später großen Anklang fand. Den Umbau der Wagen übernahm das eigens dafür von der DB und der Flachglas AG geschaffene PFA (Partner für Fahrzeug-Ausstattung GmbH) in Weiden. Dort wurden im Laufe der Jahre insgesamt 1.017 DB-Wagen für den Einsatz im IR-Verkehr modernisiert. Ab 1991 wurden auch 332 ehemalige DR-Wagen für den IR-Dienst umgebaut. Dies übernahm jedoch in erster Linie das Reichsbahnausbesserungswerk (Raw) Halberstadt, das auch die 20 IR-Steuerwagen liefert.

Mit der deutschen Wiedervereinigung ergaben sich für den IR, der nun schrittweise den klassischen Schnellzug ersetzte, völlig neue Einsatzmöglichkeiten. Bereits 1990 fuhren die ersten IR nach Berlin, Leipzig und Magdeburg. Sechs Jahre später hatte das IR-Netz seine größte Ausdehnung erreicht. Doch zu diesem Zeitpunkt passte der IR mit seiner Stellung zwischen Regional- und dem IC/ICE-Verkehr kaum noch in das Konzept der Deutschen Bahn AG (DB AG). Dies führte dazu, dass die DB AG den IR auf rentablen Verbindungen ab 1999 schrittweise durch IC ersetzte. Bis 2003 wurden die meisten IR-Linien eingestellt. Im Winterfahrplan 2005/06 verkehrten schließlich die letzten IR auf der Strecke Chemnitz–Riesa–Berlin.

◆ *Eine Drehstromlok der Baureihe 120 bespannt einen InterRegio auf der Neubaustrecke Mannheim–Stuttgart. Die Aufnahme des Zuges, der mit rund 200 km/h über die Gleise braust, gelang bei Hambrücken (April 1993). Foto: A. Papazian*

Aufnahme des ICE-Planbetriebes

Mit dem Fahrplanwechsel am 2. Juni 1991 begann bei der Deutschen Bundesbahn (DB) das Zeitalter des Hochgeschwindigkeitsverkehrs mit den neuen InterCityExpress-Zügen (ICE). Die Vorbereitungen dazu begannen aber bereits 1970. Der seinerzeit vorgelegte Verkehrsbericht der Bundesregierung stellte fest, dass die erschöpften Streckenkapazitäten der DB nur durch Neubauten wirksam erhöht werden konnte. Bereits 1970 lagen die ersten Ideen für die so genannten Neubaustrecken (NBS) vor. Nur drei Jahre später, am 10. August 1985, fand in Laatzen bei Hannover der erste Spatenstich für die NBS Hannover–Gemünden statt. Außerdem sollten bis 1985 die Neubauten Mannheim–Stuttgart, Aschaffenburg–Würzburg und Köln–Groß-Gerau mit einer Gesamtlänge von rund 630 km errichtet werden. Dazu war der Ausbau von rund 1.250 km Hauptstrecke vorgesehen. Die Investitionen beliefen sich auf 16 Milliarden D-Mark. Die Neubaustrecken stellten die Ingenieure und Bauleute vor anspruchsvolle Aufgaben. Nicht nur die Topografie sondern auch zahlreiche Einsprüche im Rahmen der Planfeststellungsverfahren verzögerten die Umsetzung des ehrgeizigen BBS-Programms, von dem letztlich nur 427 km umgesetzt wurden. Dabei entstand u.a. bei Gemünden mit 135 m Länge die größte Spannbetonbrücke der Welt und bei Fulda mit 10.750 m der längste Tunnel der DB.

Trotz des kontinuierlichen Baufortschritts hatte die DB Ende der 1970er-Jahre noch kein Konzept für den Fahrzeugeinsatz auf dem NBS. Erst 1982 einigten sich der Vorstand der DB und die deutschen Schienenfahrzeug-Hersteller auf die Entwicklung eines Triebzuges, der Geschwindigkeiten bis zu 300 km/h erreichen sollte. 1985 stand schließlich der fünfteilige InterCityExperimental (ICE-V) zur Verfügung, der am 26. November 1985 bei einer Versuchsfahrt mit 317 km/h einen neuen deutschen Geschwindigkeitsrekord erreichte. Die während der Tests mit dem ICE-V gemachten Erfahrungen flossen umgehend in die Gestaltung der Neubaustrecken und die Konstruktion des ICE der ersten Generation (Baureihe 401) ein, mit dessen Bau 1988 begonnen wurde. Drei Jahre später war es dann endlich soweit. Die DB lud am 31. Mai 1991 zu Schnupperfahrten mit ihrem neuen Prestigeobjekt ein. Am 2. Juni 1991 begann dann auf der Linie Hamburg–Hannover–Frankfurt (Main)–Stuttgart–München das Hochgeschwindigkeits-Zeitalter. Der ICE war von Beginn an ein voller Erfolg. Bis Ende 1991 verzeichnete die DB einen Anstieg der Fahrgastzahlen um rund 13 %. Bis 1993 wurden alle 60 Einheiten des ICE 1 ausgeliefert. Ab 23. Mai 1993 erreichte das neue Flaggschiff der DB planmäßig die Hauptstadt Berlin.

InterCityExpress

31. Mai 1991

Hannover - (Hildesheim)
Göttingen - Hannover

**Schnupperfahrt-Teilnehmer
0857 von 2600**

◆ *Die DB lud am 31. Mai 1991 zu ICE-Schnupperfahrten zwischen Hannover und Göttingen ein. Abbildung: Slg. D. Endisch*

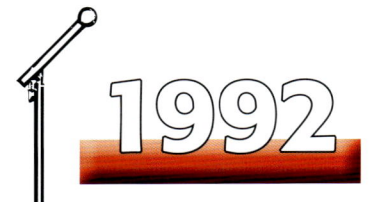

1992

Erster Einsatz von Neigetechnik-Zügen

Ende der 1980er-Jahre suchte die Bundesbahn-Direktion (BD) Nürnberg nach Möglichkeiten, wie die Attraktivität des Regionalverkehrs im Nordosten des Freistaates Bayern gesteigert werden könnte. Die dazu notwendige Verringerung der Fahrzeiten konnte nur durch höhere Geschwindigkeiten erreicht werden. Der kostenintensive Ausbau der steigungs- und krümmungsreichen Strecken in Oberfranken und der Oberpfalz stand jedoch nicht zur Diskussion. Alternativ bot sich der Einsatz von Triebwagen mit Neigetechnik an. Dieser ermöglichte in Kurven eine um rund 30 % höhere Geschwindigkeit. Gute Erfahrungen in dieser Hinsicht hatten die Italienischen Staatsbahn (FS) mit ihren so genannten Pendolinos der Baureihe ETR 450 gemacht. Nach mehreren Versuchseinsätzen gab die Deutsche Bundesbahn (DB) im November 1988 bei einem Konsortium bestehend aus den Firmen MAN, MBB und Duewag (Waggonteil) sowie Siemens, AEG und ABB (elektrischer Teil) zehn zweiteilige Triebwagen der Baureihe 610 in Auftrag. Die Drehgestelle und die Neigetechnik lieferte Fiat Ferroviaria aus Italien. 1990 wurde der Vertrag für ein zweites Baulos mit weiteren zehn Einheiten unterschrieben.

Am 30. März 1992 stellte die DB den ersten Pendolino offiziell in Pegnitz der Öffentlichkeit vor. Nach der Abnahme der ersten zehn Einheiten wurden diese ab 31. Mai 1992 als RegionalSchnellBahn (RSB) auf den Verbindungen Nürnberg Hbf–Bayreuth (Ein-Stunden-Takt) und Nürnberg Hbf–Hof (Zwei-Stunden-Takt) eingesetzt. Dank der Neigetechnik konnte mit den 160 km/h schnellen Triebwagen die Fahrzeit zwischen Nürnberg und Hof um etwa 20 % verringert werden. Nach der Indienststellung des zweiten Bauloses konnte der Einsatz der Pendolinos mit dem Fahrplanwechsel auf die Relation Nürnberg Hbf–Weiden/Furth im Wald ausgedehnt werden.

Das neue Angebot stieß bei den Reisenden auf eine große positive Resonanz. Dank der attraktiven Fahrzeiten verzeichnete die DB teilweise Fahrgastzuwächse von bis zu 50 %. Darüber hinaus erwies sich die Baureihe 610 als eine ausgereifte Konstruktion, die im Gegensatz zum »Neitech« der Baureihe 611 oder dem »Regio-Swinger« der Baureihe 612 keine negativen Schlagzeilen verursachte. Erst im Jahr 2000, als einige Rahmen und Radsätze der Baureihe 610 Verschleißerscheinungen aufwiesen, kam es zu Ausfällen. Die Probleme konnten jedoch behoben werden, so dass die Pendolinos weiterhin im Nordosten Bayerns im Einsatz sind.

◆ *Nach dem Erfolg der Baureihe 610 beschaffte die DB AG die Neigetechnik-Triebwagen der Baureihen 611 und 612. Foto: D. Endisch*

Privatisierung der Schmalspurbahnen im Harz

Die Deutsche Reichsbahn (DR) betrieb Ende der 1980er-Jahre im Harz das größte zusammenhängende Schmalspurnetz in Deutschland. Auf den meterspurigen Nebenbahnen Nordhausen Nord–Wernigerode (60,5 km), Drei Annen Hohne–Schierke–Brocken (18,9 km), Gernrode–Harzgerode/Hasselfelde (43,2 km) und Stiege–Eisfelder Talmühle (8,6 km) herrschte ein beachtlicher Personen- und Güterverkehr. Doch die tief greifenden wirtschaftlichen Veränderungen der deutschen Wiedervereinigung gingen auch an Selketal-, Harzquer- und Brockenbahn nicht spurlos vorüber. Binnen weniger Wochen brach der Güterverkehr um rund 60 % ein. Der Personenverkehr blieb hingegen unverändert. 1990 zählte die DR auf den Schmalspurbahnen im Harz rund eine Million Reisende. Die meisten von ihnen waren Touristen, die aufgrund des Dampfbetriebes den Ostharz besuchten.

Bereits wenige Wochen nach dem Fall der innerdeutschen Grenze wurde die Wiederaufnahme des 1961 eingestellten Reiseverkehrs auf dem Abschnitt Schierke–Brocken erörtert. Bis 1988 hatte die DR den Brocken im Güterverkehr bedient. Danach wurde der Betrieb aufgrund schwerer Oberbaumängel eingestellt. Noch Ende 1990 begann die DR mit den Vorbereitungen für die Sanierung der Brockenbahn. Am 17. Juni 1991 erfolgte der offizielle Startschuss für die Arbeiten. Keine drei Monate später, am 15. September 1991, wurde die Brockenbahn wieder eröffnet. Der planmäßige Reiseverkehr auf den sagenumwobenen Gipfel wurde aber erst am 1. Juli 1992 wieder aufgenommen.

Zu diesem Zeitpunkt waren die Tage der Schmalspurbahnen im Harz unter der Regie der DR bereits gezählt. Bereits am 20. September 1990 hatte der Kreistag in Wernigerode den Beschluss gefasst, die Bimmelbahnen in kommunale Trägerschaft zu übernehmen. Die Lokalpolitiker hatten die Bedeutung der dampfbetriebenen Schmalspurbahnen für den Tourismus erkannt. Der DR kamen diese Bestrebungen entgegen, da sie sich mittelfristig von allen ihren Schmalspurbahnen trennen wollte. Am 13. März 1991 gründeten die Anliegergemeinden, die Landkreise Nordhausen, Quedlinburg und Wernigerode sowie die Kurbetriebsgesellschaft Braunlage GmbH eine kommunale Gesellschaft bürgerlichen Rechts, die die Schmalspurbahnen übernehmen sollte. Aus dieser GbR entstand schließlich am 19. November 1991 mit einem Stammkapital von drei Millionen D-Mark die Harzer Schmalspurbahnen GmbH (HSB), die ihre Geschäftstätigkeit am 1. Januar 1992 aufnahm. In den folgenden Wochen handelte die HSB mit der DR die Modalitäten für die Übernahme der Selketal-, Harzquer- und Brockenbahn aus. Der dazu notwendige Vertrag wurde am 28. Oktober 1992 in Drei Annen Hohne unterzeichnet. Am 1. Februar 1993 übernahm die HSB schließlich das rund 130 km lange Streckennetz einschließlich aller Fahrzeuge und der 370 Beschäftigten. Damit war die erste Schmalspurbahn der DR privatisiert.

Heute präsentiert sich die HSB als ein modernes und leistungsfähiges Eisenbahn-Unternehmen. Rund 1 Millionen Reisenden fahren pro Jahr mit den Dampfzügen der HSB. Die größte Attraktion ist dabei eine Fahrt auf den Brocken.

◆ *Die Selketalbahn Gernrode–Hasselfelde/Harzgerode wird seit 1993 von der Harzer Schmalspurbahnen GmbH betrieben. Foto: D. Endisch*

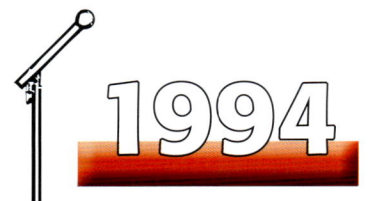

Gründung der Deutschen Bahn AG

◆ *Reichsbahnlok mit DB AG-Logo: 228 700-1 stand am 30. Juli 1997 im ehemaligen Bw Blankenburg (Harz). Foto: D. Endisch*

Seit den 1950er-Jahren verschlechterte sich die finanzielle Lage der Deutschen Bundesbahn (DB) schrittweise. Mit dem Anwachsen des Kraftverkehrs verlor die DB immer mehr Marktanteile im Personen- und Güterverkehr. Ende der 1980er-Jahre bestand Handlungsbedarf. 1989 setzte die Bundesregierung die »Regierungskommission Bundesbahn« ein, die eine Lösung für den grundlegenden gesetzlichen Widerspruch der DB finden sollte. Laut Grundgesetz (Artikel 28) war die DB eine Behörde, nach dem Bundesbahngesetzt jedoch eine Wirtschaftsunternehmen, dessen Einnahmen die Ausgaben decken mussten und das eine Verzinsung für das Eigenkapital erwirtschaften sollte. Doch stattdessen wurde der Schuldenberg der DB immer größer.

Mit der deutschen Wiedervereinigung und der Übernahme der Deutschen Reichsbahn (DR) als Sondervermögen entstand 1990 eine völlig neue Situation. DB und DR mussten nicht nur zusammengeführt sondern auch auf eine völlig neue juristische Grundlage gestellt werden. Heinz Dürr, der seit dem 18. Oktober 1990 den Vorstand der DB führte, leitete ab 1. September 1991 auch die DR. Bereits im Mai 1990 hatte die Bundesregierung die so genannte Strukturkommission berufen, die unter der Leitung von Günther Saßmannshausen Vorschläge erarbeiten sollte, wie die DB für den nationalen und internationalen Markt wettbewerbsfähig gemacht werden könnte. Relativ schnell zeichnete sich ab, dass Bundes- und Reichsbahn zu einer privatrechtlich organisierten Aktiengesellschaft fusionieren sollten.

Einen entsprechenden Beschluss dazu fasste die Bundesregierung am 15. Juli 1992. Allerdings stritten sich die Bundesregierung und die Länder noch einige Monate, wie die so genannte Bahnreform und daraus resultierenden Folgekosten finanziert werden sollten. Mit der Änderung des Grundgesetzes am 3. Dezember 1993 und der Zustimmung zum Eisenbahnneuordnungsgesetz waren die Tage der DB und DR gezählt.

Am 1. Januar 1994 wurde schließlich die Deutsche Bahn AG (DB AG) aus der Taufe gehoben. Das neue Unternehmen, an dessen Spitze bis zum 9. Juli 1997 Heinz Dürr stand, wurde am 5. Januar 1994 in das Handelsregister in Berlin-Charlottenburg eingetragen. Die offizielle wurde am 10. Januar 1994 im alten Berliner Hauptbahnhof (heute Berlin Ostbahnhof) gefeiert. Dabei präsentierte DB-Chef Heinz Dürr und Bundesverkehrsminister Matthias Wissmann stolz das am 20. Dezember 1993 ausgefertigte »Gesetz zur Änderung des Grundgesetzes«. Der neu formulierte Artikel 87a regelte die Zuständigkeiten des Bundes für die Eisenbahnverwaltung. Die hoheitlichen Aufgaben, wie z.B. Eisenbahnaufsicht, Planfeststellung und Bauaufsicht, obliegen seither dem Eisenbahn-Bundesamt (EBA) in Bonn. Das Bundeseisenbahnvermögen ist hingegen für die bei der DB AG verbliebenen Beamten (1994: rund 120.000) sowie die Verwaltung und Verwertung der nicht für den Betrieb erforderlichen Immobilien der ehemaligen DB und der ehemaligen DR verantwortlich.

Regionalisierung des Schienenpersonennahverkehrs

Ein wichtiger Eckpunkt der Bahnreform war die so genannte Regionalisierung des Schienenpersonennahverkehrs (SPNV) am 1. Januar 1996. Entsprechend des 1994 verabschiedeten Regionalisierungsgesetzes ging die Zuständigkeit des Bundes für den SPNV auf die Länder über. Diese regelten die Umsetzung ihrer Bestellerfunktion in entsprechenden Nahverkehrsgesetzen, wobei die Bundesländer unterschiedliche Wege beschritten. In Bremen, Hessen, Nordrhein-Westfalen und Rheinland-Pfalz wurden die Kommunen bzw. Zweckverbände mit der Bestellung der Nahverkehrsleistungen beauftragt. In Bayern, Brandenburg, Sachsen, Sachsen-Anhalt, Schleswig-Holstein und Thüringen hingegen bestellen weiterhin die Länder die Leistungen im SPNV. Dafür gründeten die meisten Länder eigene Unternehmen. In Sachsen-Anhalt entstand beispielsweise die Nahverkehrs-Service Sachsen-Anhalt GmbH (NASA). In Niedersachsen wurde ein anderer Weg gewählt. Die bereits bestehenden Großraumverbände Hannover und Braunschweig wurden in Kommunalverbände umgewandelt, die die Bestellerfunktion ausüben. In den anderen Landesteilen erfolgt die Ausschreibung und Vergabe des SPNV über die Landesnahverkehrsgesellschaft. Einzig die Freie und Hansestadt Hamburg verabschiedete ein Nahverkehrsgesetz. Sie wandelte lediglich den Hamburger Verkehrsverbund in eine GmbH um, die nun als Besteller auftritt.

Damit die Länder die Leistungen im SPNV bestellen können, gibt der Bund seither so genannte Regionalisierungsmittel aus, die entsprechend der Zugkilometer auf die Länder verteilt werden. 1996 handelte es sich dabei um rund 8 Milliarden D-Mark, 1997 waren es bereits 12 Milliarden D-Mark. Die Länder reichen diese Mittel an die Aufgabeträger weiter, die die Leistungen im SPNV ausschreiben und dann an ein Eisenbahn-Verkehrsunternehmen für einen bestimmten Zeitraum vergeben. Durch diese Praxis konnte der Wettbewerb im SPNV deutlich gesteigert werden. Die Abgabe der Bestellerfunktion an die Länder hatte vor allem in den neuen Bundesländer gravierende Folgen. Seit 1996 wurde auf zahllosen Strecken zwischen Ostsee und Erzgebirge der SPNV abgestellt, da die Fahrgastzahlen aus Sicht der Aufgabenträger keinen wirtschaftlichen Betrieb mehr zuließen. Die Folge war ein regelrechter Kahlschlag im Nebenbahnnetz. Anderorts, vor allem in Baden-Württemberg, begann mit der Regionalisierung auch eine kaum für möglich gehaltene Erfolgsgeschichte – einst für den Nahverkehr stillgelegte Strecken konnten wieder reaktiviert werden. Eine weitere Folge der Regionalisierung war die Gründung mehrerer neuer Eisenbahn-Unternehmen, die heute erfolgreich am Markt agieren.

◆ *Mit der Regionalisierung des SPNV entstanden zahlreiche neue Eisenbahnunternehmen, dazu gehört auch die Veolia-Tochter HEX. Foto: D. Endisch*

1996

Einführung des neuen Farb-Konzepts der DB AG

Die Deutsche Bahn AG (DB AG) übernahm bei ihrer Gründung am 1. Januar 1994 zunächst das von der Deutschen Bundesbahn (DB AG) 1987 eingeführte Farbschema, bei dem die Kästen der Diesel- und Elektroloks in Orientrot (RAL 3031) gespritzt wurde. Die Kontrastfläche an den Stirnseiten, aufgrund ihrer sich nach unten verjüngenden Form umgangssprachlich auch als »Lätzchen« bezeichnet, wurde hingegen lichtgrau (RAL 7035) lackiert. Im Herbst 1994 bekam die Diesellok 234 304 versuchsweise eine Lackierung analog der im Nahverkehr eingesetzten Reisezugwagen. Dabei erhielt der Lokkasten einen mintgrünen (RAL 6034) Anstrich. Das »Lätzchen«

◆ *1996 führte die DB AG ihr neues Farbkonzept ein. Auch die ehemalige Reichsbahnlok 233 281-5 wurde umgespritzt. Foto: D. Endisch*

in Lichtgrau (RAL 7035) blieb erhalten. Außerdem bekam die Maschine Zierstreifen in Pastelltürkis (RAL 6034). Der Rahmen, die Drehgestelle und das Dach wurden graubraun (RAL 8019) lackiert. Doch diese Farbgebung blieb nur ein Versuch. Anstelle eines Farb-Konzeptes für die einzelnen Geschäftsbereiche Fern-, Nah- und Güterverkehr entschloss sich die DB AG für eine einheitliche Lackierung der zum Konzern DB AG gehörenden Fahrzeuge. Die nun dominierende Farbe auf den Lokomotiven, Triebwagen, Personen- und Güterwagen heißt seither Verkehrsrot (RAL 3020). Das bisher übliche »Lätzchen« entfiel zu Gunsten eines einfachen lichtgrauen (RAL 7035) Balkens, in dessen Mitte das Logo der DB angeordnet wurde. Als erste verkehrsrote Elektrolok verließ 143 119 des Betriebshofs (Bh) Magdeburg am 23. Juli 1997 das Werk

Dessau zu ihrer Abnahmeprobefahrt nach einer Hauptuntersuchung. Als erste Diesellok wurde 232 800 verkehrsrot lackiert. Als erster Triebwagen wurde 627 003 umgespritzt.

Ausnahmen von diesem Farbkonzept ließ die DB AG allein für Dienstfahrzeuge, die ICE und die InterCity-Wagen zu. Die Mess-, Dienst- und Bauzugfahrzeuge behielten meist ihren gelben Anstrich. Zu den Ausnahmen zählen beispielsweise die Schnellpflüge der Bauart Meiningen, die dem verkehrsroten Farbschema angepasst wurden. Die ICE und InterCity-Wagen hingegen wurden generell weiß mit einem einfachen roten Zierstreifen lackiert.

Farbe	RAL-Nr.	lackierte Baugruppen
Verkehrsrot	RAL 3020	Fahrzeugkästen
Basaltgrau	RAL 7012	Seitenschürzen, Dächer Reisezugwagen und Lokomotiven, Anschriften auf hellen Flächen
Anthrazitgrau	RAL 7016	Dächer der Güterwagen
Lichtgrau	RAL 7035	Langträger, Brüstungen Zierstreifen, Warnstreifen (Kontrastflächen) an den Lokomotiven, Türen der Nahverkehrstrieb- und Reisezugwagen
Tiefschwarz	RAL 9005	Unterbau, Laufwerk

Unfall von Eschede

Eschede, der kleine Ort in Niedersachsen, nördlich von Celle, steht für das schwerste Zugunglück in der Geschichte der Bundesrepublik Deutschland. Wie jeden Tag befand sich auch am 3. Juni 1998 der ICE 884 »Wilhelm Conrad Röntgen« auf seiner Fahrt von München nach Hamburg-Altona. Einige Kilometer vor dem Bahnhof Eschede, zwischen km 55,1 und 55,2, löste sich plötzlich ein Radreifen von der Radfelge und -scheibe am ersten Wagen des ICE. Um 10.59 Uhr entgleiste der Zug mit einer Geschwindigkeit von etwa 200 km/h auf einer Weiche, die vor der Brücke Rebbelaher Straße in Eschede lag. Der dritte Wagen des Zuges rammte einen Brückenpfeiler, der zerstört wurde und die rund 300 t schwere Konstruktion zum Einsturz brachte. Der vordere Triebkopf und die ersten fünf Wagen blieben teilweise erst hunderte Meter hintere der Brücke stehen. Der hintere Teil des fünften Wagens wurde durch herabfallende Brückenteile schwer beschädigt. Der sechste Wagen wurde unter der Brücke begraben. Gegen dieses Hindernis schoben sich die folgenden Wagen einschließlich des hinteren Triebkopfes zollstockähnlich aufeinander. Die Anwohner hörten nur einen ohrenbetäubenden Knall und sahen eine riesige Staubwolke. Bereits um 11.03 Uhr fuhren die ersten Feuerwehren zum Unglücksort. Der Krisenstab des Landkreises Celle löste um 12.25 Uhr Katastrophenalarm aus. Schon nach kurzer Zeit waren rund 1.100 Helfer im Einsatz, denen sich ein Bild des Schreckens bot. 101 Menschen starben. über 100 Verletzte, davon 73 schwer. Es vergingen Tage, bevor die letzten Teile der zerstörten ICE-Wagen geborgen und die Unglückstelle geräumt war. Der Sachschaden lag in dreistelliger Millionenhöhe.

Einen Tag später, am 4. Juni 1998, nahm eine Sonderkommission die Ermittlungen auf. Zu diesem Zeitpunkt gab es erste Hinweise, dass ein gebrochener Radreifen die Katastrophe ausgelöst haben

◆ *Wolfgang M. Pax und Anja Brüning entwarfen den vier Meter hohen Torbogen aus Granit, dessen Inschrift an das Unglück erinnert. Foto: E. Preuß*

◆ *In einem Kirschgarten neben der Strecke steht eine acht Meter lange Wand mit den Namen der Opfer. Foto: E. Preuß*

könnte. Hinweise liefern entsprechende Spuren im Gleisbett. Zudem hatte ein Reisender aus dem vorderen Teil des Zuges von ratternden Geräuschen berichtet. Die Untersuchungen der Staatsanwaltschaft bestätigen diesen Anfangsverdacht. Zum Bruch des Radreifens kam es, da dieser die zulässigen Grenzwerte überschritten hatten.

Vier Jahre nach der Katastrophe begann am 28. August 2002 vor der ersten Strafkammer des Landgerichts Lüneburg in Celle die juristische Aufarbeitung. Nach 52 Verhandlungstagen, bei denen 93 Zeugen und 16 Sachverständige gehört wurden, schlug das Gericht vor, das Verfahren einzustellen, sofern die Angeklagten eine Geldbuße über 10.000 EUR akzeptierten. Am 28. April 2003 endete der Prozess um das Unglück von Eschede ohne Klärung der Schuldfrage.

2002

Eröffnung der Schnellfahrstrecke Köln–Rhein/Main

»Die Bahn schenkt Ihnen eine Stunde« – diesen Werbespruch wählte die Deutsche Bahn AG als Motto für die offizielle Eröffnung ihrer neuen Schnellfahrstrecke Köln–Rhein/Main am 25. Juli 2002. An diesem Tag rollten zwei Sonderzüge parallel über die Bahnlinie von Frankfurt Hauptbahnhof nach Köln Hauptbahnhof. Sie beförderten 700 Ehrengäste, darunter den Verkehrsminister Kurt Bodewig, den Ministerpräsidenten Roland Koch, den Wirtschaftsminister Wolfgang Clement, Bahnchef Hartmut Mehdorn und die Kanzler-Gattin Doris Schröder-Köpf. In Köln stieß Bundeskanzler Gerhard Schröder zur Festgesellschaft.

Die 180,0 Kilometer lange Hochgeschwindigkeitsstrecke führt von Köln über Siegburg, Montabaur, Limburg und dem Frankfurter Flughafen nach Frankfurt am Main. Die Bahnstrecke Abzweig Breckenheim–Wiesbaden bindet die hessische Landeshauptstadt Wiesbaden an; der Flughafen Köln/Bonn erhält durch die Kölner Flughafenschleife Anschluss an das deutsche Schnellverkehrsnetz. Die mit einer Höchstgeschwindigkeit von bis zu 300 km/h befahrbare Strecke verbindet die beiden größten deutschen Metropolregionen Rhein-Ruhr und Rhein-Main mit insgesamt rund 15 Millionen Einwohnern.

Als erste deutsche Neubaustrecke trassierte man die neue Bahnlinie ausschließlich für den (Personen-)Hochgeschwindigkeitsverkehr. Sie besitzt deshalb Steigungen bis zu 40 Promille und enge Kurven mit starker Überhöhung. Zu den wichtigen technischen Neuerungen, die man beim Bau verwendete, zählt die so genannte Feste Fahrbahn auf nahezu der gesamten Länge und die Zulassung von Wirbelstrombremsen für Betriebsbremsungen. Die Strecke darf im planmäßigen Reisezugverkehr ausschließlich von den Triebzügen der Baureihe 403/406 (ICE 3) befahren werden.

Die Strecke wurde von 1995 bis 2002 gebaut. Die gesamten Kosten gab die Deutsche Bahn AG damals mit 6,0 Milliarden Euro an. Mit ihrer Inbetriebnahme verkürzten sich die Reisezeiten auf zahlreichen Verbindungen. Den planmäßigen Betrieb nahm die DB AG am 1. August 2002 auf. Die Fahrzeit zwischen den Hauptbahnhöfen verringerte sich von etwa 135 auf 76 Minuten, die Streckenlänge von 222 auf 177 Kilometer. Zunächst gab es bis Dezember 2002 einen Vorlaufbetrieb mit Pendelzügen zwischen Frankfurt und Köln. Nachdem dieser erfolgreich war, nahm die DB AG im Dezember 2002 den Vollbetrieb auf und integrierte die neue Strecke in den europäischen Fahrplan: Gleich sieben ICE-Linien nutzten die neue Schnellverbindung jeweils im Zwei-Stunden-Takt. Die kürzesten planmäßigen Fahrzeiten zwischen dem Hauptbahnhof Köln und Frankfurt Flughafen im Jahr 2010 betragen 48 Minuten, nach Frankfurt Hauptbahnhof 62 Minuten.

◆ *Die Züge mit den Zugnummern 18812 und 18814 fuhren mit ausgeschalteter LZB und absolut parallel. Das Zugpaar legte die Strecke zwischen den Hauptbahnhöfen Frankfurt und Köln, mit Halt in Montabaur, in 85 Minuten zurück. Foto: DBAG/Thomas Herter*

Eröffnung des Berliner Hauptbahnhofs

Berlin hat seit 2006 einen neuen Hauptbahnhof. Pünktlich zum Beginn der Fußballweltmeisterschaft in Deutschland schloss die Deutsche Bahn AG den umfangreichen Um- und Neubau des Eisenbahnnetzes im Zentrum der deutschen Hauptstadt ab. Seitdem besitzt die Spree-Metropole einen zentralen Umsteigebahnhof für den Eisenbahnverkehr aus allen Richtungen. Die Einweihung war ein weltweit beachtetes Ereignis, weil die neue Station nicht nur architektonisch, sondern auch in ihrer Größe eines der eindrucksvollsten Eisenbahnbauwerke der letzten Jahrzehnte darstellt. Keine geringere als die Bundeskanzlerin Angela Merkel eröffnete den neuen, schräg gegenüber dem Bundeskanzleramt gelegenen Bahnhof am 26. Mai 2006, der Zugbetrieb begann am 28. Mai 2006. Gleichzeitig weihte man auch den Nord-Süd-Tunnels zwischen Berlin Südkreuz und Berlin Hbf mit dem Tunnelbahnhof Berlin Potsdamer Platz ein.

Für den neuen Bahnhof, der eigentlich bereits 2002 in Betrieb gehen sollte, legten Bundesverkehrsminister Matthias Wissmann, DB-Vorstandsvorsitzender Johannes Ludewig und Berlins Regierender Bürgermeister Eberhard Diepgen am 9. September 1998 den Grundstein.

Beim neuen Hauptbahnhof handelt es sich um einen Turmbahnhof mit fünf Etagen: Ganz unten befindet sich die Nord-Süd-Strecke im 3,6 Kilometer langen Tunnel, und oben die Ost-West-Strecke, die Stadtbahn mit Fern- und S-Bahn. Das Bauwerk wurde im Architekturbüro von Gerkan, Marg und Partner (gmp) entworfen. Der Bahnhof kam nicht nur ins Gerede, weil er vier Jahre später als geplant fertig wurde, sondern auch, weil die DB AG als Bauherr die Pläne änderte. So wurde das Hallendach gegen den Willen des Architekten um 130 m gekürzt und die Beleuchtung des Tunnelbahnhofs sehr viel einfacher als geplant ausgeführt.

Trotz umfangreicher Kritik an Lage und Ausstattung zählt der neue Berliner Hauptbahnhof heute zu den zentralen Anziehungspunkten mitten in Berlin, der neben dem Fernsehturm moderne Architektur repräsentiert. Er wird deshalb nicht nur von Tausenden Reisender frequentiert, er ist auch das Ziel vieler Touristen.

◆ *Mitten in Berlin hat der neue Hauptbahnhof seinen Platz gefunden. Foto: DB AG/Christian Bedeschinski*

Mit dem TGV nach München und dem ICE nach Paris

Der Train á Grande Vitesse (TGV) ist der Stolz der französischen Staatsbahn SNCF. Seit dem 10. Juni 2007 verkehrt er auch planmäßig in Deutschland. Zunächst verband er Paris mit Stuttgart und seit Dezember 2007 auch München mit der französischen Hauptstadt. Zeitgleich startete die Deutsche Bahn AG eine ICE-Verbindung zwischen Frankfurt am Main und der Seine-Metropole.

Bereits am Freitag, den 25. Mai 2007, hatten ein ICE von Frankfurt am Main und ein TGV »POS« von Stuttgart nach Paris ihre Premierenfahrt unternommen. Beide Züge fuhren gleichzeitig in den Bahnhof Paris Gare de l'Est ein. An Bord befanden sich zahlreiche Gäste aus Politik und Wirtschaft, darunter Anne-Marie Idrac, Präsidentin der SNCF, und Hartmut Mehdorn, Vorstandsvorsitzender der DB AG. Die beiden damaligen Konzernchefs unterzeichneten die Verträge für ein Joint Venture von SNCF und DB AG mit Namen »Aleo« (Alliance Est Ouest). »Mit der Gründung des Joint Venture werden wir gemeinsam neue Kunden gewinnen und den Verkehr zwischen Frankreich und Deutschland verdoppeln. Um dies zu erreichen, setzen wir das Beste unserer beiden Produkte ein: TGV und ICE, die wettbewerbsfähige Reisezeiten bei einer Höchstgeschwindigkeit von 320 km/h, hochwertigen Service und attraktive Preise bieten. Nach »Eurostar«, »Thalys« und »Lyria« unterstreicht diese neue Kooperation das Engagement der SNCF beim Aufbau des europäischen Hochgeschwindigkeitsverkehrs«, sagte Anne-Marie Idrac anlässlich der Premierenfahrt.

Eine solche Entwicklung konnte niemand vorhersehen. Als die farbenfrohen TGV-Züge am 27. September 1981 den kommerziellen Betrieb aufnahmen, begann in Frankreich ein neues Verkehrszeitalter. Doch niemand dachte an einen Einsatz im Nachbarland Deutschland. Schnell erfreuten sich die modernen, 260 km/h schnellen Triebzüge einer starken Nachfrage und entwickelten sich bald zu den Paradezügen der SNCF. Der TGV-Schnellfahrbetrieb ließ sogar – dank der stark verkürzten Fahrzeiten – einen neuen Typ von Langstrecken-Pendlern entstehen. In den letzten 25 Jahren beförderten die TGV-Triebzüge mehr als 1,2 Milliarden Reisende, nicht zuletzt weil das Streckennetz in Frankreich durch Neubaustrecken ständig erweitert wurde.

Der TGV hat die Bahn wieder konkurrenzfähig gemacht. Eindrucksvoll belegte dies seine Weltrekordfahrt am 3. April 2007 mit einer Geschwindigkeit von 574,8 km/h!

◆ Unterwegs ins Nachbarland: Intercity-Express 3 MF und TGV pendeln seit dem Sommer 2007 zwischen Frankreich und Deutschland. Foto: DB AG

Baubeginn Stuttgart 21

Am 2. Februar 2010 fiel mit dem Verrücken eines Prellbocks der offizielle Startschuss für das zu diesem Zeitpunkt größte aber auch umstrittenste Bahnbauprojekt Europas: dem Umbau des Stuttgarter Hauptbahnhofes vom Kopf- in einen tiefergelegten Durchgangsbahnhof, besser bekannt als »Stuttgart 21«. Dieser Umbau ist eng mit dem Bau der neuen Schnellfahrstrecke Wendlingen–Ulm verbunden, die die Fahrzeit zwischen Stuttgart und Ulm halbieren soll. Die heutige Bahnverbindung zwischen Stuttgart und Ulm über Plochingen, Göppingen und Geislingen an der Steige ist seit 1850 in Betrieb (siehe Seite 20). Nach Ansicht der Planer ist diese Gleisverbindung den Anforderungen des modernen Zugverkehrs nicht mehr gewachsen. Deshalb erdachten sie das Bahnprojekt Stuttgart–Ulm, das die Deutsche Bahn AG mit Unterstützung des Landes Baden-Württemberg, des Verbandes Region Stuttgart, der Stadt Stuttgart, dem Bund und der Europäischen Union umsetzt. Es umfasst die grundlegende Umgestaltung des Stuttgarter Bahnknotens mit dem Anschluss des Flughafens sowie den Neubau der Schnellfahrstrecke zwischen Wendlingen (Neckar) und Ulm (siehe Tabelle nächste Seite). Das Teilprojekt »Stuttgart 21« sieht den Bau von insgesamt 60 Kilometern neuer Bahnstrecke und drei neuen Bahnhöfen vor: dem Hauptbahnhof Stuttgart, dem Bahnhof Flughafen/Messe sowie der S-Bahnstation Mittnachtstraße am neuen Rosensteinviertel, das auf dem jetzigen Bahnhofsvorfeld entstehen soll. Der Hauptbahnhof Stuttgart wird von einem Kopf- in einen unterirdischen Durchgangsbahnhof umgebaut. Der historische Bahnhofsbau mit seinem markanten Hauptgebäude, dem Turm und dem Arkadengang werden Teil des neuen Hauptbahnhofs, allerdings ohne seine beiden Gebäudeflügel, die der Spitzhacke zum Opfer fallen.

Die Region südlich der Landeshauptstadt erhält mit dem neuen Bahnhof Flughafen/Messe Anschluss an den Fernverkehr und den Regionalverkehr. Für die Stadtentwicklung in Stuttgart ergeben sich neue Perspektiven: Wo heute noch die Gleisanlagen liegen, soll ein neuer Stadtteil entstehen.

Eine große Zahl von Gegnern hält den Bauträgern entgegen, dass das »neue Herz Europas« – so der offizielle Werbeslogan – schlecht geplant und nicht ausreichend kalkuliert sei. Es werde deshalb erheblich teurer, als derzeit berechnet. Außerdem reiche der Kopfbahnhof weiterhin für die betrieblichen Erfordernisse aus. Letzteres bestreiten die Befürworter und sehen den Umbau als alternativlos an.

◆ *Unter großer Anteilnahme der Bevölkerung begann am 25. August 2010 der Abriss des Nordflügels des Stuttgarter Hauptbahnhofes, um Platz für den Bau des Tiefbahnhofes zu schaffen. Foto: J. Knopf*

2010

Daten zu Stuttgart 21
Strecke
* Gesamtstreckenlänge: 57 km
* davon Schnellfahrstrecke: 29,9 km
* davon Tunnel- und Durchlassstrecke: 33 km
* Anzahl Tunnel und Durchlässe: 16
* Anzahl Brücken: 18
* Anzahl Personenbahnhöfe: 3
* Abstellbahnhof: 1
* Bauzeit: etwa neun Jahre
* Geschwindigkeit: max. 250 km/h
Bahnhöfe
* Hauptbahnhof Stuttgart mit acht Bahngleisen
* Filderbahnhof Flughafen mit Station Terminal und Station Neubaustrecke
* S-Bahn-Station Mittnachtstraße in Stuttgart
* Abstellbahnhof Untertürkheim
Bauabschnitte
* Talquerung des Hauptbahnhofes
Talquerung in der Stuttgarter Innenstadt und alle Baumaßnahmen, die mit dem neuen Durchgangsbahnhof sowie der Verlegung der Stadtbahnen in Verbindung stehen.
* Fildertunnel
9,5 Kilometer langer Tunnel vom Hauptbahnhof bis zum neuen Bahnhof Flughafen/Messe.

* Zuführung Ober-Untertürkheim
Östlicher Teil des Rings, vom Hauptbahnhof über Stuttgart-Wangen nach Obertürkheim, Untertürkheim und Bad Cannstatt.
* Filderbereich bis Wendlingen
Rund zehn Kilometer lange Neubaustrecke von der Gemarkungsgrenze der Stadt Stuttgart bis nach Wendlingen.
* Zuführung Feuerbach, Bad Cannstatt, S-Bahn
Fern- und Regionalverbindung aus Feuerbach beziehungsweise Bad Cannstatt zum Hauptbahnhof sowie der Umbau der S-Bahn im Streckenabschnitt Nordbahnhof und Bad Cannstatt bis Hauptbahnhof.
* Flughafenbereich, Bahnhof Flughafen/Messe, Rohrer Kurve
Oberirdischer Verlauf der Neubaustrecke vom Portal des Fildertunnels bis zur Gemarkungsgrenze der Stadt Stuttgart, dem neuen Bahnhof Flughafen/Messe und die Rohrer Kurve.
* Abstellbahnhof Untertürkheim
Entsteht auf dem Gelände des heutigen Güterbahnhofs.
Kosten des Teilprojektes Stuttgart 21
Nach Abschluss der Entwurfsplanung im Dezember 2009 wurde eine Kostenrechnung erstellt, die einen Finanzbedarf von 4,088 Milliarden Euro ergab.
Die 4,088 Milliarden Euro des Projekts für Stuttgart 21 teilen sich wie folgt auf:
* Deutsche Bahn AG: 1.469 Millionen Euro
* Bund: 1.229,4 Millionen Euro
* Land: 823,8 Millionen Euro
* Landeshauptstadt Stuttgart: 238,5 Millionen Euro
* Flughafen Stuttgart: 227,2 Millionen Euro
* Verband Region Stuttgart: 100 Millionen Euro

Faszination Eisenbahn

Erich Preuß
Deutsche Eisenbahnen 1835 bis heute
Mit der Ludwigsbahn begann in Deutschland das Zeitalter der Eisenbahn. Dieses Buch beantwortet die wichtigsten Fragen und berichtet von vergessenen oder weitgehend unbekannten Ereignissen, die die Geschichte der Eisenbahn in Deutschland maßgeblich beeinflussten.

144 Seiten, 125 Bilder, Format 170 x 240 mm
ISBN 978-3-613-71380-2
€ 19,95

André Papazian
Bunte Bundesbahn
Dieses Buch zeigt in eindruckvollen Bildern die Farbenspiele der Deutschen Bundesbahn – ein Highlight für jeden Eisenbahnfreund.

160 Seiten, 173 Farbbilder, Format 230 x 265 mm
ISBN 978-3-613-71379-6
€ 29,90

Marc Dahlbeck
Eisenbahnland Deutschland
Der Autor beschreibt nicht nur Eisenbahnfahrzeuge, sondern wirft auch einen Blick hinter die Kulissen der leistungsstarken Lokomotivfabriken und Lokpools.

160 Seiten, 218 Farbbilder, Format 230 x 265
ISBN 978-3-613-71356-7
€ 29,90

IHR VERLAG FÜR EISENBAHN-BÜCHER

Postfach 10 37 43 · 70032 Stuttgart
Tel. (07 11) 2 10 80 65 · Fax (07 11) 2 10 80 70
www.paul-pietsch-verlage.de

Stand September 2010
Änderungen in Preis und Lieferfähigkeit vorbehalten